普通高等院校“十四五”应用型人才培养系列教材

数据可视化技术与应用

陈战胜　刘晓宇◎主　编
胡正坤　王廷梅◎副主编

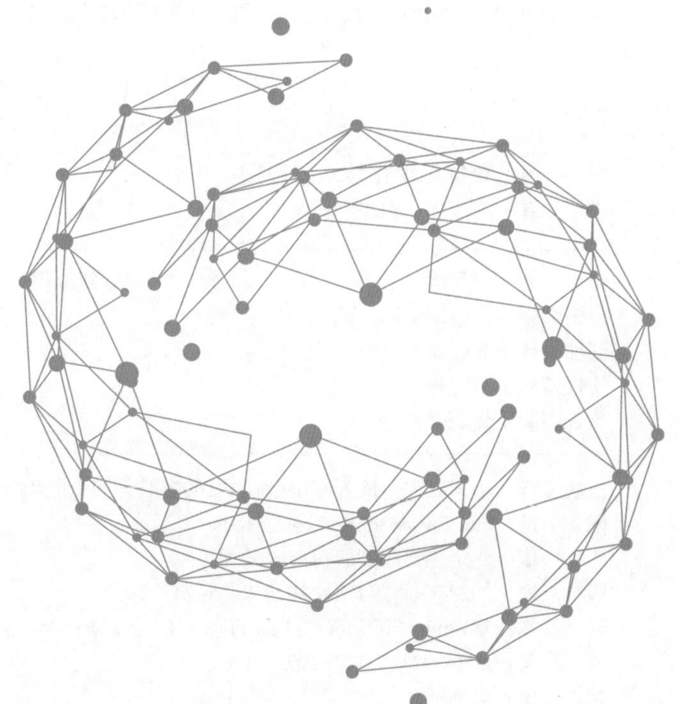

中国铁道出版社有限公司
CHINA RAILWAY PUBLISHING HOUSE CO., LTD.

内 容 简 介

本书以培养读者的数据可视化实战技能为核心，以贴合生活的实际工作任务为驱动，采用案例教学的方式组织内容，详细介绍了不同类型可视化图表的绘制、操作技巧、图表美化等内容。

本书契合教育部价值塑造、能力培养、知识传授“三位一体”的教育理念，以任务驱动教学与前沿相结合，在案例学习与研究过程中融入家国情怀、社会责任、科学家精神等素质教育元素，主要讲解了基于 Excel、R 语言、ECharts、Tableau、Python 语言和 SPSS 主流工具的数据可视化应用。每章包括学习目标、学习重点和难点、学习内容，每个案例由任务描述、可视化效果和设计过程三部分组成。

本书适合作为计算机科学与技术、大数据管理与应用、统计学、信息管理与信息系统等专业的教学用书，也适合各类企事业单位从事市场营销、金融、财务管理等需要进行数据分析的职场人士阅读，还可供企业经营、管理人员参考、学习和培训之用。

图书在版编目（CIP）数据

数据可视化应用与实践教程/陈战胜，刘晓宇主编.—北京：中国铁道出版社有限公司，2023.4
普通高等院校“十四五”应用型人才培养系列教材
ISBN 978-7-113-29930-9

Ⅰ.①数… Ⅱ.①陈…②刘… Ⅲ.①可视化软件-数据处理-高等学校-教材 Ⅳ.①TP317.3

中国国家版本馆CIP数据核字(2023)第023763号

书　　名：**数据可视化技术与应用**
作　　者：陈战胜　刘晓宇

策　　划：刘丽丽　　**编辑部电话**：（010）51873202
责任编辑：刘丽丽　许　璐
封面设计：尚明龙
责任校对：苗　丹
责任印制：樊启鹏

出版发行：中国铁道出版社有限公司（100054，北京市西城区右安门西街8号）
网　　址：http://www.tdpress.com/51eds/
印　　刷：北京盛通印刷股份有限公司
版　　次：2023年4月第1版　2023年4月第1次印刷
开　　本：787 mm×1 092 mm 1/16　印张：17　字数：444千
书　　号：ISBN 978-7-113-29930-9
定　　价：66.00元

前言

随着大数据时代的到来，数据量和数据复杂性不断增加，数据可视化已经成为数据分析和数据科学的关键技术之一。数据可视化技术能将不可见的数据现象转化为可见的图形符号，能将错综复杂、看起来毫无关联的数据建立起联系和关联，发现其规律和特征，并以图形可视化方式将信息更快速、简单、清晰有效地传达给用户，让决策者直观地看到数据分析结果，从而更容易理解业务变化趋势或发现新的业务模式。

使用图形可视化工具，可以在图形或图表上进行下钻，以进一步获得更有细节、更有价值的信息，能够有效地利用数据，交互式地观察数据改变或处理过程。该工具在各级部门和企事业单位中得到了广泛的应用，为业务发展提供了强大的支持。

一、教材编写缘由

数据可视化的呈现离不开专业的可视化工具和编程语言基础，经图书市场调研发现，当下适用于数据可视化教学的书籍多限于单一可视化工具或编程语言，如Excel、R语言等，使得读者在学习相关知识和技能后，无法在短时间内快速、独立地付诸应用。

本书是北京联合大学校级一流本科线上线下混合式课程“数据可视化应用与实践”的配套教学用书。编者团队经过四年多的教学实践与酝酿，精心编写本书，旨在让大家了解和熟悉各种可视化图表适用的应用场景，结合实际业务需求，在工作中灵活应用，制作出最适合业务需求、工作需要和能让客户满意的可视化图表。

二、教材定位

本书专注服务数据可视化教学，即使读者不具备专业基础也能快速理解大量错综复杂的数据，识别高度关联、互相影响的多个因素，发现业务或市场趋势，准确定位超越竞争对手的自身优势，更容易发现影响产品销量和客户购买行为的异常数据，更重要的是通过理解、学习和训练，能够掌握数据可视化的相关技能。

本书从数据可视化岗位胜任力要求出发，以工作任务为驱动，遵循数据可视化功能设计、内容完善、颜色搭配和可视效果美化的工作流程，并结合学习者的认知规律和学习心理精心组织教学内容，采用贴近生产生活的案例和循序渐进的任务，让读者能够“做中学”，即由浅入深地学习如何分析问题；“学中做”，即由易到难地掌握数据预处理和可视化专业技能，并潜移默化地提升自身的职业素养。

本书适合各类有可视化需求专业的高校学生使用。即使没有编程语言的基础，通过本教材也能够快速、独立地进行简单的数据预处理和专业的数据可视化。

三、教材内容

从教学形式来看，本书每章包括学习目标、学习重点和难点、学习内容，每个情境案例按任务描述、可视化效果和设计过程三部分展开，任务描述中又分为数据来源和案例任务两部分。本书结构清晰、内容全面、案例丰富、讲解深入，能帮助读者明确分析思路与提升实

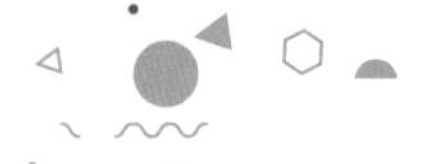

践能力。

从可视化内容角度看，本书以培养学生职业能力为核心，遵循理论够用、重在应用的原则，详细介绍了不同可视化工具的应用场景，以丰富的案例展示可视化工具的应用。全书共7章，分别为第1章的数据可视化发展及应用，详细介绍数据可视化的基本概念、发展历程、未来趋势等。第2~7章，分别是数据可视化之Excel，数据可视化之R语言、数据可视化之ECharts、数据可视化之Tableau、数据可视化之Python语言和数据可视化之SPSS。

从业务需求角度看，本书讲解了折线图、面积图、柱形图、条形图、组合图、饼图、环形图、散点图、树状图、漏斗图、瀑布图、旭日图、南丁格尔玫瑰图、K线图等，覆盖了比较型图表、关系型图表、分布型图表、时间序列型图表、局部整体型图表、高维数据的可视化、层次关系型图表等，完全满足不同的工作应用场景和实际业务需求，实践应用价值高。

从核心能力培养角度看，本书向读者介绍数据可视化的发展历程及未来发展趋势，以当前主流的可视化工具Excel、R语言、ECharts、Tableau、Python和SPSS进行教学实践，循序渐进地提升学生数据可视化的专业能力，独具匠心。

四、教材特色

1. 思政融入、价值引领

本书契合教育部价值塑造、能力培养、知识传授“三位一体”的教育理念，在任务驱动教学中如盐入水般融入思政元素，强化应用能力，拓宽学生视野，培养科学精神、家国情怀、社会责任、科学家精神、工匠精神等，精心地选择了教材内容，体现了新时代教材的特征，适应新形势下教与学的需求。

2. 贴近生活、任务驱动

本书不介绍数据分析中难以消化的统计学原理和数学公式，仅以任务驱动来理解必备基础理论，进行简单的数据加工处理，完成案例的数据可视化；以任务驱动教学，创设“做中学”情境，注重提高学生的学习兴趣和创新能力的培养。

3. 创设情境、趣味教学

本书所有案例均选用贴近生产生活的典型应用场景，以新颖多样化的话题、别开生面的调研、统计活动，以及专业精湛的可视化图表，激发学生兴趣和挑战欲，提升课堂教学的专业水准，促进学生求知欲和参与度，提升教学品质。

4. 博采众长、柔性教学

本书集Excel、R语言、ECharts、Tableau、Python语言和SPSS于一体，形成由点成线、以线带面的格局，扩大读者的学习视域，实现专业知识、技能和职业素养的快速扩容和倍速提升。为了保证“做中学”和“学中做”的有机融合，本书配套有案例原始文件并配备了案例视频讲解二维码，营造自主、有节奏的柔性学习模式，方便读者自学。

五、课时安排

本书的参考学时为48 ~ 64学时，建议采用理论实践一体化教学模式，各章节的参考学时见下面的学时分配表。

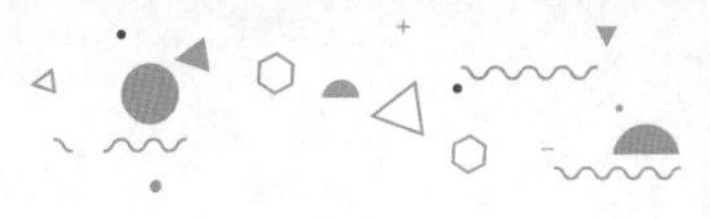

学时分配表

课程内容	学　时
第 1 章　数据可视化发展及应用	3 ~ 4
第 2 章　数据可视化之 Excel	10 ~ 12
第 3 章　数据可视化之 R 语言	10 ~ 14
第 4 章　数据可视化之 ECharts	10 ~ 14
第 5 章　数据可视化之 Tableau	6 ~ 8
第 6 章　数据可视化之 Python 语言	6 ~ 8
第 7 章　数据可视化之 SPSS	1 ~ 2
课程考评	2
课时总计	48 ~ 64

本书由北京联合大学的老师编写，陈战胜、刘晓宇任主编，胡正坤、王廷梅任副主编，陈景霞、刘琨、硕士研究生陈翔宇参与编写。其中，陈战胜负责本书框架和大纲的设计，第 1 章由刘晓宇编写；第 2 章由陈战胜、陈景霞、刘晓宇编写；第 3 章由陈战胜、王廷梅编写；第 4 章由陈战胜、刘琨、陈景霞编写；第 5 章由陈战胜、胡正坤编写；第 6 章由陈战胜、胡正坤、王廷梅编写；第 7 章由陈战胜、陈翔宇编写。全书由陈战胜、刘晓宇统稿。此外，全书配套视频由陈战胜、刘晓宇、胡正坤、陈翔宇设计并制作完成。此外，在编写过程中得到了北京联合大学张峰、薛晓霞、申海伟、刘建国的热情鼓励和大力支持，在此深表感谢。

编者尽力保证书中内容的完整性与正确性，但由于编者水平和经验有限，书中难免存在疏漏和不妥之处，恳请读者批评指正。

编　者

2022 年 12 月

目　录

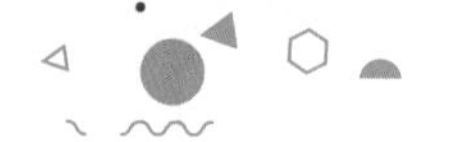

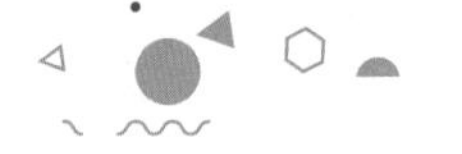

第1章 数据可视化发展及应用

学习目标

通过本章的学习，读者对数据可视化的分类、绘制流程以及展示效果有一个概览印象，初步了解数据可视化发展过程的目标、作用、特征以及美学因素，知晓本教程在数据可视化绘制中用到的数据可视化工具。

学习重点和难点

- 掌握数据可视化的绘制流程。
- 积累数据可视化中的美学涵养。
- 下载并安装数据可视化工具。

数据可视化技术是指运用计算机图形学和图像处理技术，将数据转换为图形或图像在屏幕上显示出来，并利用数据分析和开发工具发现其中未知信息的交互处理的理论、方法和技术。

1.1 数据可视化基础

数据可视化于20世纪50年代出现，典型例子是利用计算机创造出了图形图表。1987年，布鲁斯•麦考梅克等撰写的 *Visualization in Scientific Computing* 促进了可视化技术的发展，将科学计算中的可视化称为科学可视化。20世纪90年代初期，出现了信息可视化。目前将科学可视化与信息可视化都归为数据可视化。

1.1.1 数据可视化分类

从效果来分类，数据可视化分为静态可视化、交互可视化、动态可视化三种。

1. 静态可视化

静态可视化传递数据信息直观有效，但是受数据类型和基础类图表所限，只能展示表层的、简单的数据，不能展示深层次、关系复杂的数据。通常情况下，静态可视化展示的数据类型是二维数据，选择的展示类型是基础类图表。

静态可视化的典型示例是信息图，通过图标、图表和文字组合来展示某个主题的信息及数据，这种表达方式简洁明了，可以让读者快速获取关键信息。

2. 交互可视化

通常情况下，交互可视化展示的数据类型是多维数据，选择的展示类型是组合型基础图表。交互可视化的核心在于人机交互，通过鼠标事件实现多图多级联动。在交互可视化操作中，可以根据用户的需求进行过滤筛选以展示不同主题的数据，可以在数据节点进行“上卷下钻”操作，查看数据内部关联情况。

交互可视化能够促进人与数据的交流，增强自主参与度，通过筛选和锁定条件快速高效地寻找目标信息。

3. 动态可视化

动态可视化可以体现数据变化过程，展示的数据类型为多维数据。动态可视化在充分利用交互可视化的基础上，将所有信息整合处理以微动态形式来展示各个维度数据之间的变化情况，不仅可以减少图表的张数，还能随每一帧变化让大脑感受到变化，使数据之间的关联情况更加深刻。例如，动态地图是动态可视化里的一种特定载体的展示形式，能够反映出不同时刻的某一主题现象的变化。

在视觉效果上，动态可视化比静态可视化更直观。

1.1.2 数据可视化流程

简单来说，数据可视化就是从数据到图形的一个转换，原始数据通过数据预处理进行过滤和加工，然后对应映射成为几何数据，最后绘制成为图像数据，变成人眼可以看出来的图形。其中，数据和图形是相互映射的关系。简而言之，数据可视化不仅仅是把表格中的数据制作成为柱形图、折线图、散点图等，更重要的是当数据规模大且复杂度很高的时候，能对数据进行有效的处理和展示。

1. 数据收集和处理

数据可视化是数据到图形的转化。在明确分析主题和所需数据内容的前提下，需要对这些主题相关的数据进行收集。收集数据的方法有很多种，可以去一些专门提供数据源的网站上获取所需要的目标数据，也可以通过手动调研并且进行计算和模拟来整理得到目标数据，还可以借助软件工具在网络上批量爬取数据。

数据作为数据可视化中最原始的对象，其地位是非常重要的。在收集数据的时候，一定要注意了解数据对象的来源、属性、长度、格式、内容、产生过程、约束条件等，通过这些推断出数据的原始面貌，保证数据的准确性和有效性，减少数据预处理环节可能遇到的问题，为之后的数据处理和分析做好铺垫。

数据处理就是按目标数据的要求对采集数据进行整理，以得到更加有价值的数据。因为自行调研、用工具从网站上抓取的数据量规模很大、多种多样且较为复杂，例如带有各种各样难以理解的特殊符号、标点等，会扰乱我们对数据的理解。此时，通过数据处理和整理加工，把那些难以理解、杂乱无章并且和目标数据无关的内容筛除，提取出与目标数据相关的有意义和有价值的数据。数据处理的方式很多，可以对数据进行简单的筛选，也可以对数据进行归类、合并、转化和计算等。其中，常用的数据处理方法有如下四种：

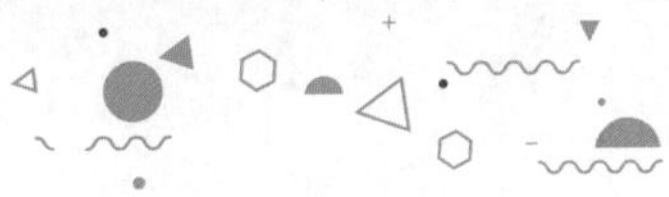

1）数据标准化

在获悉数据的经度、纬度及分布特点的基础上，将数据进行标准化转换能使得数据更加柔和、平滑和美观。通常，数据标准化会用到 [0,1] 标准化和 sigmoid() 函数，或者 [−1,1] 标准化和 tanh() 函数。但是，在标准化过程中可能会丢失数据的经纬度和分布等重要信息。

2）回归拟合

通过回归方程对需要处理的数据进行回归拟合，可以显示出数据趋势，降低数据的噪声，让读者更好地观测出数据的变化和波动，以便对后续数据变化进行预测和分析。

3）数据采样

在数据量特别大的情况下，进行数据处理是非常有难度的。所以，先对海量数据进行抽样处理，然后用抽样得到的数据结果集预测和处理全部数据是一种通用做法。不过，为防止最后得到的数据可视化结果误差太大，不宜设置过多的抽样点，以免影响最后的分析与结论。

4）数据降维

一般情况下，数据可视化展示效果是不能超过三个维度的。针对数据量特别大的情况，尤其当数据维度超过三个及以上时，必须对数据集进行降维处理来对数据进行调整和处理。

2. 数据挖掘和分析

数据可视化是在数据收集、数据挖掘和数据分析的基础上进行展示的。其中，数据挖掘和数据分析是最重要的环节：数据挖掘是在海量的数据中寻找有价值的部分，主要针对表层没有联系的数据；数据分析主要是从无关系数据中寻找关联并进行预测。

可视化数据挖掘区别于普通的数据挖掘。对于用户而言，从动态或静态的图像中获得信息，比在复杂的不规则事务中获得信息要简单得多。经典的“啤酒和纸尿布”案例，就是通过关联规则的数据分析方法，在众多繁杂的商品之间，分析出在啤酒和纸尿布之间会存在相互促进销量的关系。如果只是单纯地通过公式展示两者的关系，很多非专业人士并不能很快地看懂其中的含义，但是借助可视化的展示方式能够更加清楚直观地展现出两者之间的联系。此外，在选择数据挖掘算法方面，需要注意算法与目标数据的适应性，以便获得的分析结果更加准确，操作性和理解性更加明晰。

3. 数据可视化映射

数据集及分析目标不同，所对应的可视化图形存在明显差异。通常情况下，首先根据数据的类型和属性进行可视化映射，然后进行设计。下面对数据类型映射的图形进行阐述：

1）分类数据

分类数据归根结底就是根据数值属性进行分组来反映事物。一般会用到柱状图、饼图、条形图、矩形树图等。如果要描述具有分类属性的数值，一般通过柱状图或条形图进行可视化展示，数据比较起来较直观和明确。如果要描述具有比例属性的分类数据，像展示数据中的占比情况，则可以选用饼图、堆叠图、环状图、瀑布图以及南丁格尔玫瑰图进行展示，能够清楚地展示出分类数据的占比状况。下面给出南丁格尔玫瑰的示例效果，如图 1-1 所示。

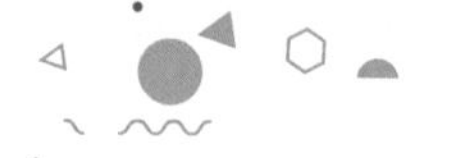

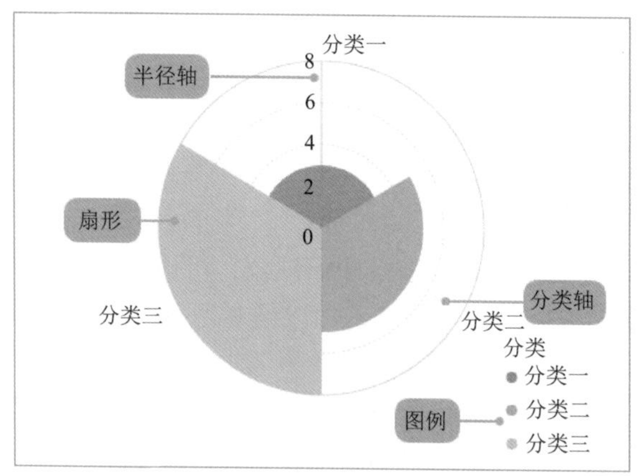

图 1-1　南丁格尔玫瑰图的构成

如果想要展示具有层级属性的分类数据，可以选用矩形树图，示例效果如图 1-2 所示。

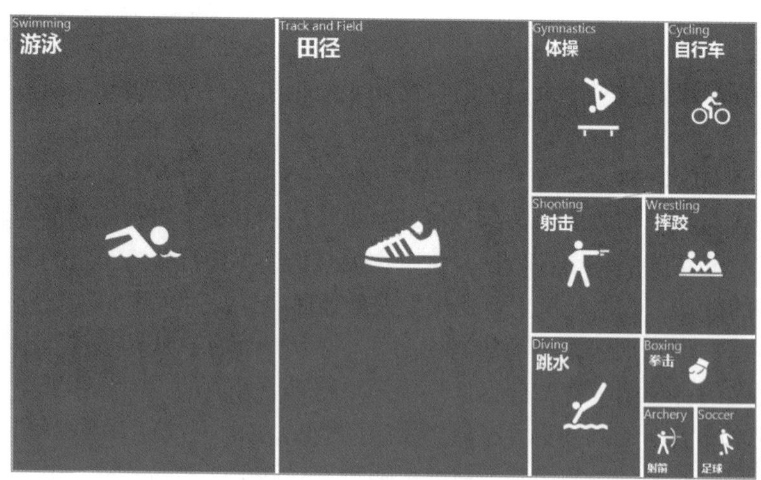

图 1-2　矩形树图

矩形树图不仅可以表现出数据的比例分布，还可以直接观察出数据最大值与最小值的相对分布，能够展示所有数据的层级情况，对分类数据的包含关系有很好的描述。

2）时序数据

时序数据是具有时间属性的数据。时序数据一般可以分为两种：第一种是随着时间变化向右延伸的数据。通常利用动态折线图或者蜡烛图等可变图表表示，以求表现出数据随时间变化的历史轨迹及趋势。股票及证券交易的数据是常见的时序数据，图 1-3 所示是股价走势图。

第二种是以时间为周期，随着时间而周期性变化的数据。这类数据或具有周期性的规律，或只与时间有关联。因此通常利用日历图或者径向图等来进行表示，以便发现数据和事物随着时间周期性变化的规律，可以对事物和数据未来的趋势和走向进行预测。

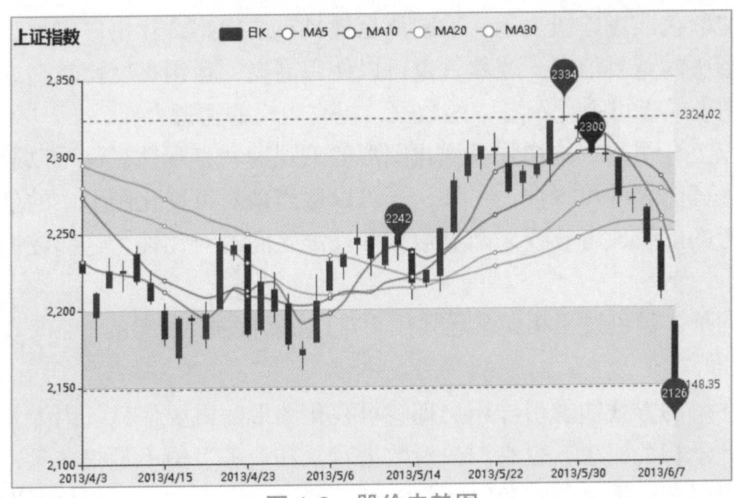

图 1-3　股价走势图

3）位置数据

位置数据归根结底也是和位置相关的数据，主要是以地图为基础的形式来展示，可以直观地了解和观察到数据和位置之间的关系和规律，便于数据的分析和处理。位置数据的展示形式一般包括单值图、气泡图、迁徙图、热力图等。

单值图就是在地图上把数据通过不同的颜色表现出来，不同颜色、形状、大小的模块代表不同大小、类型的数据。位置数据图表能够直接、方便、快捷地找出数据在不同空间位置上的信息。其中，对于数据的表现还可以使用抽象、寓意以及形象化等手段进行展示。

气泡图是以气泡等组件在地图上完善数据表示为目的的图形。其中，气泡是常用的组件，其余组件还包括文字、框图等。根据数据值的大小和属性的分类可以在地图上绘制不同大小、颜色以及标记等的气泡。

迁徙图是以地图上的空间位置为指标，通过箭头和迁徙的方式来直观地表示出当前时间段人或者事物数据的迁徙状态。其中，箭头流向的是迁入的位置，源头是迁出的位置。

热力图是以热量来表示数据的，越热色彩就越重。地图上通过色彩的渐变能使用户直观方便地看出数据集之间的变化和关系。热力图最突出的特点就是可以展示出一个点的聚集程度，颜色越深，聚集得越多，热量值越大。

1.1.3　数据可视化展示

当目标数据的图表类型选好确定之后，将数据的属性和值映射到可视化的对应要素，用户就可以通过可视化成果直观地感受信息的传达。然而，前期做出来的可视化图形重点在于展示数据的特点，忽略了图表的美观性。随着数据美化技术的日渐成熟，用户对可视化图形的美观程度也有了更高的需求。在初始绘图的基础上，进一步美化可视化图形的展现形式，优化视觉效果是非常重要的。下面具体介绍几种方法。

1. 突出比较性

首先把数据之间的区别展现出来，突出比较性，让用户更加直观地观察出数据之间的不同。通常采用的方法是把重要的数据用醒目的方式表现出来，并把其他不重要的部分用

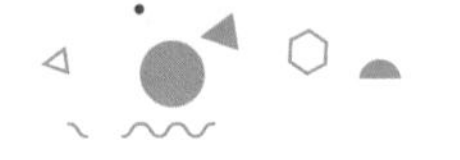

比较弱、较浅的颜色或者虚线表示，使图片更加具有层次感，让用户更加直接和方便地捕捉到可视化图形中的重要信息。当然，也可以使用高亮，运用亮度比较高或者比较鲜明的颜色来显示出图表或者可视化图形中的数据，提高用户的注意力。

除了采用以上介绍的方法增强可视化图形的美观度和直观性，也可以通过提高色彩的对比度和层级提高图表的可视性。另外，还可以适当地对可视化图形中的坐标、尺寸进行放大，增加参考的虚线或者实线来凸显数据和基准之间的对比性，这样数据就会变得更加清晰。

需要注意的是：颜色过于相似会导致用户难以识别数据的差异。

2. 添加注解

通过添加注解的方式能够引导用户理解可视化图形的重要信息。因为并不是所有用户都比较了解统计学相关概念，也有用户对数据背景和业务逻辑不是很熟悉，这就会导致直接看图形时有点迷茫，不大能在短时间内读懂、看懂。当我们在可视化图形中增加文字介绍或者标题的注解时，能够帮助用户理解图表蕴含的意义。例如，添加标题能够直接说明结论的，就不需要借助副标题来做更多的解释，能够节省用户自己推导结论所花费的时间，从而提高工作效率。

另外，还可以通过添加适当的箭头、标线，甚至通过引入公式、计算等注解形式来增强可视化图形的表现力，能够大幅缩短用户理解的时间和步骤。例如，在可视化图形中对最值和特殊值加入注解。

3. 凸显个性

提高图形表示的个性特点能够进一步凸显可视化效果。数据的指标值图形化就是以图形的大小来表示数据，数据的数值越大，表现的图形就越大。若采用柱形图，则柱状高度会随着数值的增大而变高。若采用饼图，则扇形区域面积会随着数值的增大而变大。但是，传统的饼图、柱状图、折线图过于基础和简单，不够新颖而难以吸引用户，这就需要从视觉上进行改变和创新。

在数据可视化中，指标之间的关系也可以进行可视化。多个指标且具有层级关系或者同级关系都可以通过可视化展示。除此之外，指标之间也有一些关联性，例如高低变化、前后变化、低级高级等，通过构建变化场景以阶梯变化的方式，可以直观地反映出数据的递进关系。

1.2 数据可视化的发展

本小节介绍数据可视化的目标、作用、特征、美学因素及发展历程。

1.2.1 数据可视化的目标

数据可视化是关于数据视觉表现形式的科学和技术研究。数据可视化技术充分使用图形、图像处理、计算机视觉和用户界面来表达、建模和显示立体、表面、属性和动画，对数据加以可视化解释。

通过数据预处理、数据挖掘等数据分析操作，采用数据可视化方法不仅能将凌乱的数字转变为美丽的图表，还能通过凌乱、难以“看穿”的数据信息以易于理解的方式捕捉到企业决策信息的变化。

1.2.2　数据可视化的作用

数据可视化的作用在于视物致知，即从看见物体到获取知识。对于复杂、大尺度的数据，已有的统计分析或数据挖掘方法往往是对数据的简化和抽象，隐藏了数据集的真实结构，而数据可视化则可还原乃至增强数据中的全局结构和具体细节。

数据可视化经常会陷入两个误区：一个是为了实现其获取知识的功能而令人感到枯燥乏味；另一个是为了画面美观而采用复杂的图形。如果将数据可视化看成艺术创作过程，则数据可视化需要达到真、善、美的均衡，达到有效地挖掘、传播与沟通数据中蕴涵的信息、知识与思想，实现设计与功能之间的平衡。

1.2.3　数据可视化的特征

数据可视化技术能够分析数据体量大、内容复杂和多维的数据，提供像人眼一样直觉的、交互的和反应灵敏的可视化环境。数据可视化呈现的技术特点如下所述。

1. 交互性

用户可以方便地以交互的方式管理和开发数据。

2. 多维性

若对象或事件的数据具有多维变量或属性，可以按其每一维的值进行分类、排序、组合等操作来实现数据可视化。

3. 可视性

数据可以用图像、曲线、二维图形、三维体和动画来显示，用户可对其模式和相互关系进行可视化分析。数据可视化已经出现了许多方法，主要有基于几何技术、面向像素技术、图表技术、层次技术、图像技术和分布式技术等。

1.2.4　数据可视化的美学因素

在可视化应用中，颜色是使用最广泛的视觉通道，也是一个经常被过度甚至错误使用的重要视觉参数。使用了错误的颜色映射表或者试图使用很多不同的颜色表示大量数据属性，都可能导致可视化结果的视觉混乱，因而都是不可取的。

由于人的感知判断基于相对判断，对颜色的感知尤其如此，因此在进行颜色选取的时候也需要特别谨慎。在某些可视化领域，可视化的设计者还需要站在色觉障碍用户的角度，使得可视化结果对这些用户依然能够起到信息表达与传递的功能。数据可视化作为一种艺术创作，需要实现以下几个要点。

1. 聚焦

设计者必须通过适当的技术手段将用户的注意力集中到可视化结果中最重要的区域。如果设计者不对可视化结果中各元素的重要性进行排序，并改变重要元素的表现形式，使其脱颖而出，则用户只能以一种自我探索的方式获取信息，从而难以达到设计者的意图。

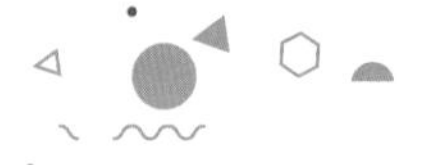

例如，在一般的可视化设计中，设计者通常可以利用人类视觉感知的前向注意力，将重要的可视化元素通过突出的颜色编码进行展示，以抓住可视化用户的注意力。

2. 平衡

平衡原则要求可视化的设计空间必须被有效利用，尽量使重要元素置于可视化设计空间的中心或中心附近，同时确保元素在可视化设计空间中的平衡分布。

3. 简单

简单原则要求设计者尽量避免在可视化中包含过多的容易造成混乱的图形元素，也要尽量避免使用过于复杂的视觉效果，例如带光照的三维柱状图等。

在过滤多余数据信息时，可以使用迭代的方式进行。不过，在过滤掉任何一个信息特征时都要衡量信息损失，最终找到可视化结果美学特征与所传达信息含量的平衡点。

1.2.5 数据可视化的发展历程

1. 数据可视化的起源

15 世纪至 17 世纪是欧洲中世纪晚期，经济、技术的发展、文艺复兴的到来使人们开始了解人文和科学知识，对地球的新认识则使许多著名航海家浮出水面，新的国家与地区开始被载入人类史册。天文学、测量学、绘图学等都快速起步以跟上对未知新世界的探索。三角测量技术、数学函数表相继出现，人类也开始了对概率论和人口统计学的研究。

15 世纪至 17 世纪可被看作数据可视化的早期探索阶段，这段时期内数据的获取方式主要集中于时间、空间及距离的测量上，对数据的应用集中于制作地图。

2. 数据可视化的孕育时期

在 18 世纪，数学和物理知识已经成为科学研究的基础，技术成为主力，社会管理的精确定量逐渐形成。伴随着早期统计学的萌芽，社会和科技的进步体现在数据表现的多样化，出现了很多现在被广泛使用的图形形式。例如，直方图、柱状图、饼图、圆环图等已经出现。

威廉・普莱费尔发明的首个饼图和面积图仍是当今最常使用的图表类型，示例如图 1-4 所示。

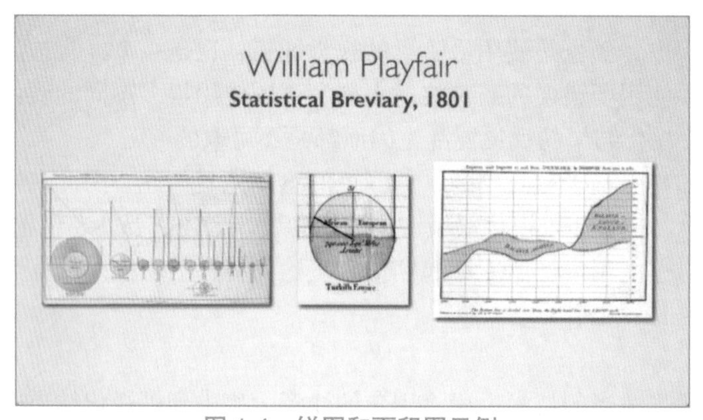

图 1-4 饼图和面积图示例

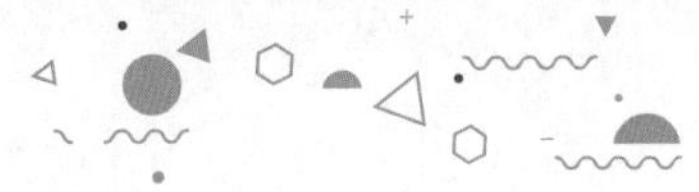

3. 数据图形的出现

18 世纪至 19 世纪前半叶，统计图、地图和主题图等数据可视化表达手法开始出现并被使用至今，其中一个重要原因是很多公共领域的数据开始被政府部门重视，因而数据在这一时期极大地丰富起来。例如，关于人口、教育、犯罪、疾病等数据都被系统性地收集和发布，表明数据的收集已经从科学技术和经济领域扩展到了社会管理领域。另一方面，正在萌芽的计算机、通信技术提供了技术实现的可能性，书籍、报纸等媒体的出现和大量应用使印刷形式替代了手绘方式。

重要的是，这一时期内数据图形在视觉表现上有了极大的进展，表达方式更加多样化。其中，柱状图、饼图、地图等成为这个时期展示数据信息的常用方式。

4. 数据图形的第一个黄金时期

19 世纪中末期，数据可视化迎来了历史上的第一段辉煌。这一时期内，欧洲逐渐意识到信息数据的作用，官方也开始普遍建立统计机构，数理统计成为一门新的学科。统计学国际会议对可视化图形制定了分类和标准，不同数据图形开始出现在书籍、报刊、研究报告和政府报告等正式场合之中。这一时期经典可视化案例之一就是 1858 年南丁格尔玫瑰图，该图由南丁格尔所创立，其主要作用是统计克里米亚战争后英军伤亡人数，示例效果如图 1-5 所示。

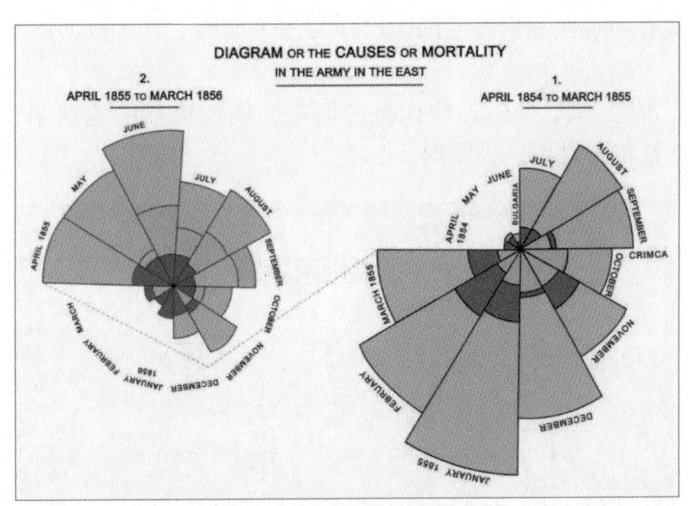

图 1-5　南丁格尔玫瑰图

另一个经典的数据可视化案例是拿破仑远征图，示意效果如图 1-6 所示。拿破仑远征图是 1969 年法国工程师 Charles Joseph Minard 所创作的，描绘了拿破仑 1812 年率军攻占莫斯科的行军图。这张图的信息量极大，最底层是地图，深黄色图形表示行军规模，黑色图形表示撤军规模，线条宽度代表了军队的人数。从图中可以看出，从出发时开始的 42 万大军，行军规模逐渐缩减，撤军规模逐渐增加，到达莫斯科时只剩 1 万人。当然，线条的走势也是行军 / 撤军路线。同时，底部既有横向的时间轴，也有纵向的刻度标识了当时的气温。

从拿破仑远征图中可以直观地感受到，拿破仑的 40 万大军是如何在长途跋涉和寒冬中消耗殆尽，此次东征也是拿破仑由盛转衰的转折点。

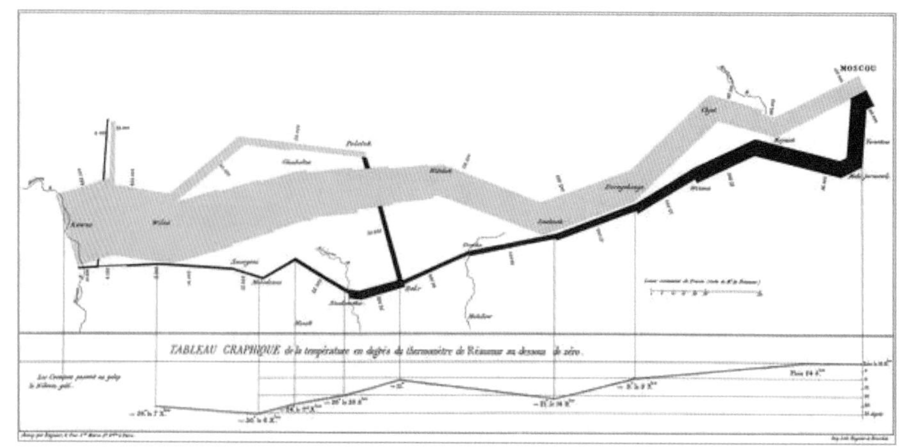

图 1-6　拿破仑远征图

5. 数据图形的低潮期

20 世纪前期，数理统计成为数学的一个支派，统计学家们关注的主要是在数学基础上扩展统计的疆域。数据的量和种类并没有太大的变化，黄金时期所出现的数据表示方式就已经够用，所以具有美观性和启发性的图形作为一个辅助工具，数据图形的研究就受到了冷落。

在这个时期，依然有不少标志性作品的诞生，例如伦敦的地铁图，如图 1-7 所示。目前，全世界的地铁都在沿用这种图形。

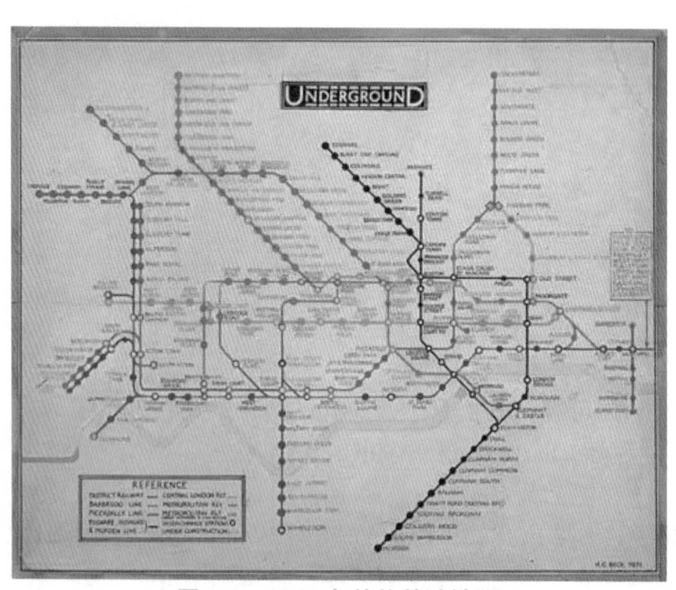

图 1-7　1933 年的伦敦地铁图

6. 数据图形新的黄金期

现代电子计算机的诞生促进了数据可视化研究的再次兴起。计算机对数据分析的影响

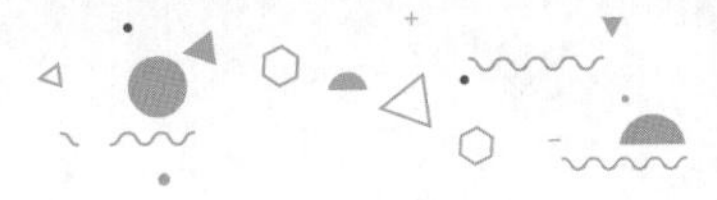

来自两方面：第一个是高分辨率的图形展现；第二个是交互式的图形分析。相对于手绘图形，这两点都是其无法带来的革命性改变。

随着统计应用的发展，数据分析的应用扩展到了各行各业。当二者相结合之后，就催生了统计计算工具、图形软件工具以及输入输出、显示技术等。统计学家 John W. Tukey 和制图师 Jacques Bertin 成为这一时期的领军人物。John W. Tukey 发表了具有划时代意义的论文 *The Future of Data Analysis*，成功地让科学界将探索性数据分析视为不同于数学统计的另一门独立学科，并在 20 世纪后期首次采用了茎叶图、盒形图等新的可视化图形形式，成为可视化新时代的开启性人物。Jacques Bertin 发表了里程碑式的著作 *Semiologie Graphique*。这本书根据数据的联系和特征来组织图形的视觉元素，为信息的可视化提供了一个坚实的理论基础。

随着应用领域的增加和数据规模的扩大，更多新的数据可视化需求逐渐出现，动态交互式的数据可视化方式成为新的发展主题。

7. 大数据时代

2003 年，人们开始关注大数据的处理，使用数据的效率也在不断提高。进入 2011 年，世界上每天新增数据量开始呈指数级增长，世界进入数据驱动的时代，大数据可视化研究已成为一个新的时代命题。掌握数据意味着掌握发展方向，因此人们对数据可视化技术的依赖也在不断深化。

如何建立一种有效的、可交互式的大数据可视化方案来表达大规模、不同类型的实时数据，成为数据可视化这一学科的主要研究方向。

1.3 数据可视化工具

本小节介绍数据可视化工具，主要包含 Excel、R 语言、ECharts、SPSS、Tableau、Python 以及其他可视化绘制工具或语言。

1.3.1 Excel

Excel 是 Microsoft 公司推出的 Office 办公套件中的一个重要组件，使用它既可以制作电子表格，也可以进行各种数据的处理、统计分析和辅助决策操作，被广泛应用于管理、统计财经、金融等领域。

Excel 是常用的入门级数据可视化工具。输入某些数据后，单击菜单栏中的“图表”选项以生成所需的图表。Excel 提供了多种标准图表类型供用户选择，包括柱形图、折线图、饼图和散点图等。Excel 虽然不适合用来做深度分析，但它方便、快捷，随手单击几下鼠标就可以生成一个图形。正是 Excel 的方便、易用让它获得了大众的青睐。

不过要想获得高质量的数据图，采用其他工具更适合。

1.3.2 R 语言

R 语言是一款免费的开源统计计算语言，具有强大的图形功能。R 语言专为数据分析而设计，是统计学最流行的分析软件之一。在 R 语言中加载数据后，可以导入支持工具包，

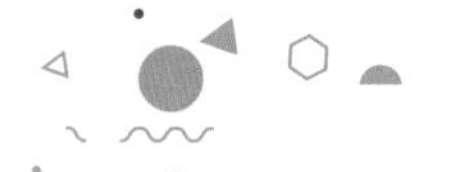

编写一行或几行代码创建数据图。使用 R 语言能够灵活地生成较高打印质量的图像，也可以调用现成的 R 语言库创建满足用户需求的图形。

R 语言提供了基本的绘图功能，如线条、形状和坐标轴。实际上，任何类型的图表都可以使用 R 语言或 R 工具包实现。

1.3.3 ECharts

ECharts 是一款基于 JavaScript 的数据可视化图表库，提供直观生动、可交互且可个性化定制的数据可视化图表。

ECharts 提供大量常用的数据可视化图表，底层基于 ZRender 技术创建了坐标系、图例、提示、工具箱等基础组件，并在此基础上构建出折线图、区域图、柱状图、条状图、散点图、气泡图、饼图、环形图、K 线图、地图、力导向布局图以及和弦图，同时支持任意维度的堆积和多图表混合展现。

1.3.4 SPSS

SPSS 是世界上最早的统计分析软件，由斯坦福大学的三位研究生 Norman H. Nie、C. Hadlai (Tex) Hull 和 Dale H. Bent 于 1968 年研究开发成功，同时成立了 SPSS 公司。

SPSS 是世界上最早采用图形菜单驱动界面的统计软件，它最突出的特点就是操作界面极为友好，使用 Windows 的窗口方式展示各种管理和分析数据方法的功能，对话框展示出各种功能选择项，输出结果美观漂亮。用户只要掌握一定的 Windows 操作技能，精通统计分析原理，就可以使用该软件为特定的科研工作服务。

SPSS 采用类似 Excel 表格的方式输入与管理数据，数据接口较为通用，能方便地从其他数据库中读入数据。SPSS 统计包括了较为成熟的常用统计过程，完全可以满足非统计专业人士的工作需要。SPSS 有专门的绘图系统，可以根据数据绘制各种图形。

1.3.5 Tableau

Tableau 是一种用于数据可视化敏捷开发和实现的商业智能演示工具，可用于实现交互式、可视化分析和仪表板应用程序。数据可视化允许将枯燥的数据呈现在简单、友好的图表中，这是最直观、最有效的分析方法，没有过多的技术基础，任何人都可以轻松学习 Tableau，并使用其可视化功能处理和显示数据，以便更好地分析表面数据。

德国电子商务网络的数据科学家认为，拥有像 Tableau 这样的可视化工具就足够进行报告展示、挖掘数据并进行分析。

1.3.6 Python

Python 是一种解释型、面向对象、动态数据类型的高级程序设计语言，在重视开发效率和科技不断发展的背景下，Python 得到越来越多人的青睐。根据 IEEE Spectrum 发布的一项研究，Python 已成为全球最受欢迎的语言之一。

Python 语言易于学习、可读性强、易于维护且有广泛的标准库，具有良好的兼容性。

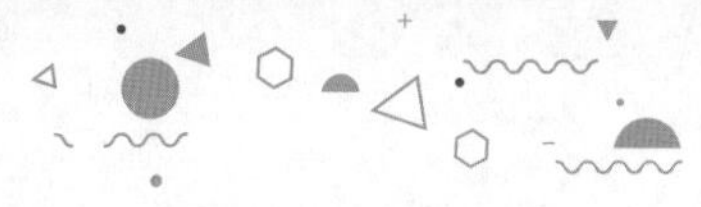

1.3.7　其他可视化工具

除了上述介绍的可视化工具外，还有微软开发的商业分析工具 Power BI、Infogram、D3.js、Google Charts 等，介绍如下：

（1）Power BI 数据分析：Power BI 可以很好地集成微软的 Office 办公软件，用户可以自由导入文件数据、数据库等。

（2）Infogram：允许用户在网页端进行各种操作，使用免费模板便利地创建各种信息图表等。

（3）D3.js：用于数据可视化的开源的 JavaScript 函数库，功能强大且非常灵活，但是具有一定的复杂性，值得开发者深入学习研究。

（4）Google Charts：不仅免费提供给开发人员使用，还有完全免费三年的向后兼容性保证。开发者可以从各种图表模板中进行选择以创建交互式图表，之后只需要将简单的 JavaScript 嵌入页面中就可以在网页上展示这些图表。

第2章 数据可视化之Excel

学习目标

通过本章的学习，掌握 Excel 进行二维图表绘制的过程及相关知识。

学习重点和难点

• 学习并掌握基于 Excel 绘制柱形图、簇状柱形图、堆积柱形图、三维柱形图、三维簇状条形图、直方图、折柱组合图、条形图、气泡图、绕圆气泡图、散点图、矩阵散点图、瀑布图、相关系数图、曲线拟合图、堆积条形图、三维条形图、雷达图、折线图、带数据标注的折线图、面积图、树状图、旭日图。

Microsoft Excel 是微软公司的办公软件 Microsoft Office 的组件之一，是由 Microsoft 为 Windows 和 Apple Macintosh 操作系统的计算机编写和运行的一款电子表格软件。Excel 能够实现大部分二维图表的绘制与基础的数据处理与分析。

案例2.1 不同类别商品销售额变化

二维码 2-1

不同类别商品销售额变化

柱形图又称长条图、条状图、棒形图，是一种以长方形的长度为变量的统计图表。

柱形图用来比较两个或以上的数值，只有一个变量，通常用于较小的数据集分析。

2.1.1 任务描述

赵 ×× 在北京麦当劳某部担任经理，现在想了解一下 2020 年不同季度可口可乐饮品的销量对比情况，以便有针对性地制订可口可乐饮品的销售策略。数据分析专员小王计划绘制柱形图向经理汇报可口可乐销量情况。

数据来源：按照季节求取每个月的销量平均值，数据集 data_Coco.xlsx。

案例任务：分析并可视化不同季度中同一款饮品可口可乐的销售情况。

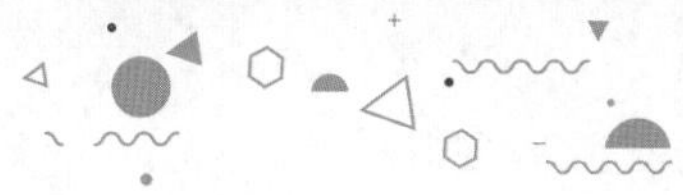

2.1.2 可视化效果

数据分析专员小王采用 Excel 2016 绘制柱形图，可视化效果如图 2-1 所示。

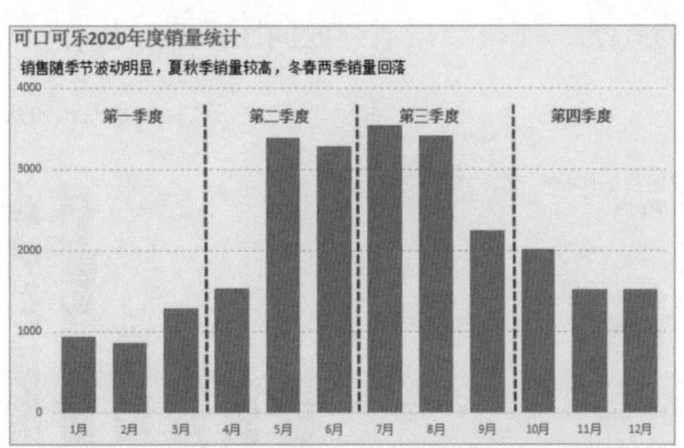

图 2-1　不同季度中可口可乐饮品的销量

观察图 2-1 可知，可口可乐饮品的销量具有明显的季节特征。其中，夏秋两季销量较高，冬春两季销量有所回落。整个柱形图表具有如下特点：

（1）标题内容简洁明了、分析了饮品随季节波动的特征。

（2）纵坐标数值间隔区分清晰明了、简约大方。

（3）背景色和柱状填充颜色对比鲜明，色调柔和。

（4）红色虚线直观地分割了四个季度，利于直观地分辨不同季度的饮品销量。

2.1.3 设计过程

1. 设计思路

（1）选择显示的图形类型为二维柱状图。

（2）设置柱子的颜色和间距。

（3）设置标题。

（4）设置纵坐标轴、背景色和网格线类型。

（5）插入季度分隔线和季度标签。

2. 操作步骤

1）图形类型的选择

使用 Excel 2016 打开数据集 data_Coco.xlsx，选中给定的数据，在“插入”选项卡“图表”组中创建簇状柱形图，如图 2-2 所示。

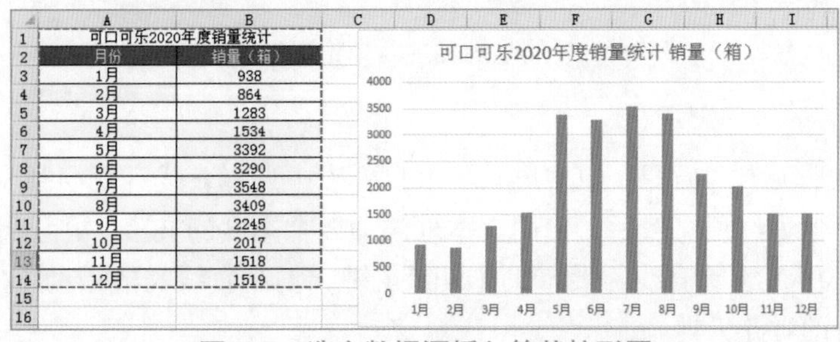

可口可乐2020年度销量统计	
月份	销量（箱）
1月	938
2月	864
3月	1283
4月	1534
5月	3392
6月	3290
7月	3548
8月	3409
9月	2245
10月	2017
11月	1518
12月	1519

图 2-2　选定数据源插入簇状柱形图

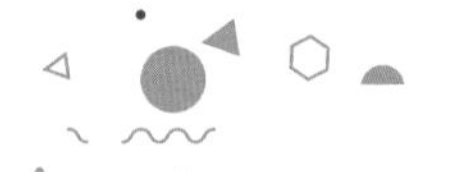

2）颜色与间距的设置

单击选中整个图，然后单击任一个柱子后会将所有柱子选中。在弹出的“设置数据系列格式”窗格中将柱子的填充颜色设置为深绿色。切换到“系列选项”选项卡，调整柱子的分类间距，最终确定为 63%，使得数据系列的间距适宜，操作示意如图 2-3 所示。

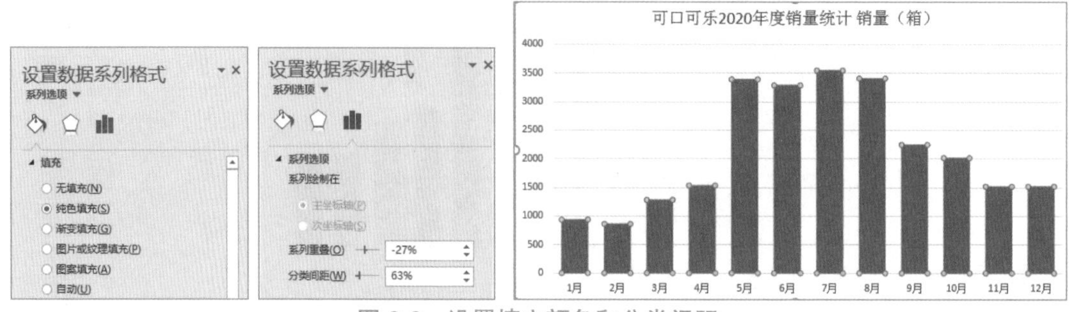

图 2-3　设置填充颜色和分类间距

3）图形标题的设置

单击选中 title 文本框，设置文本为粗体，按【Enter】键换行，添加子标题并设置字号为 14 即可。

4）坐标轴和背景的设置

单击选中图 2-3 中的纵坐标轴，在“设置坐标轴格式”窗格的“坐标轴选项”选项卡中将主要文本框的默认值 500 修改为 1 000；然后，选中整个图表，在“设置图表区格式”窗格的“填充与线条”选项卡中将图表的背景色用淡绿色纯色填充；最后，选中网格线，在“设置主要网格线格式”窗格的“填充与线条”选项卡中将线条设置为实线类型，颜色设置为淡蓝色并设置其短划线类型，具体操作如图 2-4 所示。

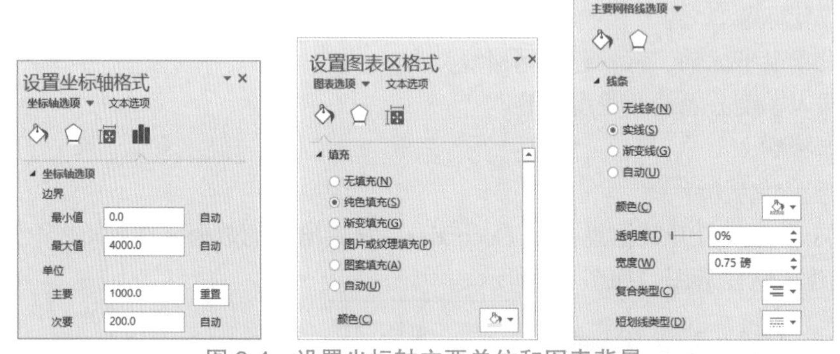

图 2-4　设置坐标轴主要单位和图表背景

5）图形的美化

在“插入”选项卡“插图”组“形状”下拉列表中选择直线进行绘制，并设置直线的线型为虚线且颜色为红色。然后，使用文本框添加四个季度的文字，并设置文字的颜色、字体和大小。其中，绘制直线需要借助【Shift】键，复制直线需要借助【Ctrl】键，多个文本框则需要借助对齐工具。

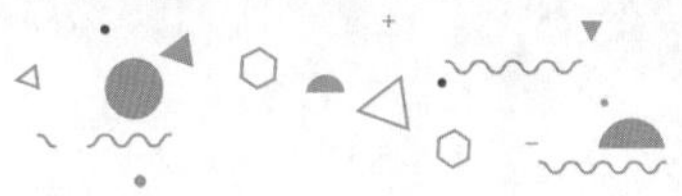

经过上述操作步骤，可以实现图 2-1 所示的簇状柱形图。

案例2.2　居民奶制品消费额区间频次统计

直方图又称质量分布图、柱状图，是一种统计报告图，也是表示资料变化情况的一种主要工具。直方图由一系列高度不等的纵向条纹或线段表示数据分布的情况，一般用横轴表示数据类型，纵轴表示分布情况。

二维码 2-2

居民奶制品消费额区间频次统计 1

绘制直方图的目的就是通过观察图的形状判断生产过程是否稳定，预测生产过程的质量。通常，直方图的作用有：

（1）显示质量波动的状态。

（2）较直观地传递有关过程质量状况的信息。

（3）当人们研究了质量数据波动状况之后，就能掌握过程的状况，从而确定在什么地方集中力量进行质量改进工作。

二维码 2-2

居民奶制品消费额区间频次统计 2

2.2.1　任务描述

随着人们物质生活水平的不断提高以及对身体健康的重视度提升，奶制品作为大众熟知的营养食品，其需求量不断增加。刘 ×× 作为某品牌奶制品公司华北地区总经销商，为分析下一年度客户消费需求，想了解 2018 年某地区居民奶制品支出情况。数据分析专员小王获取该地区公司品牌牛奶的销售数据，计划绘制基于 Excel 的直方图来对不同消费额区间的购买频次进行统计。

数据来源：品牌奶制品销售数据 data_milk.xlsx。

案例任务：可视化分析某地区居民奶制品消费支出区间的频次统计。

二维码 2-2

居民奶制品消费额区间频次统计 3

2.2.2　可视化效果

数据分析专员小王采用 Excel 2016 绘制直方图，可视化效果如图 2-5 所示。

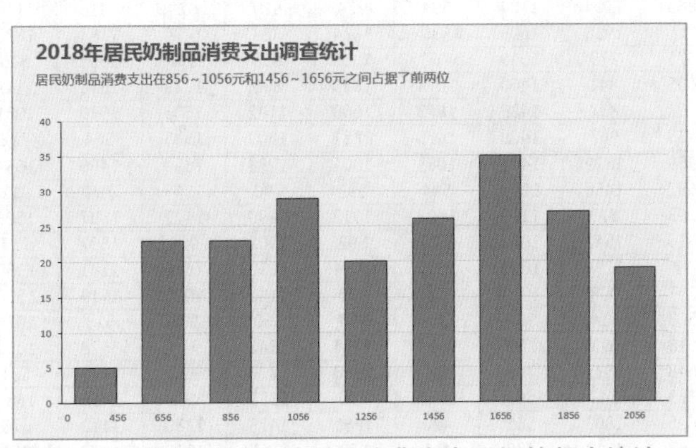

图 2-5　某地区居民奶制品消费支出区间的频次统计

二维码 2-2

居民奶制品消费额区间频次统计 4

观察图 2-5 可知，读者对某地区居民奶制品消费支出区间的频次统计有一个概览印象。

整个直方图具有如下特点：

（1）从图的标题来看内容简洁明了，能够让读者知晓主题为某品牌牛奶的销售情况。

（2）从图的纵坐标来看，数值间隔区分清晰明了，能够让读者知道频次数值。

（3）从图的横坐标来看，能够让读者知道划分的牛奶消费区间。

（4）从图的子标题来看，能够辅助读者进行可视化图表的解读，知晓统计频次的较大值。

（5）从图的配色来看，背景色和柱状填充颜色对比鲜明，色调柔和。

对于 Excel 绘制图表而言，需要读者必须掌握 Excel 数据可视化的操作步骤。

2.2.3 设计过程

1. 设计思路

（1）导入数据源。

（2）整理数据：将原始数据从大到小降序排列。

（3）确定最值：利用公式确定数据的最大值、最小值。

（4）设定组距：计算组数并计算区间数据频数。

（5）绘制直方图：选定计算出的新数据，插入图表，选择图形类型为直方图。

（6）绘制簇状柱形图：选定计算出来的数据，插入图表，选择图形类型为簇状柱形图。

（7）设置数据系列格式。

（8）设置坐标轴并添加标题：插入文本框说明 2018 年居民奶制品消费支出的突出区间。

2. 操作步骤

1）导入数据源

使用 Excel 2016 打开数据集 data_milk.xlsx，数据如图 2-6 所示。

2018年某地区居民奶制品消费支出调查统计数据（单位：元）								
1826	1782	1923	803	675	1953	634	1579	598
1415	1885	1813	893	1687	816	965	1040	925
1181	1541	1745	1554	1693	1072	1337	1012	990
1105	1974	1717	1728	1345	825	1752	697	1637
1863	1204	1704	594	924	619	620	1316	1170
982	1918	1699	830	1634	626	1270	1183	1825
1375	979	1649	760	1395	850	537	1035	516
1605	841	1460	1074	1683	898	1739	1538	1142
1263	832	1439	1873	1600	1192	1606	1930	1081
1415	967	1429	1675	1881	1803	1535	564	722
1369	1819	1401	1085	1001	1288	1893	1466	1654
1692	1458	1199	594	993	796	1555	784	911
1793	873	1108	1408	1012	1990	1472	1897	1503
1310	1542	1083	910	592	1908	906	1897	713
912	1299	1021	1657	1654	1030	1670	1161	1350
1607	908	1014	1183	930	1182	1005	1519	1530
1513	614	932	1494	850	560	508	513	1010
1618	671	780	1593	1434	1842	773	1528	1353
1648	1537	706	1877	1838	1723	492	1377	521
1363	943	562	1320	700	1353	445	1758	1684
1625	1809	561	420	1961	1473	1380	1112	675
1483	1913	430	431	553	1115	1960	1478	464
1959	1514	416	819	1169	700	569	605	1408

图 2-6　居民奶制品消费支出调查统计数据

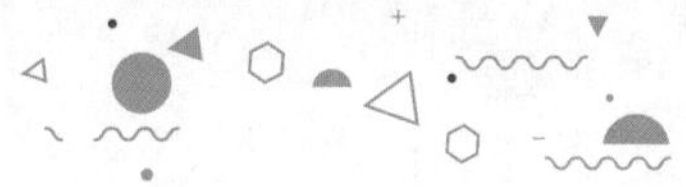

2）整理数据

要实现本案例目标，需要将原始数据进行数据整理和加工处理。在这里，首先需要将原始数据按照从大到小的原则降序排列，具体的操作步骤如下：

（1）将原始数据重新整合在同一列单元格中。

（2）单击标题单元格选中所有数据。

（3）在“开始”选项卡“编辑”组中单击“排序和筛选”按钮。

（4）在下拉列表中选择“降序”。

正确执行上述操作步骤，就可以实现数据的降序排列。然后，再将数据排列至数据表样式，显示效果如图 2-7 所示。此外，读者可以利用 Excel 函数实现具体指定位序数值的查找。

居民奶制品消费支出调查统计数据（单位：元）								
1990	1819	1654	1519	1375	1169	990	825	605
1974	1813	1654	1514	1369	1161	982	819	598
1961	1809	1649	1513	1363	1142	979	816	594
1960	1803	1648	1503	1353	1115	967	803	594
1959	1793	1637	1494	1353	1112	965	796	592
1953	1782	1634	1483	1350	1108	943	784	569
1930	1758	1625	1478	1345	1105	932	780	564
1923	1752	1618	1473	1337	1085	930	773	562
1918	1745	1607	1472	1320	1083	925	760	561
1913	1739	1606	1466	1316	1081	924	722	560
1908	1728	1605	1460	1310	1074	912	713	553
1897	1723	1600	1458	1299	1072	911	706	537
1897	1717	1593	1439	1288	1040	910	700	521
1893	1704	1579	1434	1270	1035	908	700	516
1885	1699	1555	1429	1263	1030	906	697	513
1881	1693	1554	1415	1204	1021	898	675	508
1877	1692	1542	1415	1199	1014	893	675	492
1873	1687	1541	1408	1192	1012	873	671	464
1863	1684	1538	1408	1183	1012	850	634	445
1842	1683	1537	1401	1183	1010	850	626	431
1838	1675	1535	1395	1182	1005	841	620	430
1826	1670	1530	1380	1181	1001	832	619	420
1825	1657	1528	1377	1170	993	830	614	416

图 2-7　降序排列的居民奶制品消费支出调查统计数据

3）确定最值

选中给定的数据，利用公式计算原始数据的最大值和最小值。设定 Excel 单元格范围为 A2:I24，则排序后数据的最大值和最小值分别计算如下：

最小值 = MIN(A2:I24) = 416

最大值 = MAX(A2:I24) = 1 990

4）设定组距

要实现本案例目标，需要将整理加工好的数据进行分组。要实现数据分组，首先需要根据源数据的数量计算近似组数和近似组距。

在本案例中，利用经典公式确定近似组数和近似组距。利用 COUNTIF() 函数可知源数据的数量 N=207，则：

近似组数：num_group =1+3.322lg N；

近似组距：dist_group = (Max – Min)/num_group = 181.127 733

根据数据整理的经验，本任务中组距取值为 200。

接下来就可以基于设定组距进行数据分组并计算区间数据频数。在本案例中，利用

COUNTIF() 函数计算属于不同区间的频数，计算如下：

```
freq_1=COUNTIF(A2:I24,"<=456")
freq_2=COUNTIFS(A2:I24,"<=656",A2:I24,">456")
freq_3=COUNTIFS(A2:I24,"<=856",A2:I24,">656")
freq_4=COUNTIFS(A2:I24,"<=1056",A2:I24,">856")
freq_5=COUNTIFS(A2:I24,"<=1256",A2:I24,">1 056")
freq_6=COUNTIFS(A2:I24,"<=1456",A2:I24,">1 256")
freq_7=COUNTIFS(A2:I24,"<=1656",A2:I24,">1 456")
freq_8=COUNTIFS(A2:I24,"<=1856",A2:I24,">1 656")
freq_9=COUNTIFS(A2:I24,"<=2056",A2:I24,">1 856")
```

经过计算后，数据整理结果如图 2-8 所示。

计算出相应的区间频数后，感兴趣的同学还可以进一步根据公式计算出频数密度，这样可以消除由组距不等造成的影响。频数密度（dens_group）的计算如下：

频数密度 = 频数 / 组距

5）绘制直方图

基于加工处理的数据，绘制直方图的操作步骤如下：

（1）选中图 2-8 所示的“频数”数据列。

（2）在“插入”选项卡“图表”组中选择图表类型为直方图。

正确执行上述操作步骤，就可以实现可视化的直方图，可视化效果如图 2-9 所示。仔细观察该直方图，会发现横坐标并未显示数据分组的区间，使得数据整理的可视化效果未达到预期。

6）绘制簇状柱形图

基于加工处理的数据，绘制簇状柱形图的操作步骤如下：

（1）选中图 2-8 所示的数据列。

（2）在“插入”选项卡“图表”组中选择图表类型为簇状柱形图。

正确执行上述操作步骤，就可以实现可视化的直方图，可视化效果如图 2-10 所示。与图 2-9 对比，发现图 2-10 的横坐标数据标签符合预期效果。

分组范围		频数
0	456	5
457	656	23
657	856	23
857	1 056	29
1 057	1 256	20
1 257	1 456	26
1 457	1 656	35
1 657	1 856	27
1 857	2 056	19

图 2-8　数据分组及频数统计

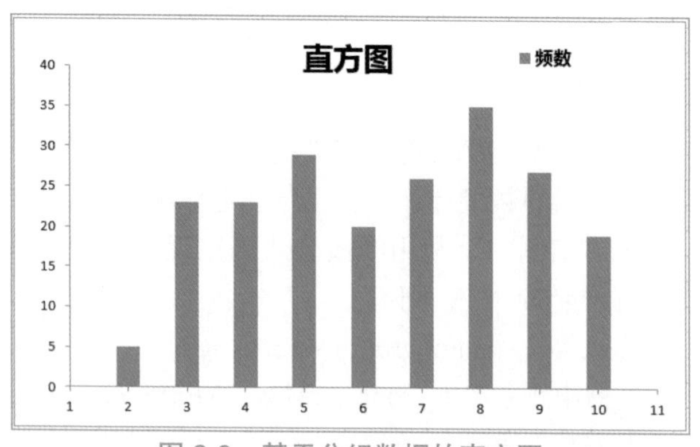

图 2-9　基于分组数据的直方图

分组范围		频数
0	456	5
457	656	23
657	856	23
857	1056	29
1057	1256	20
1257	1456	26
1457	1656	35
1657	1856	27
1857	2056	19

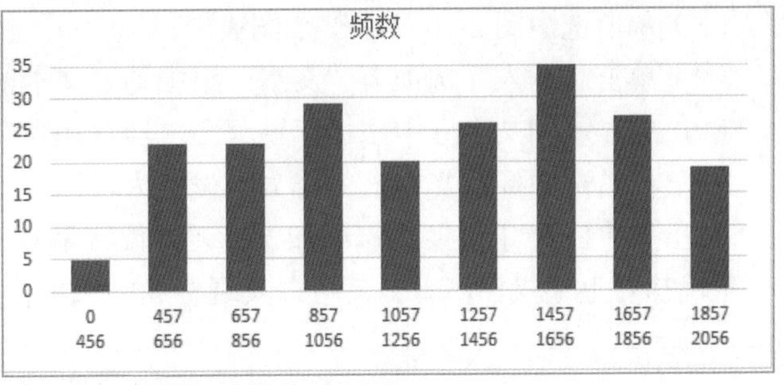

图 2-10　基于分组数据的簇状柱形图

7）设置数据系列格式

对图形进行数据系列格式的调整，具体操作步骤如下：

（1）单击选中图 2-10 所示整个图表。

（2）单击任一柱子后会将所有柱子选中。

（3）在弹出的“设置数据系列格式”窗格中，将柱子的边框设置为实线。

（4）将柱子的分类间距设置为 63%，使得数据系列的间距适宜。

正确执行上述操作步骤，就可以实现数据系统格式的美化，操作示意如图 2-11 所示。

8）设置坐标轴并添加标题

对图形进行坐标轴格式的调整，具体操作步骤如下：

（1）单击选中图 2-10 所示图表的纵坐标轴。

（2）在“设置坐标轴格式”窗格的“坐标轴选项”选项卡中将横坐标轴线条设置为黑色实线。

（3）单击选中图 2-10 所示图表的横坐标轴。

（4）在“设置坐标轴格式”窗格的“坐标轴选项”选项卡中添加“刻度线”，将“主刻度线类型”设置为“外部”。

正确执行上述操作步骤，就可以实现坐标轴格式的完善，操作示意如图 2-11 所示。

图 2-11　设置边框和分类间距

给图形添加标题来说明 2018 年居民奶制品消费支出的突出区间，具体操作步骤如下：

（1）单击选中图 2-10 所示整个图表。

（2）单击“插入”选项卡“文本”组中的“文本框”按钮。

（3）在显示的文本框中添加标题“2018 年居民奶制品消费支出调查统计”。

（4）单击选中标题文本框，将文本设置为粗体。

（5）按【Enter】键换行，添加子标题并设置字号为 14 即可。

正确执行上述操作步骤，就可以实现标题的添加，操作示意如图 2-12 所示。

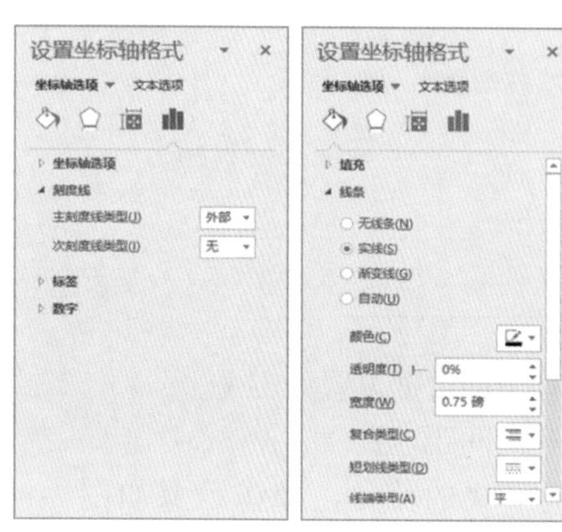

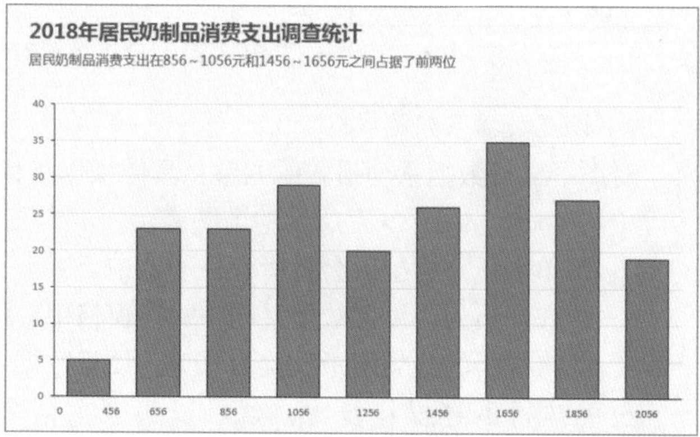

图 2-12　设置坐标轴并添加标题

执行上述操作步骤，可实现基于数据分组的社区居民奶制品支出消费额频数的统计。

案例2.3　商场服装月销售额环比增长率

二维码 2-3

商场服装月销售额环比增长率

组合图（Combination）是两种或两种以上图形的组合，能够联合增强图形可视化效果。本案例讲解折线图和柱形图的折柱组合图。

2.3.1　任务描述

郭 ×× 任职某商场服装部经理，经过一年的任职时长后，他想了解一下 2019 年商场服装的月销售额是否受季节因素所影响，以便制订因“季节”制宜的商场资源重新配置策略。数据分析专员小王获取到商场服装的月销售额相关数据，计划绘制基于 Excel 的折柱组合图来进行展示。

数据来源：商场服装的销售额数据 data_cloth.xlsx。

案例任务：可视化分析秋冬季中商场服装销售额的对比情况。

2.3.2　可视化效果

数据分析专员小王采用 Excel 2016 绘制折柱组合图，可视化效果如图 2-13 所示。

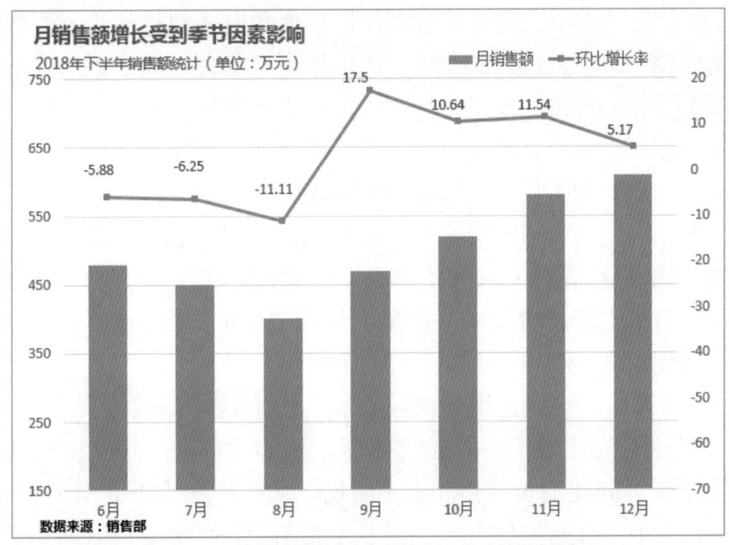

图 2-13　商场服装销售额随月份的变化情况

观察图 2-13 可知，读者对商场服装销售额随月份的变化情况有一个概览印象。整个折柱组合图具有如下特点：

（1）从可视化效果来看，图为柱形图与折线图的组合图。

（2）从图的标题来看内容简洁明了，能够让读者知晓主题为某商场服装销售情况。

（3）图的标题内容简洁明了、突出了服装销售额随季节波动的特征。

（4）图中出现了主、次两个纵坐标，主纵坐标对应柱形图；次纵坐标对应折线图。

（5）从图的主纵坐标来看，数值能够让读者知道每月的服装销售额。

（6）从图的横坐标来看，能够让读者知道服装销售额对应的月份。

（7）从图的子标题来看，能够辅助读者知晓统计时间范围为下半年时段。

（8）从图的配色来看，折线和柱状填充颜色对比鲜明，利于直观表达销售额关系。

（9）从图中的图例来看，读者会发现图中出现新概念“环比增长率”。

对于 Excel 绘制图表而言，需要读者必须掌握 Excel 数据可视化的操作步骤。

2.3.3 设计过程

1. 设计思路

（1）计算环比增长率：介绍环比增长率，并基于源数据计算环比增长率。

（2）绘制簇状柱形图：选择显示的图形类型为“簇状柱形图”“带数据标记的折线图”。

（3）设置次坐标轴。

（4）设置次坐标轴对应的环比增长率数据的图形为折线图。

（5）坐标轴选项的设置。

（6）数据标签的添加。

2. 操作步骤

1）计算环比增长率

在图 2-13 中出现了新的概念，即环比增长率，只有学习并理解了该概念才可以进行后

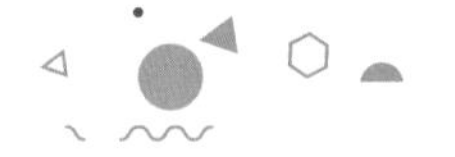

续的相关计算。在学习过程中，需要区分环比增长率和同比增长率两个概念。

（1）环比增长率又称环比发展速度，是相邻期间的比较得到的一个相对数，即本期和上期相比较的增长率。例如：今年二月和一月相比是环比。

环比的间隔很多，比如：日环比、周环比、月环比、年环比等。设定上一期某个指标的值为 A，本期对应指标的值为 B，则具体计算如下：

$$环比增长率 = (B - A) / A \times 100\%$$

（2）同比增长率又称同比发展速度，是不同期间的同一时点数据比较得到的一个相对数，即本期和同期相比较的增长率。设定上年同期某个指标的值为 A，本期对应指标的值为 B，则具体计算如下：

$$同比增长率 = (B - A) / A \times 100\%$$

（3）环比增长率与同比增长率的区别有如下几点：

① 比较范围不同。同比增长是指和上一时期、上一年度或历史相比的增长（幅度），例如，今年二月和去年二月是同比。环比增长是指与上期的数量作比较，例如，今年二月和一月是环比。

② 计算方法不同。计算公式中 A 数值的取值不同。

③ 含义不同。同比增长反映现象在同一期的发展变化情况，而环比增长反映在前后两期的发展变化情况。

在本任务中，设定 5 月服装销售为 510 万元，则下半年里商场服装销售额的环比增长率计算结果如图 2-14 所示。

在本任务中，根据商场服装部秋装销售情况统计表计算出其环比增长率，就是相邻周期数据进行对比，能够体现本期数据与前一时期的服装销售数据的对比，从而根据图表可预测服装销售发展趋势。

2）绘制簇状柱形图

选定图 2-14 中给定的数据，在“插入”选项卡“图表”组中创建簇状柱形图，显示如图 2-15 所示。

2019年下半年销售情况统计		
月份	**月销售额**	**环比增长率**
6月	480	-5.88
7月	450	-6.25
8月	400	-11.11
9月	470	17.5
10月	520	10.64
11月	580	11.54
12月	610	5.17

图 2-14 商场服装销售环比增长率计算结果

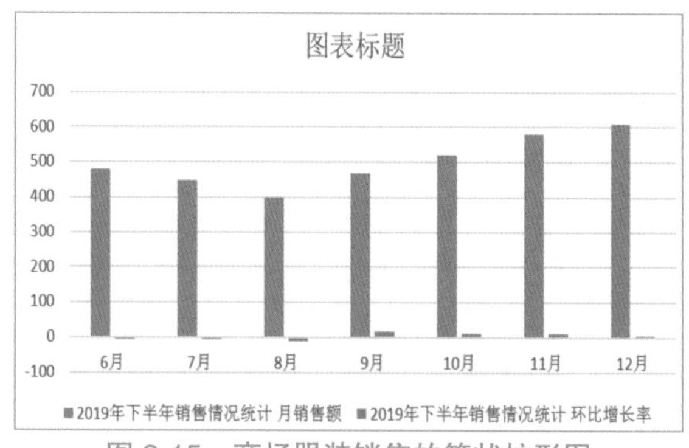

图 2-15 商场服装销售的簇状柱形图

观察可知，蓝色柱形图代表服装的月销售额，橘色的柱形为环比增长率。

3）设置次纵坐标轴

由于月销售额的数值远远大于环比增长率，故在此将环比增长率设置为次纵坐标轴。

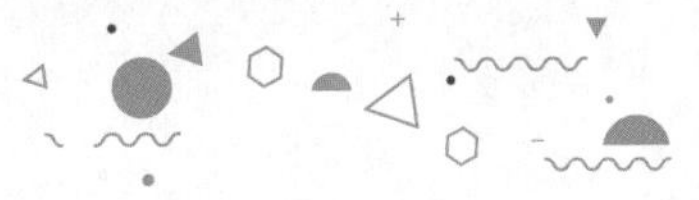

设置次坐标轴的具体操作如下：

（1）在图 2-15 中，单击选中“环比增长率”数据系列。

（2）右击弹出的快捷菜单，选择“设置数据系列格式”命令。

（3）在弹出的“设置数据系列格式”窗格中选中“次坐标轴”单选按钮。

正确执行上述操作步骤，就可以实现次纵坐标轴的设置，示意如图 2-16 所示。

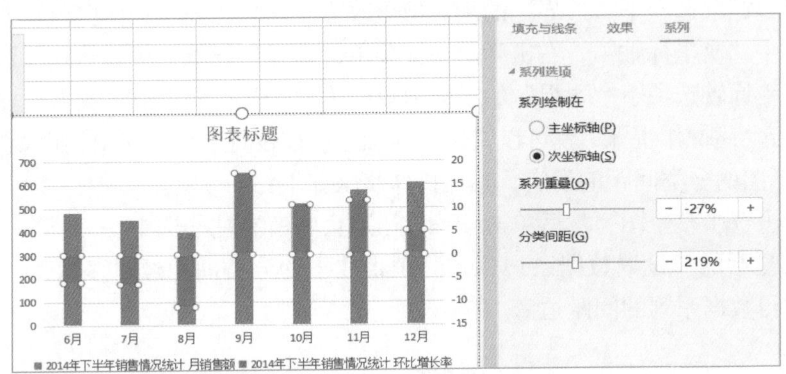

图 2-16　设置次纵坐标轴

4）环比增长率的图形选择

图 2-16 并不能形象地区分月销售额和环比增长率。在此，可将次坐标轴所代表的环比增长率数据的图形类型选择为折线图，具体操作步骤如下：

（1）右击“环比增长率”数据系列。

（2）在弹出的快捷菜单中选择“更改系列图表类型”命令。

（3）在弹出的“更改图表类型”对话框中，勾选“次坐标轴”并选择“带数据标记的折线图”选项，如图 2-17 所示，然后单击“确定”按钮。

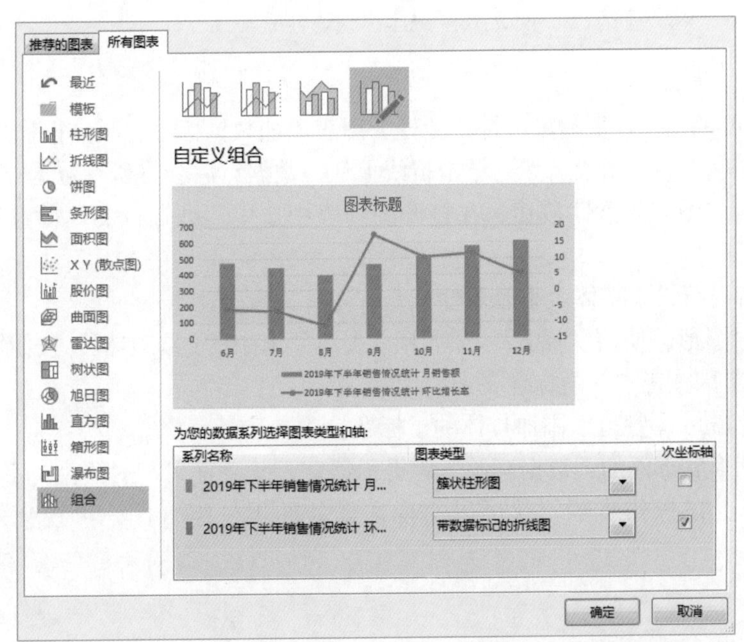

图 2-17　设置环比增长率的图形为带数据标记的折线图

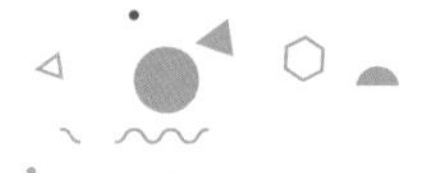

执行上述操作步骤，可实现次纵坐标轴所对应的环比增长率的图形选择的设置。

5）坐标轴选项的设置

为了使折线图和柱形图尽量不重叠，可以对主纵坐标轴和次纵坐标轴的数值范围进行调整，具体操作如下：

（1）在图表中选中主坐标轴，右击弹出快捷菜单，选择“设置坐标轴格式”命令。

（2）将坐标轴选项下“边界”的最大值更改为“750”，最小值更改为“150”。

（3）选中“次坐标轴”，右击弹出快捷菜单，选择“设置坐标轴格式”命令。

（4）将坐标轴选项下“边界”的最大值更改为“20”，最小值更改为“-80”。

正确执行上述操作步骤，就可以实现坐标轴选项的设置，示意如图 2-18 所示。接下来，可以进行柱形图的分类间距的设定，具体操作步骤如下：

（1）单击选中整个图，然后单击任一柱子后会将所有柱子选中。

（2）在显示的“设置数据系列格式”中将柱子的分类间距经过多次调整，最终确定为 126%，使得数据系列的间距适宜。

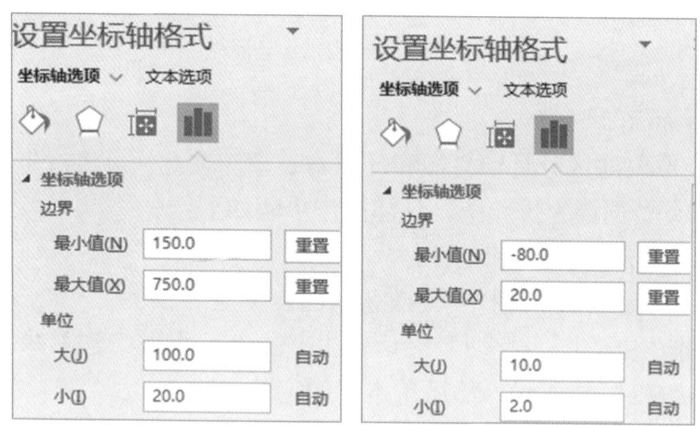

图 2-18　纵坐标轴边界的设置

6）数据标签的添加

为了使得可视化图表更具可读性，此处为图表添加数据标签，具体操作如下：

（1）单击选中整个图表，然后单击折线上任一数据点后会将所有数据点选中。

（2）单击“图表元素”按钮，在打开的列表中选中“数据标签”单选按钮，将其设置为上方显示即可。

（3）读者自行设定字体大小等属性。

（4）选中图形，使用“插入”选项卡“文本”组中的“文本框”按钮添加“月销售额增长受到季节因素影响”的标题文字。

（5）按【Enter】键可以添加具体的子标题。

（6）在图形底部添加“数据来源”等提示信息，并设置文字的颜色、字体和大小。

正确执行上述操作步骤，就可以实现本任务的折柱组合图，可视化效果如图 2-19 所示。

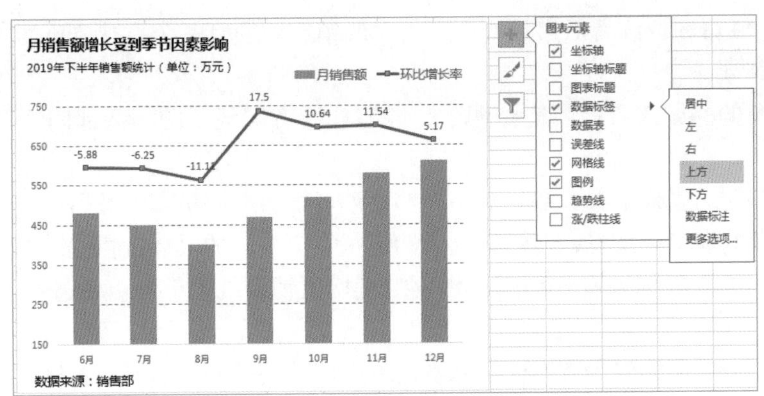

图 2-19　为折柱组合图添加数据标签

案例2.4 //// 员工销售业绩排行榜

条形图（bar chart）是用宽度相同的条形的高度或长短来表示数据多少的图形。条形图可以横置或纵置，纵置时又称柱形图（column chart）。

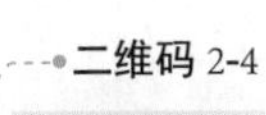

员工销售业绩排行榜

条形图有简单条形图、复式条形图等形式。

2.4.1　任务描述

市场部经理奕 × 为了解部门员工 7 月份的销售业绩，汇总整理了部门所有员工的销售业绩，希望借助于可视化图表来快速掌握销售业绩超过部门销售业绩平均值的员工。数据分析专员小王获取了部门所有员工的销售业绩，计划绘制基于 Excel 的条形图来展示员工销售业绩与部门平均销售业绩的关系。

数据统计：市场部所有员工的销售业绩 data_score.xlsx。

案例任务：可视化市场部所有员工的销售业绩。

2.4.2　可视化效果

数据分析专员小王采用 Excel 2016 绘制条形图，可视化效果如图 2-20 所示。

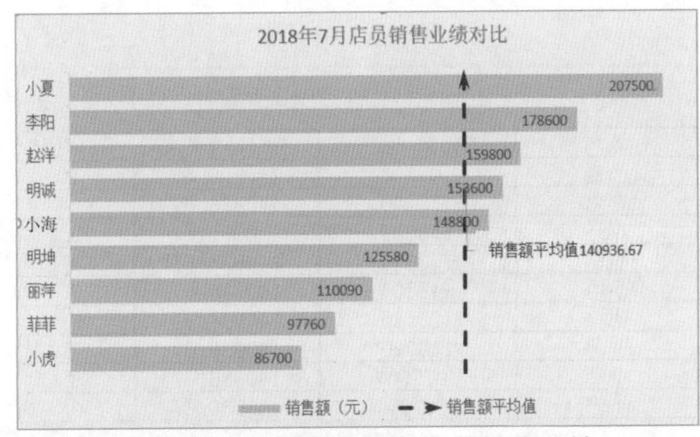

图 2-20　市场部所有员工的销售业绩

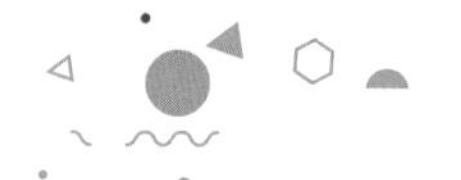

观察图 2-20 可知，读者对市场部所有员工的销售业绩有一个直观概览印象。整个条形图表具有如下特点：

（1）从图的标题来看内容简洁明了，能够让读者知晓主题为某部门所有员工的销售业绩排行榜。

（2）从图的纵坐标来看，数据标签能够让读者知道部门员工的姓名。

（3）从图的横坐标来看，能够让读者知道每一个员工的具体销售业绩的值。

（4）从图的横坐标来看，部门销售业绩平均值辅助线能够让读者知晓员工销售业绩的高低。

（5）从图中条形的内置数据标签来看，每名员工的销售业绩一目了然。

（6）背景色和条形填充颜色对比鲜明，色调柔和。

（7）红色加粗的辅助虚线直观地凸显了业务员销售额和平均销售额的差异。

2.4.3 设计过程

1. 设计思路

（1）数据的导入和加工处理。

（2）选择图形：选择显示的图形类型为条形图。

（3）图表类型组合的更改：添加数据系列-销售额平均值和高度值。

（4）组合图的美化：销售平均值辅助线的美化并使用文本框设置标题和销售额平均值。

（5）组合图的完善：更改销售平均额数据系列 *X*、*Y* 值，调整图表的数据格式。

（6）组合图的常规化处理。

2. 操作步骤

1）导入数据源

使用 Excel 2016 打开员工 7 月份销售业绩数据集 data_score.xlsx，然后执行如下操作：

（1）单击“数据”选项卡。

（2）单击“排序与筛选”组中的“排序”按钮，将原有数据按照从小到大的原则进行排序。

（3）新增辅助字段“销售平均值”和“高度值”。

正确执行上述操作步骤，就可以实现数据的导入和加工处理，可视化效果如图 2-21 所示。

2018年7月店员销售业绩统计			
姓名	销售额（元）	销售额平均值	高度值
小夏	207500	140936.67	1
李阳	178600	140936.67	2
赵洋	159800	140936.67	3
明诚	153600	140936.67	4
小海	148800	140936.67	5
明坤	125580	140936.67	6
丽萍	110090	140936.67	7
菲菲	97760	140936.67	8
小虎	86700	140936.67	9

图 2-21　数据的导入和加工处理

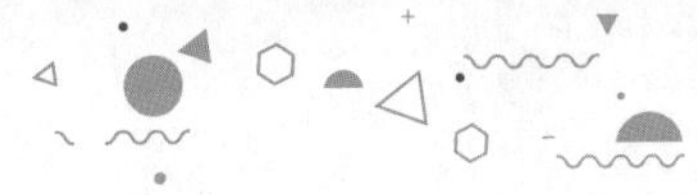

2）图形类型的选择

在本任务中，图形类型确定为条形图，具体的操作如下：

（1）选中所有数据。

（2）单击“插入”选项卡“图表”组中的“推荐的图表”按钮。

（3）在弹出的“插入图表”对话框中，切换到“所有图表”选项卡。

（4）单击左侧图表导航中的“条形图”，单击“确定”按钮就实现默认效果的条形图。

正确执行上述操作步骤，就可以实现条形图的绘制，可视化效果及操作示意如图 2-22 所示。

2018年7月店员销售业绩统计			
姓名	销售额（元）	销售额平均值	高度值
小夏	207500	140936.67	1
李阳	178600	140936.67	2
赵洋	159800	140936.67	3
明诚	153600	140936.67	4
小海	148800	140936.67	5
明坤	125580	140936.67	6
丽萍	110090	140936.67	7
菲菲	97760	140936.67	8
小虎	86700	140936.67	9

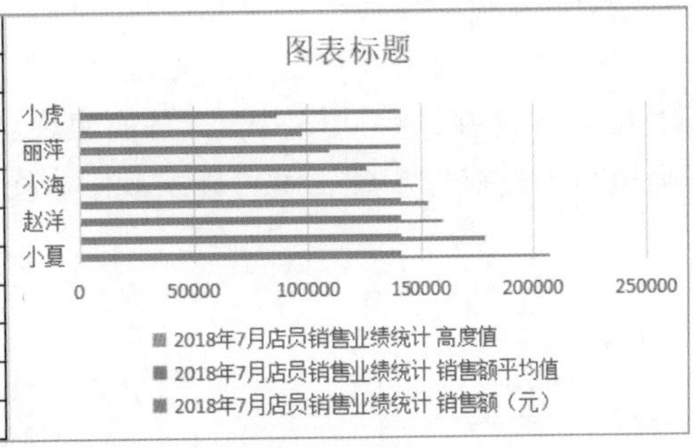

图表标题

小虎
丽萍
小海
赵洋
小夏

0　50000　100000　150000　200000　250000

■ 2018年7月店员销售业绩统计 高度值
■ 2018年7月店员销售业绩统计 销售额平均值
■ 2018年7月店员销售业绩统计 销售额（元）

图 2-22　选定数据源插入条形图

3. 图表类型的组合更改

在本任务中，简单的垂直虚线用来代表部分销售业绩的平均值。本质上，需要用到条形图和散点图的组合，具体操作如下：

（1）选中整个图表。

（2）单击“设计”选项卡中的“更改图表类型”。

（3）在弹出的窗口中，切换到“所有图表”选项卡。

（4）单击左侧图表导航中的“组合图”。

（5）在右侧视图中，将销售额设置为“条形图”。

（6）销售平均额使用“带平滑线和数据标记的散点图”。

（7）单击选中整个图表，单击“设计”选项卡中的“选择数据”。

（8）在弹出的“选择数据源”对话框中，勾选“图例项”列表中的销售平均额。

（9）在“选择数据源”对话框中，单击“编辑”按钮，弹出“编辑数据系列”对话框。

（10）在对话框中，将“X 轴系列值”设置为销售额平均值，将“Y 轴系列值”设置为辅助数据“高度值”，单击“确定”按钮即完成图表类型的修改。

正确执行上述操作步骤，就可以实现条形图和散点图的组合图绘制，可视化效果如图 2-23 所示。

4. 销售平均值辅助线的美化

为了使得销售平均值辅助线看起来更加舒适美感，执行如下操作：

（1）选中整个图表的次坐标轴。

（2）将坐标轴选项的边界最小值修改为“1”，最大值修改为“9”。

（3）选中竖直辅助线条，在弹出的“设置数据系列格式”的“填充与线条”中，将该线条的颜色设置为红色、线条类型设置为虚线且加上箭头效果。

接下来，继续对整个图表进行美化，执行如下操作：

（1）给图表添加标题，内容设置为“2018 年 7 月店员销售业绩对比”。

（2）将图表底部的显示文字做适当修改，尽量言简意赅。

（3）在销售平均值辅助线旁显示销售额平均数值，以提醒上级超过平均值的员工有哪些。

（4）采用 & 符号在任一个单元中将“销售额平均值”和平均值连接起来。

（5）选中垂直线条，双击中部附近任一数据点，添加数据标签并利用公式将其值设置为采用 & 符号连接的单元格内容，从而实现垂直线条的数据标注。

正确执行上述操作步骤，就可以实现组合图的美化，可视化效果如图 2-24 所示。

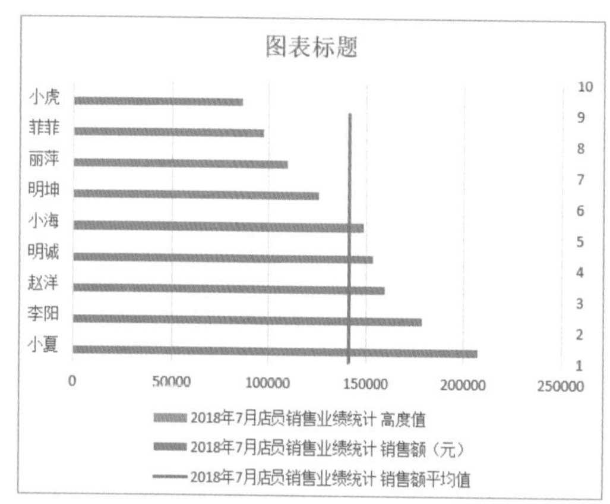

图 2-23　图形组合的更改

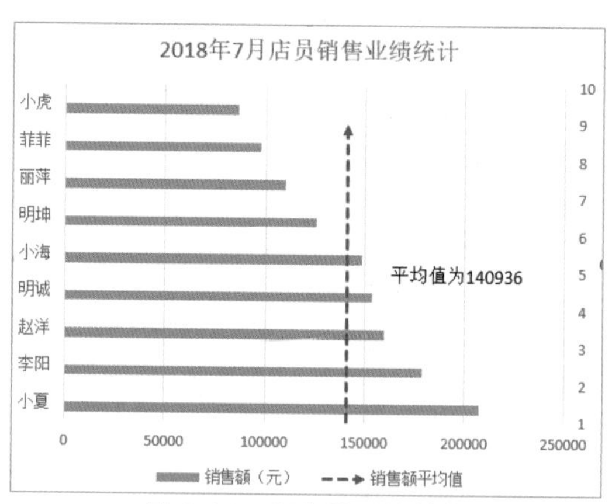

图 2-24　组合图形的美化

5. 组合图的完善

在组合图美化的基础上，完成如下细节的完善，具体操作如下：

（1）由于已经添加了销售额平均值的标签，因此可以将横坐标轴标签删除。单击选中横坐标轴，按【Delete】键删除。

（2）次坐标轴为辅助的高度值，也没有显示的价值。单击选中次纵坐标轴，按【Delete】键删除。然后单击选中“高度”条形图，按【Delete】键删除。

（3）单击选中所有的“销售额”条形图。

（4）右击弹出快捷菜单，选择“添加数据标签”并将标签位置设置为“数据标签内”。

（5）默认情况下条形图的宽度过窄，数据标签显示拥挤。单击选中所有条形图，在“设置数据系列格式”的系列选项中将分类间距调整为合适数值，这里设置为“60%”。

（6）读者可自行设置条形图的填充颜色和数据标签颜色，以使显示效果对比凸显。

正确执行上述操作步骤，就可以实现组合图细节的完善，可视化效果如图 2-25 所示。

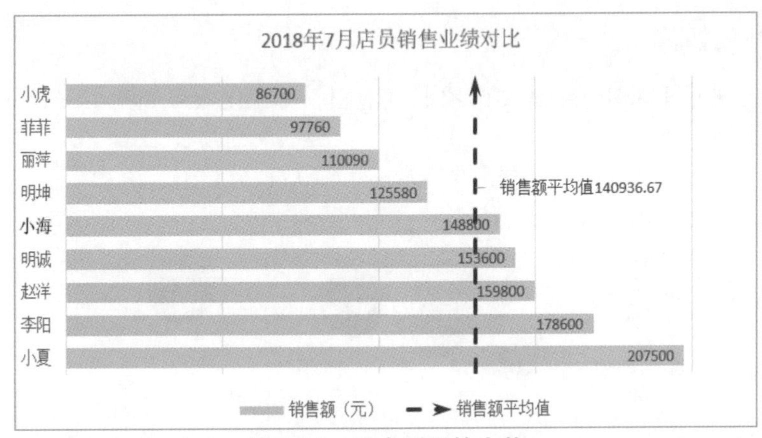

图 2-25 组合图形的完善

6. 组合图的常规化处理

在日常生活中，大家更习惯于销售额排行榜的审视习惯。在本案例中，建议读者将销售额的条形图按照销售额从高到低的次序进行排序。具体操作如下：

（1）选中图表的纵坐标轴。

（2）在“设置坐标轴格式窗格”的“坐标轴选项”设置页面中勾选“逆序类别”复选框，就可以实现销售额数据系列按照数值从大到小的顺序排序。

（3）垂直的网格线意义不大，可单击选中所有网格，按【Delete】键删除。

正确执行上述操作步骤，就可以实现本任务中的可视化组合图，可视化效果如图 2-20 所示。当然，学习者结合个人审美可以进行不同颜色和分类间距的选择。

案例2.5 城郊早市产品销售情况

气泡图（bubble chart）可用于展示三个变量之间的关系。气泡图的诞生就是为散点图增加变量，通过提供更加丰富的指示信息，如“点”的大小、“点”的颜色来定义额外的变量。通过改变“点”的大小或颜色来绘制散点图，使得每一个“点”类似气泡效果，因此得名气泡图。

二维码 2-5

城郊早市产品销售情况

通常情况下，排列在工作表的第一列中数据为 x 值，相邻列中为相应的 y 值和气泡大小的值。x 值和 y 值用于标识气泡的位置，第三个数值标识气泡的大小。

2.5.1 任务描述

小夏作为城郊早市的管理部负责人，想了解一下目前早市部分产品的销售情况。数据分析专员小王现在收集了土豆、西红柿、大白菜和豆腐的购买频率、平均每次购买量以及同类产品在同一天的销售占比的相关数据，计划绘制基于 Excel 的气泡图来分析三个变量之间的相关性。

数据来源：城郊早市产品销售情况 data_product.xlsx。

案例任务：用 Excel 绘制三个不同变量关系的气泡图。

2.5.2 可视化效果

数据分析专员小王采用 Excel 2016 绘制气泡图，可视化效果如图 2-26 所示。

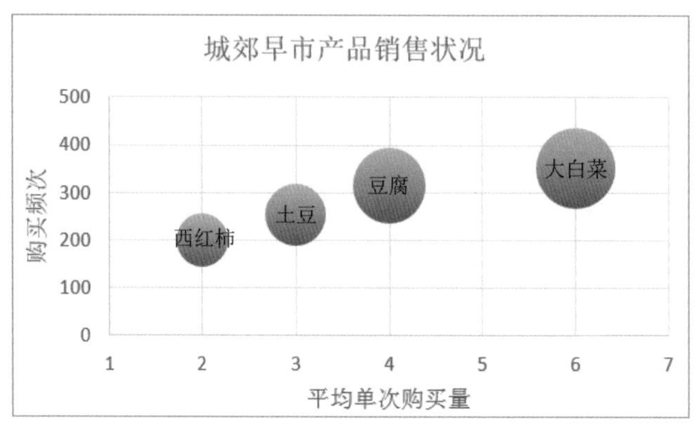

图 2-26 基于三个变量关系的气泡图

观察图 2-26 可知，读者对城郊早市部分产品的购买频率、平均每次购买量以及同类产品在同一天的销售占比有一个直观概览印象。整个气泡图表具有如下特点：

（1）从宏观来看，能够让读者看出市场占有率与购买量、购买频次间的关系。

（2）从气泡图横坐标来看，读者可以看出哪一种产品的平均单次购买量最多。

（3）从气泡图纵坐标来看，读者可以看出哪一种产品的购买频次最高。

（4）从气泡图大小来看，读者可以看出哪一种产品的市场占有率最高。

（5）从气泡图的标识来看，读者无法识别气泡与具体农产品的对应关系。

2.5.3 设计过程

1. 设计思路

（1）数据的导入。

（2）选择图形：选择显示的图形类型为气泡图。

（3）气泡图的美化。

2. 操作步骤

1）导入数据源

使用 Excel 2016 打开城郊早市产品销售情况 data_product.xlsx，数据内容如图 2-27 所示。

2）图形类型的选择

在本任务中，图形类型确定为气泡图，具体操作如下：

（1）单击“插入”选项卡“图表”组中的“推荐的图表”按钮。

（2）在弹出的“插入图表”对话框中，切换到“所有图表”选项卡。

（3）单击左侧图表导航中的“XY（散点图）”，在右侧视图窗中选择“气泡图”。

（4）单击第一个应用示例，然后单击“确定”按钮就可以植入默认效果的气泡图。

（5）绘制结果如图 2-28 所示。

城郊早市产品销售状况统计表			
品牌名称	每次购买量	购买频次	同类产品销量占比
土豆	3	253	51%
西红柿	2	200	38%
大白菜	6	352	86%
豆腐	4	315	75%

图 2-27　导入数据源

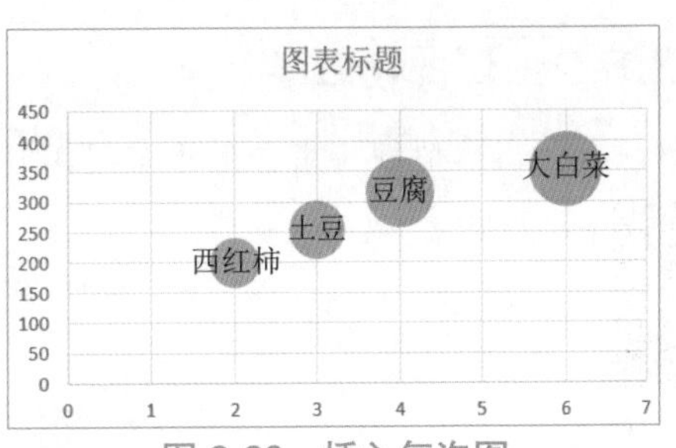

图 2-28　插入气泡图

正确执行上述操作步骤，就可以实现气泡图的绘制，可视化效果及操作示意如图 2-28 所示。

（3）气泡图的美化。

在本任务中进一步美化气泡图，具体操作如下：

① 选中图表，将默认的图表标题修改为“城郊早市产品销售状况”。

② 将横坐标轴的最小值设置为“1”。

③ 为气泡图表添加横坐标轴标签，标签内容为“平均单次购买量”。

④ 为气泡图表添加纵坐标轴标签，标签内容为“购买频次”。

⑤ 读者根据需要，将气泡的颜色进行相应的修改。本案例中设置为渐变颜色。

正确执行上述操作步骤，就可以实现气泡图的美化，可视化效果及操作示意如图 2-29 所示。

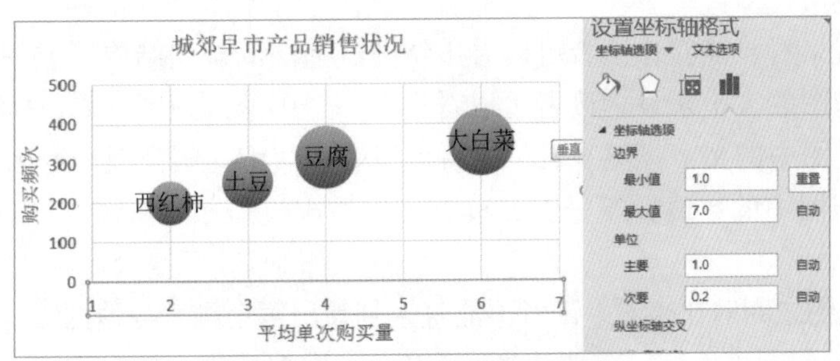

图 2–29　气泡图的美化和完善

案例2.6　不同国家或地区的进口额

绕圆气泡图是气泡图的一种，气泡排列形成一个圆圈。

2.6.1　任务描述

现在数据分析专员小王获得 2017 年中国从这些国家或地区的进口额，现在选取部分国家或地区的数据绘制基于 Excel 的绕圆气泡图来可视化进口额情况。

数据来源：不同国家或地区进口额 data_Gdp.txt。

案例任务：可视化不同国家或地区进口额的绕圆气泡图。

二维码 2-6

不同国家或地区的进口额 1

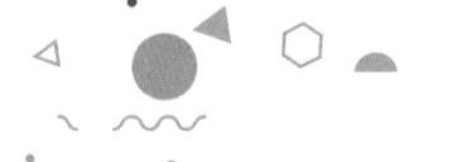

2.6.2 可视化效果

数据分析专员小王采用 Excel 2016 绘制绕圆气泡图，可视化效果如图 2-30 所示。

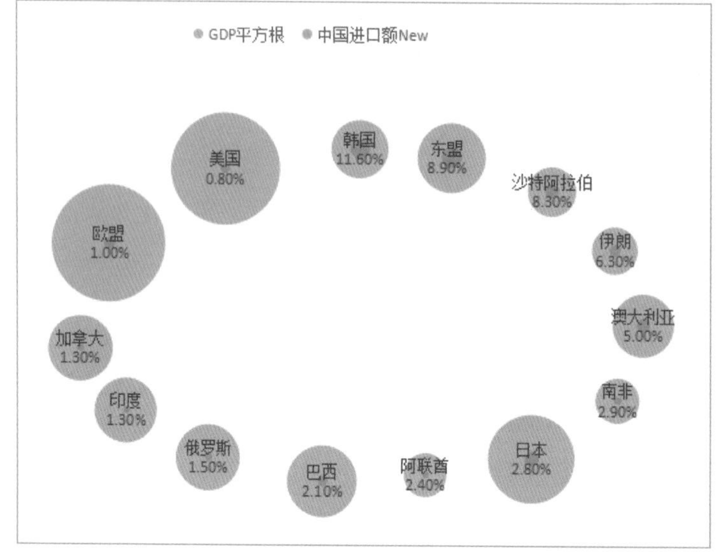

图 2-30　不同国家或地区进口额的绕圆气泡图

观察图 2-30 可知，读者对不同国家或地区进口额有一个直观概览印象。整个绕圆气泡图表具有如下特点：

（1）从宏观来看，能够让读者可以看出绕圆气泡图的排列结构形成一个圆圈。

（2）从气泡图的大小来看，读者可以看出每一个国家或地区的 GDP 大小。

（3）从气泡图中的文字标签来看，读者可以看出气泡与国家或地区名称的对应关系。

（4）从气泡图中的数值标签来看，读者可以看出进口额占其国家或地区 GDP 的比重大小。

（5）从气泡图之间对比来看，读者不能直接判断出每个国家或地区 GDP 的进口额大小。

对于 Excel 绘制图表而言，需要读者掌握 Excel 数据可视化的操作步骤。

2.6.3 设计过程

1. 设计思路

（1）导入数据源：从文本文件导入数据。

（2）数据的加工整理。

（3）绘制气泡图。

（4）设置和美化气泡图的绕圆效果。

（5）为气泡图添加数据标签。

2. 操作步骤

1）导入数据源

使用 Excel 2016 打开不同国家或地区进口额 data_Gdp.txt，具体操作步骤如下：

（1）单击“数据”→“获取和转换数据”→“从文本 /csv”按钮，如图 2-31 所示。

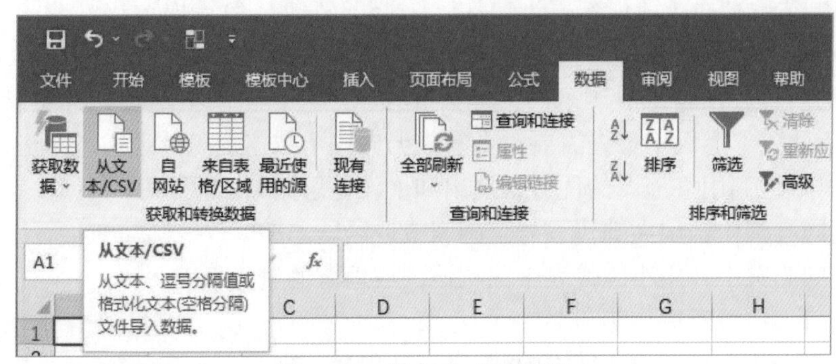

图 2-31　导入文本数据源

（2）在弹出的对话框中定位并选中“data_Gdp.txt”文本，单击“打开”按钮，结果如图 2-32 所示。

（3）在图 2-32 中确定文件中原始格式为“简体中文（GB2312）”，然后单击“加载”即可。

	A	B	C	D	E	F	G	H
1	国家/地区	中国进口额	GDP	进口占比	GDP平方根	中国进口额New	横坐标正弦值	纵坐标余弦值
2	韩国	129485	1116247	0.116	1056.53	122.56	0	1
3	东盟	203903	2291047	0.089	1513.62	134.71	0.32	0.95
4	沙特阿拉伯	47940	577595	0.083	760.00	63.08	0.67	0.75
5	伊朗	30394	482445	0.063	694.58	43.76	0.89	0.4
6	澳大利亚	74411	1488221	0.050	1219.93	61.00	0.99	-0.05
7	南非	11834	408074	0.029	638.81	18.53	0.9	-0.5
8	日本	164345	5869471	0.028	2422.70	67.84	0.6	-0.85
9	阿联酋	8643	360136	0.024	600.11	14.40	0.23	-0.95
10	巴西	52351	2492908	0.021	1578.89	33.16	-0.13	-0.99
11	俄罗斯	27756	1850401	0.015	1360.29	20.40	-0.53	-0.85
12	印度	21790	1676143	0.013	1294.66	16.83	-0.82	-0.57
13	加拿大	22579	1736869	0.013	1317.90	17.13	-0.98	-0.2
14	欧盟	175777	17577691	0.010	4192.58	41.93	-0.88	0.43
15	美国	120752	15094025	0.008	3885.10	31.08	-0.47	0.88

图 2-32　设置文件原始格式

正确执行上述操作步骤，就可以实现 Excel 中文本文件数据的导入，最终导入数据效果如图 2-33 所示。

	A	B	C
1	国家/地区	中国进口额	GDP
2	韩国	129485	1116247
3	东盟	203903	2291047
4	沙特阿拉伯	47940	577595
5	伊朗	30394	482445
6	澳大利亚	74411	1488221
7	南非	11834	408074
8	日本	164345	5869471
9	阿联酋	8643	360136
10	巴西	52351	2492908
11	俄罗斯	27756	1850401
12	印度	21790	1676143
13	加拿大	22579	1736869
14	欧盟	175777	17577691
15	美国	120752	15094025

图 2-33　导入的数据源

将文本文件中的数据导入 Excel 之后，需要查看数据是否需要进行分列处理和空行删除处理工作。此处，介绍空行删除技巧，具体操作如下：

（1）单击“开始”选项卡“编辑”组中的“查找和选择”按钮。

（2）在弹出的下拉菜单中选择“定位条件”命令。

（3）在弹出的“定位条件”对话框中，选择“空值”，可以将数据中的所有空行选中。

（4）单击“开始”选项卡“单元格”组中的“删除”按钮，便可以将所有选中的空行删除。

2）数据的加工整理

为了很好地表示每个国家或地区的 GDP 以及中国从该国或地区的进口额进行对比，

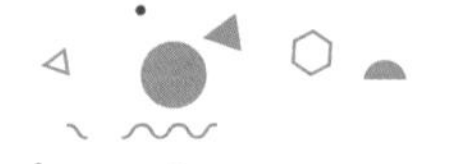

将采用同心圆的方式进行绘制该气泡图。

在本任务中，读者仔细观察“进口额”字段的数值，会发现阿联酋地区的 8643 远小于东盟的 203903，凭直觉就知道气泡图大小的差距特别巨大，就可以想象到气泡之间庞然大物和蚂蚁的对比，使得部分国家的气泡会成为“点”，这个不是我们所期望发生的可视化效果。基于此，本案例中首先需要对真实数据做一个数据加工处理。

为了能有效地利用气泡图的优势，提出如下设计思路：

（1）在同心圆中，用大圆代表每个国家或地区的 GDP。

（2）在同心圆中，用小圆代表中国从该国或地区的进口额。

（3）进口占比等于进口额与 GDP 的比值。

（4）进口占比和各国或地区 GDP 都进行开根号处理。

要实现气泡图的环绕效果，就需要给出每个气泡的圆心位置和角度值。在本案例中，角度值直接给出，sin 和 cos 则可以采用公式进行得出。当然，这些数据的获得，读者都可以动手计算一下这些数值结果。

正确执行上述操作步骤，数据加工处理后的结果如图 2-34 所示。

国家地区	中国进口额	GDP
韩国	129485	1116247
东盟	203903	2291047
沙特阿拉伯	47940	577595
伊朗	30394	482445
澳大利亚	74411	1488221
南非	11834	408074
日本	164345	5869471
阿联酋	8643	360136
巴西	52351	2492908
俄罗斯	27756	1850401
印度	21790	1676143
加拿大	22579	1736869
欧盟	175777	17577691
美国	120752	15094025

图 2-34　加工处理后的数据

3）绘制气泡图

基于加工处理的数据，此处绘制气泡图，具体的操作步骤如下：

（1）单击“插入”选项卡“图表”组中的“推荐的图表”按钮。

（2）在弹出的“插入图表”对话框中，切换到“所有图表”选项卡。

（3）单击左侧图表导航中的“XY（散点图）”，在右侧视图窗中选择“气泡图”。

（4）单击第一个应用示例，然后单击“确定”按钮就实现默认效果的气泡图。

正确执行上述操作步骤，即可实现气泡图的绘制，可视化效果如图 2-35 所示。

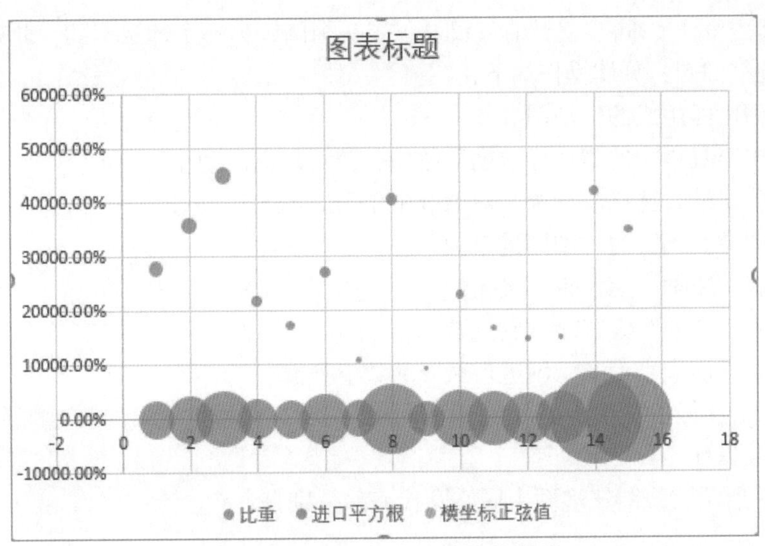

图 2-35　绘制气泡图的默认效果

4）设置和美化气泡图的绕圆效果

如图 2-35 所示，两列数据均为气泡，并没有实现同心圆效果。这里，我们将对默认效果的气泡图进行设设置和美化，具体操作如下：

（1）选中默认效果的气泡图。

（2）单击“工具栏”中的“选择数据”按钮。

（3）在弹出的“选择数据源”对话框中单击 “编辑”按钮。

（4）设置“系列”为“GDP 开根号”。

（5）设置“X 轴”为“sin 正弦值”。

（6）设置“Y 轴”为“cos 余弦值”。

（7）设置气泡大小为“GDP 开根号”的数值列。

正确执行上述操作步骤，即可实现气泡图的设置，具体设置参数示意如图 2-36 所示，设置后的可视化效果如图 2-37 所示。

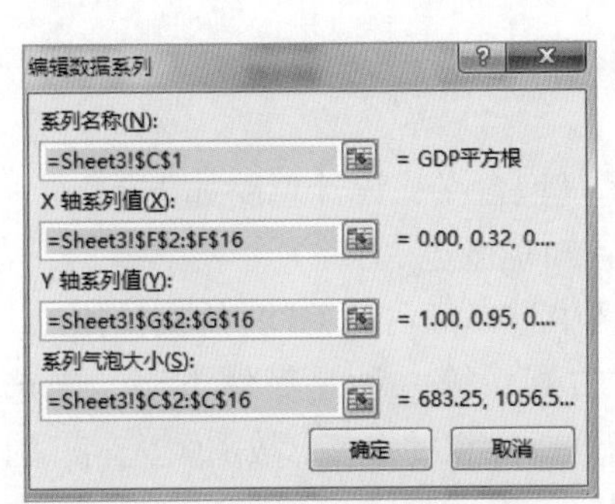

图 2-36　设置绕圆的编辑示意

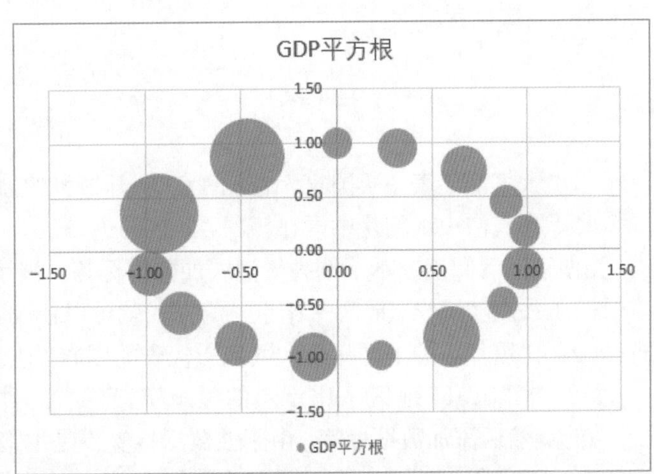

图 2-37　绘制绕圆气泡图的改进效果

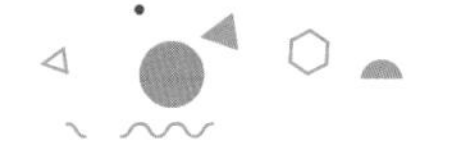

观察图 2-37 可知，同心圆目前仅仅显示了一个圆，另一个却看不到。此处，我们需要继续完善绕圆气泡图，具体操作如下：

（1）选中已经生成的气泡图。

（2）单击工具栏中的“选择数据”按钮，执行相同的动作。

（3）在弹出的“选择数据源”对话框中单击 “编辑”按钮。

（4）设置“系列”为“中国进口额”。

（5）设置“X 轴”为“sin 正弦值”。

（6）设置“Y 轴”为“cos 余弦值”。

（7）设置气泡大小为“中国进口额”的数值列。

正确执行上述操作步骤，即可实现气泡图的完善，可视化效果如图 2-38 所示。

5）添加数据标签

如图 2-38 所示，绕圆气泡图中同心圆代表的分别是：

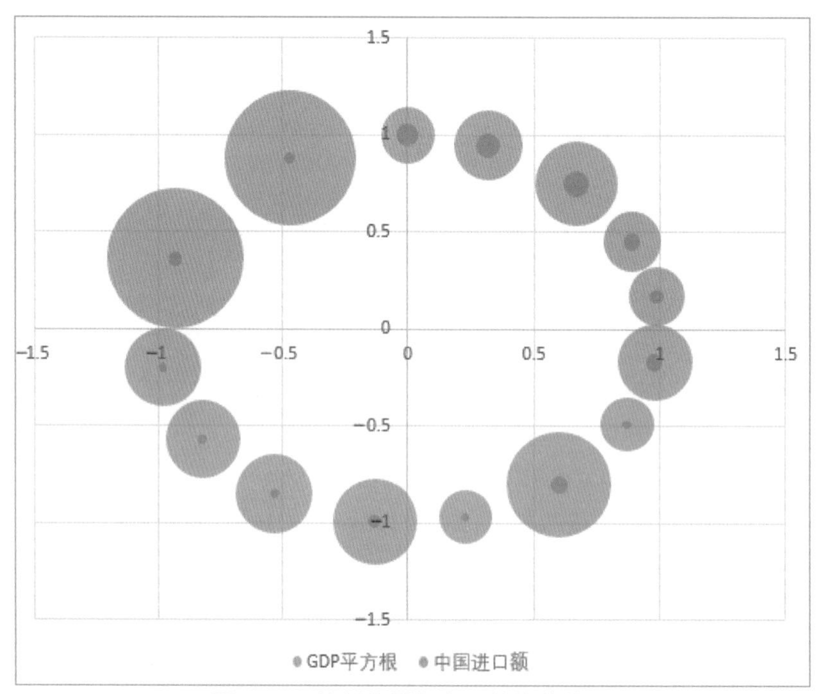

图 2-38　绘制绕圆气泡图的完善效果

（1）大气泡代表一个国家 / 地区的 GDP 开根号的值。

（2）小气泡表示的是中国在该国 / 地区的进口额。

为便于读者阅读，本示例为气泡添加数据标签，展示气泡含义，设计思路如下：

（1）采用“国家 / 地区 + 比重”的方式就可以让读者知晓概览。

（2）比重代表的中国从该大气泡所代表的国家 / 地区中进口额占比 GDP 的百分比。

要添加“国家 / 地区 + 比重”的显示字段，有两种方式：第一种是简便方法，先选中小气泡，然后添加数据标签。由于该数据标签不是本案例所中意的标签，故需要先将“国家 / 地区”和“比重”两列字段进行合并，合并的方法为：

（1）采用连接字符串的符号为“&”，空格符为“　”。

（2）具体公式为 =G3&“　”&“　”&TEXT(J3,"0.0%")。

经过上述工作，可以得出图 2-39 所示的新标签内容。

I	J	K
显示标签	比重	显示标签2
韩国	0.116	韩国 11.60%
东盟	0.089	东盟 8.90%
沙特阿拉伯	0.083	沙特阿拉伯 8.30%
伊朗	0.063	伊朗 6.30%
澳大利亚	0.050	澳大利亚 5.00%
南非	0.029	南非 2.90%
日本	0.028	日本 2.80%
阿联酋	0.024	阿联酋 2.40%
巴西	0.021	巴西 2.10%
俄罗斯	0.015	俄罗斯 1.50%
印度	0.013	印度 1.30%
加拿大	0.013	加拿大 1.30%
欧盟	0.010	欧盟 1.00%
美国	0.008	美国 0.80%

图 2-39　数据标签处理结果

在创建好需要的标签数据后，执行如下的数据标签添加步骤：

（1）选中刚才添加的数据标签。

（2）在“设置数据标签格式”窗格的“标签选项”选项卡中，单击“标签”选项。

（3）勾选“单元格中的值”来将其替换为本案例想要显示的值。

第二种方式是手动编辑，由于部分 Excel 软件不支持显示“单元格中的值”这个可选项，学习者只好手动逐一修改来完成气泡图中数据标签的期望内容。

经过上述一系列的操作后，便可以绘制出如图 2-30 所示的绕圆气泡图。

案例2.7　脂肪百分比与BMI的相关关系

二维码 2-7

脂肪百分比与 BMI 的关系

散点图就是通过考查坐标点的分布，来判断两变量之间是否存在某种关联或总结坐标点的分布模式。在散点图中的“点”，其数据值都是“点”的坐标。在散点图中，统计数据以“点”的形式呈现，通过“点”的分布可以观察出变量之间的关系。

在绘制过程中，常用横坐标轴表示自变量 X，纵坐标轴表示因变量 Y。横纵轴的起点可以根据研究对象的情况而定，将每一对（X,Y）绘制后即构成散点图。散点图的作用是揭示了网格上所绘制的“点”的值之间的关系，借助“点”构成的曲线来显示数据的上升 / 下降趋势。例如，在医院进行抽血检测时，医生通过仪器来分析血液中白细胞散点图，可以为人们的身体健康提供精确的分析，为医生后续的治疗判断做出重要的技术支持。

一般情况下，至少需要用两组数据构成多个坐标点。散点图表示因变量随自变量改变而变化的大致趋势，通过趋势可以选择适当函数进行经验分布的拟合，进而找到变量之间的函数关系。

散点图偏向于研究性图表，能帮助人们发现变量之间隐藏的关系。散点图通常用于比较跨类别的聚合数据，主要用来判断：

（1）变量之间是否存在数量关联趋势。

（2）如果变量之间存在关联趋势，其关联趋势是线性还是曲线的？

（3）一目了然发现离群值，离群值是偏离大多数点的一个“点”还是为数不多的几个“点”？

（4）进一步分析离群值在建模分析中是否可能对总体产生很大影响。

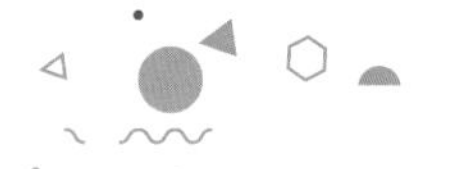

散点图在实际工作中应用非常广泛。以 Excel 中散点图分类为例，主要分为散点图、带平滑线和数据标记的散点图、带平滑线的散点图、带直线和数据标记的散点图、带直线的散点图、气泡图和三维气泡图。

2.7.1 任务描述

随着生活水平的不断提升以及青少年饮食营养的提升，青少年户内外运动明显下降的情况下，青春期女孩极容易陷入肥胖的苦恼。为此，一位医学研究人员研究了青春期女孩的肥胖症。由于直接测量身体脂肪百分比的难度较大且费用较高，研究人员拟通过体重指数（body mass index，BMI）作为身体脂肪百分比的预测变量。在实际研究中，BMI 是一个易于获取的测量值。目前，数据分析专员小王已经收集了 92 名青春期女孩的 BMI、身体脂肪百分比、户内外运动频率及其他变量，计划绘制基于 Excel 的散点图来分析脂肪百分比与 BMI 的关系。

数据来源：身高脂肪百分比数据 data_bmi.xlsx。

案例任务：用 Excel 绘制脂肪百分比与 BMI 的散点图。

2.7.2 可视化效果

数据分析专员小王采用 Excel 2016 绘制散点图，可视化效果如图 2-40 所示。

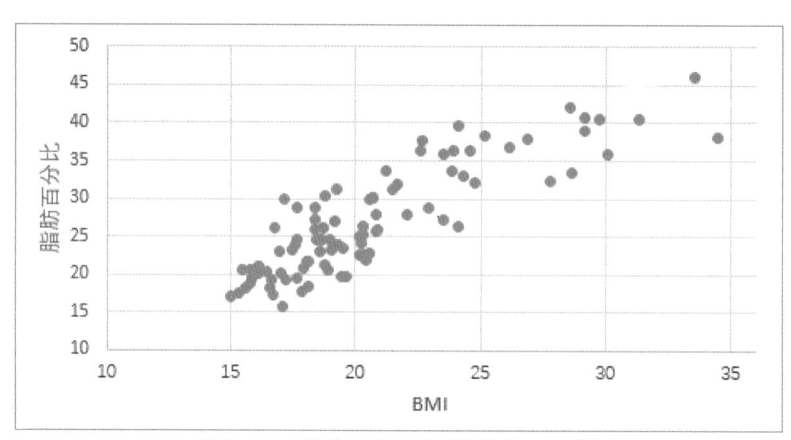

图 2-40　脂肪百分比与 BMI 的散点图

观察图 2-40 可知，读者对青春期女孩的脂肪百分比与 BMI 有一个概览印象。整个散点图具有如下特点：

（1）从图的标题来看，能够让读者知道主题为脂肪百分比与 BMI 之间的关系。

（2）从图的纵坐标来看，能够让读者知道数值为脂肪百分比。

（3）从图的横坐标来看，能够让读者知道数值为 BMI 值。

（4）从图的宏观来看，可以看出 BMI 和身体脂肪两个变量之间呈现强度很大的正线性相关关系。可以猜测，体重指数（BMI）可能是一个很好的身体脂肪百分比预测变量。

对于 Excel 绘制图表而言，需要读者必须掌握 Excel 数据可视化的操作步骤。

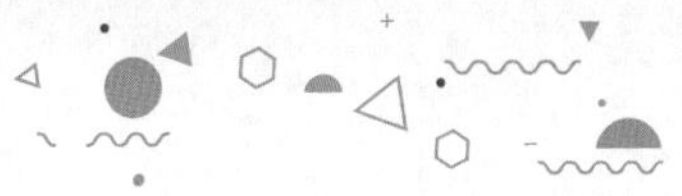

2.7.3 设计过程

1. 设计思路

（1）导入数据源。

（2）绘制散点图。

（3）完善散点图。

2. 操作步骤

1）导入数据源

使用 Excel 2016 打开身高脂肪百分比数据 data_bmi.xls，数据内容如图 2-41 所示。

2）绘制散点图

绘制散点图的操作步骤如下：

（1）选中“BMI”和“脂肪百分比”两个研究变量。

（2）单击“插入”选项卡“图表”组中的“推荐的图表”按钮。

（3）在弹出的“插入图表”对话框中，切换到“所有图表”选项卡。

（4）单击左侧图表导航中的“XY（散点图）”，然后单击“确定”按钮。

正确执行上述操作步骤，即可实现散点图的绘制，可视化效果如图 2-42 所示。

	A	B	C	D
1	BMI	脂肪百分比	活动	初潮
2	19.3083	23.9	高	是
3	22.9642	28.8	高	是
4	27.79	32.4	中	是
5	20.9174	25.8	中	是
6	20.3784	22.5	中	否
7	20.3862	22.1	中	是
8	19.6575	19.6	中	是
9	20.2983	25.3	高	是
10	20.6038	22.8	中	是
11	20.3064	26.4	中	是
12	21.2133	33.7	中	否
13	22.1067	27.9	高	是

图 2-41　确定分隔符号

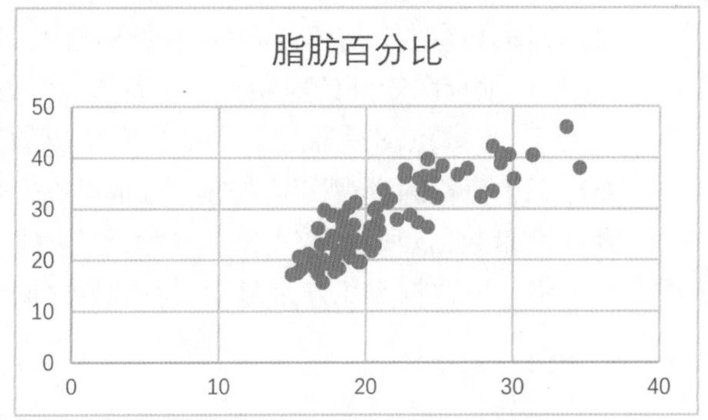

图 2-42　散点图的绘制默认效果

3）完善散点图

在图表可视化展示中，简明清晰、点明主旨的主题非常重要。完善散点图的操作步骤如下：

（1）双击“脂肪百分比”进入文字编辑，将标题“脂肪百分比”修改为“脂肪百分比与 BMI 的散点图”。

（2）此外，观察图 2-42 可知，BMI 的值和脂肪百分比均大于 15，就可以将横纵轴起点设置为（10,10），从而使得散点图的呈现更具有整体感。

① 单击选中“纵坐标轴”，在“设置坐标轴格式”窗格“坐标轴选项”选项卡中修改纵坐标轴的边界“最小值”为 10。

② 单击选中“横坐标轴”，在“设置坐标轴格式”窗格“坐标轴选项”选项卡中修改横坐标轴的边界“最小值”为 10。

（3）坐标轴上的 X 轴和 Y 轴标签缺失后，读者很难得知该图所代表的含义。为让读者更直观地理解横纵坐标值所代表的数据含义，有必要添加横纵轴标签。操作方法是：

① 单击选中图表，单击出现的+按钮进行图表元素的添加 / 修改。

② 单击+按钮，在出现的悬浮列表中，选中“坐标轴标题”复选框。

③ 当图表中出现文本框“纵坐标标题”和“横坐标标题”后，将文字替换为“脂肪百分比”和“BMI”即可。

④ 正确执行上述操作步骤，即可实现散点图的完善，可视化效果如图 2-40 所示。

至于散点图中“点”的颜色、标记外观等，读者可以根据需求自行修改并设置相应的宽度、样式、颜色等。

案例2.8 基于双指标衡量的企业形象评价

二维码 2-8
基于双指标衡量的企业形象评价

散点图矩阵是散点图的高维扩展，它从一定程度上克服了在平面上展示高维数据的困难，在展示多维数据的两两关系时有着不可替代的作用。

简单的散点图是比较两个变量的关系，矩阵散点图是比较多个变量间的两两关系。如果同时考查多个变量之间的关系时，若一一绘制两个变量之间的简单散点图，十分麻烦。此时，若想要比较多个变量之间两两关系时，就可以使用矩阵散点图来同时绘制各自变量间的散点图，这样可以快速发现多个变量间的主要相关性。散点图矩阵的应用，在进行多元线性回归时显得尤为重要。

三维散点图是通过三个变量所构成的三维空间来分析和研究三个变量之间的关系，通过三个变量的直观交互观察，常常可以发现在二维图形中发现不了的信息。

当存在大量数据点时，散点图的作用尤为明显。散点图与折线图相似，不同之处在于折线图通过将点或数据点相连来显示所有数据之间的每一个变化。

2.8.1 任务描述

某品牌公司的企业形象评估专员对公司代理经销商的企业形象进行评估，现已通过市场调查、顾客回访、企业声誉等方面进行了数据收集汇总。数据分析专员小王获取了评估专员提供的数据，计划绘制基于 Excel 的双指标散点图，以快速判断代理经销商的企业形象。

数据来源：代理经销商企业形象数据 data_depict.xlsx。

案例任务：用 Excel 绘制代理经销商企业形象的散点图矩阵。

2.8.2 可视化效果

数据分析专员小王采用 Excel 2016 绘制矩阵散点图，可视化效果如图 2-43 所示。

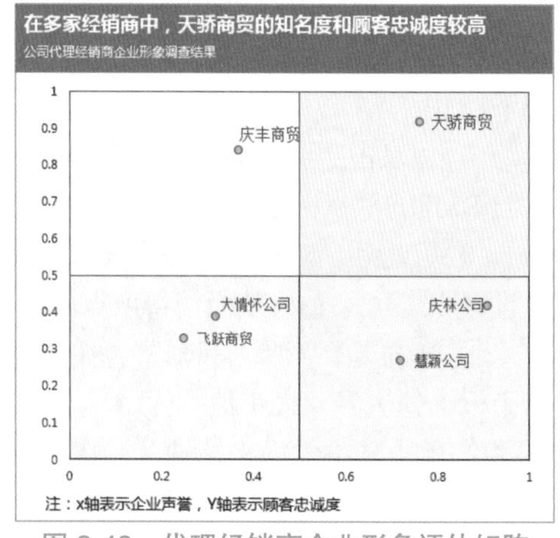

图 2-43 代理经销商企业形象评估矩阵

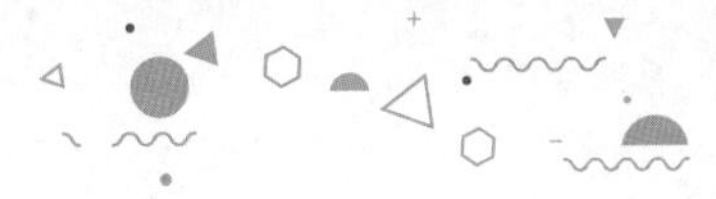

观察图 2-43 可知，读者对代理经销商企业形象有一个概览印象。整个矩阵散点图具有如下特点：

（1）从可视化效果来看，图为双衡量指标下构成的二维评估矩阵。黑色直线直观地分割了四个区域，利于分辨不同商贸知名度和用户忠诚度的差异。

（2）从图的标题来看内容简洁明了，能够让读者知晓主题为评价代理商的知名度和顾客忠诚度。

（3）图的标题内容简洁明了、基于公司知名度和顾客忠诚度的交叉分类显示给出了最佳代理经销商，即天骄公司的企业声誉和顾客忠诚度的综合得分最高。

（4）从图的底部注释来看，能够辅助读者快速知晓横坐标和纵坐标所代表的含义。

（5）从图的纵坐标来看，数值能够让读者知道顾客忠诚度越高，数值越大。

（6）从图的横坐标来看，能够让读者知道企业声誉越好，数值越大。

（7）从配色来看，背景色和填充颜色对比鲜明，色调柔和，以更好地进行比较。

对于 Excel 绘制图表而言，需要读者必须掌握 Excel 数据可视化的操作步骤。

2.8.3 设计过程

1. 设计思路

（1）导入数据源并绘制散点图。

（2）确定散点图的标题。

（3）设置坐标轴。

2. 操作步骤

1）导入数据源并绘制散点图

使用 Excel 2016 打开代理经销商企业形象数据 data_depict.xlsx，创建“X Y 散点图”，数据及可视化效果如图 2-44 所示。

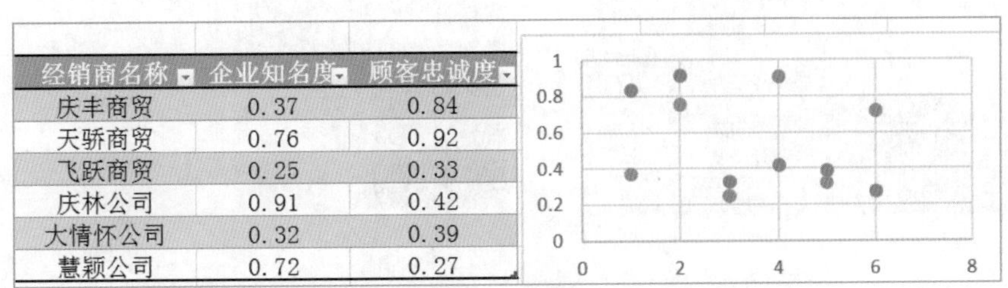

经销商名称	企业知名度	顾客忠诚度
庆丰商贸	0.37	0.84
天骄商贸	0.76	0.92
飞跃商贸	0.25	0.33
庆林公司	0.91	0.42
大情怀公司	0.32	0.39
慧颖公司	0.72	0.27

图 2-44　企业形象评估的散点图

观察绘制的初始散点图，会发现两个评价指标的“点”散落在一个二维平面内，在进行两个指标的评价和解读时不够简明，可读性较差。

2）添加标题

为了增加可读性，首先给散点图明确标题。具体操作步骤如下：

（1）选中图表并单击“图表元素”按钮[+]。

（2）选中“图表标题”复选框，并将其设置为“图表上方”，如图 2-45 所示。

（3）手动输入图表标题“公司代理经销商企业形象调查结果”。

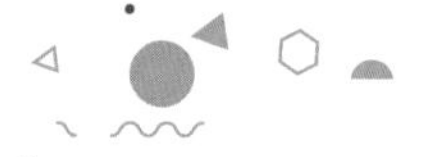

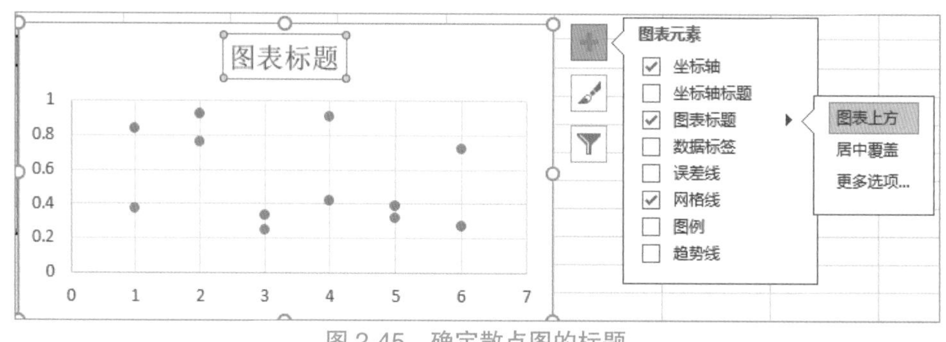

图 2-45　确定散点图的标题

3）设置坐标轴

为了增加可读性，让学习者能够直观地从"企业知名度"和"顾客忠诚度"两个指标来客观评价代理经销商的综合实力。结合本案例刚刚学习的散点图矩阵的相关知识，需要将"企业知名度"设置为横坐标，将"顾客忠诚度"设置为纵坐标。具体操作步骤如下：

（1）在 Excel 中绘制一个"四象限"调色板，即一个不同象限填充不同颜色的矩形，以用作已绘制图表的背景。

（2）右击"四象限"调色板，在弹出的快捷菜单中选择"复制"命令。

（3）选中图表区域，在弹出的"设置绘图区格式"窗格中，选中"图片或纹理填充"单选按钮。

（4）"插入图片来自"选择"剪贴板"，就可以形象直观地进行数据可视化的显示和数据解读了。

执行上述操作步骤，可实现坐标轴的设置，操作示意和显示效果如图 2-46 所示。

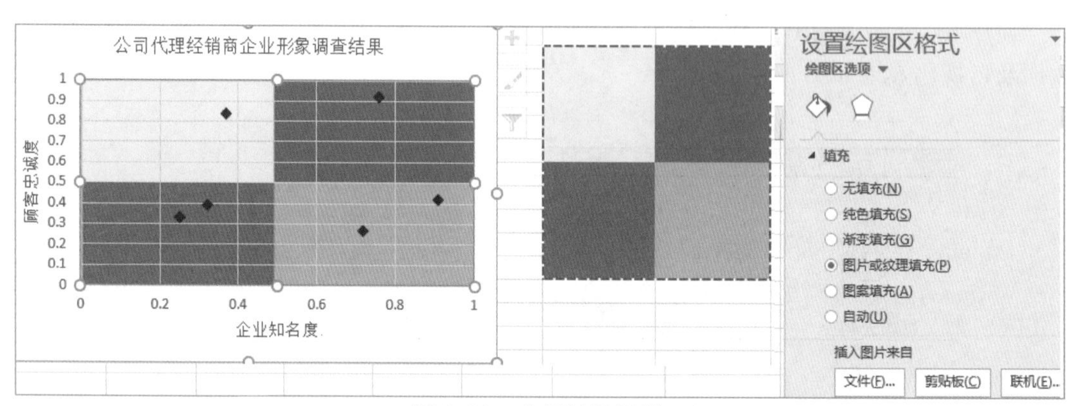

图 2-46　坐标轴的设置

4）设置网格线并添加数据标签

为了进一步美化可视化效果，执行如下操作步骤：

（1）将可视化区域的网格线选中，然后按【Delete】键删除。此举是为了让每个象限看起来更像一个整体区域。

（2）选中数据点并右击，弹出快捷菜单，选择"设置数据标签格式"命令，进行相应设置可实现添加数据标签。此举是为了便于直观明晰地了解代理商的整体情况。需要说

明的是，默认显示的数据标签为顾客忠诚度的数值，这并非想看到的可视化效果。

（3）单击选中一个数据点，双击可出现下拉列表，双击“选择单元格”，在弹出的“数据标签引用”对话框中选择对应的代理经销商名称，如图 2-47 所示。

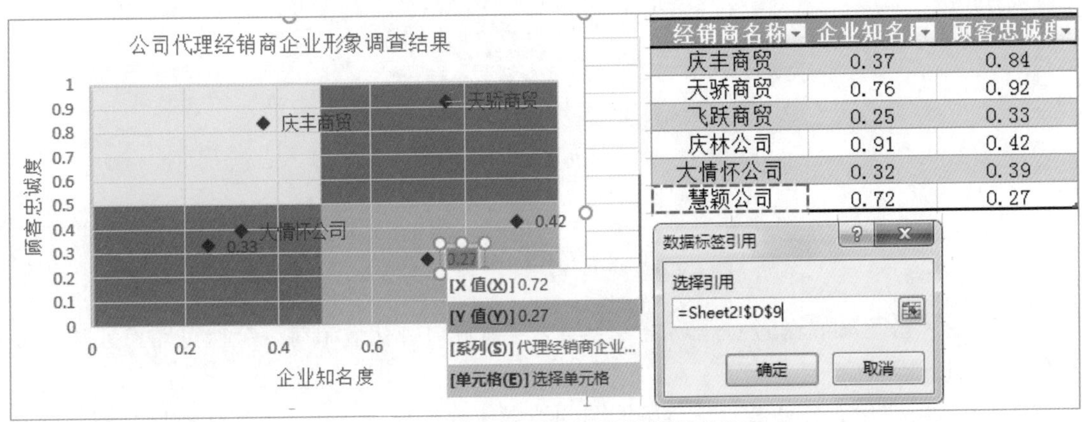

经销商名称	企业知名度	顾客忠诚度
庆丰商贸	0.37	0.84
天骄商贸	0.76	0.92
飞跃商贸	0.25	0.33
庆林公司	0.91	0.42
大情怀公司	0.32	0.39
慧颖公司	0.72	0.27

图 2-47　网格线的删除和数据标签的添加

正确执行上述操作步骤，即可删除网格线，添加数据标签，从而实现预期的可视化效果。

讲解过程中使用的背景色为亮色，便于读者识别和操作。为了实现任务所实现的可视化效果，读者可以修改相应的调色板颜色。经过上述一系列的操作后，便可以绘制出如图 2-43 所示的矩阵散点图。观察可知，从“企业知名度”和“顾客忠诚度”两个指标分析得知：在所有代理经销商中，天骄商贸的企业形象最为突出。

案例2.9 //// 炸鸡店不同门店的销售盈利对比

条形图（bar chart）是用宽度相同条形的高度或长短来表示数据多少的图形。条形图可以横置或纵置，纵置时又称柱形图（column chart）。

二维码 2-9

红星炸鸡店不同门店的销售盈利对比

2.9.1 任务描述

炸鸡店老板经营炸鸡店一年多，想了解一下不同门店的销售盈利情况，通过数据分析结果来调整营销策略和方案。现在，数据分析专员小王已经收集了六个门店的相关数据，计划绘制基于 Excel 的堆积条形图来帮助老板更为直观地了解门店盈利情况。

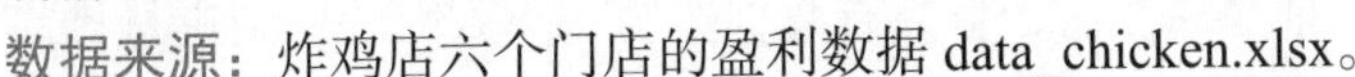

数据来源：炸鸡店六个门店的盈利数据 data_chicken.xlsx。

案例任务：如何更为有效地优化条形图以展示炸鸡店多个门店的盈利可视化效果。

2.9.2 可视化效果

数据分析专员小王采用 Excel 2016 绘制堆积条形图，可视化效果如图 2-48 所示。

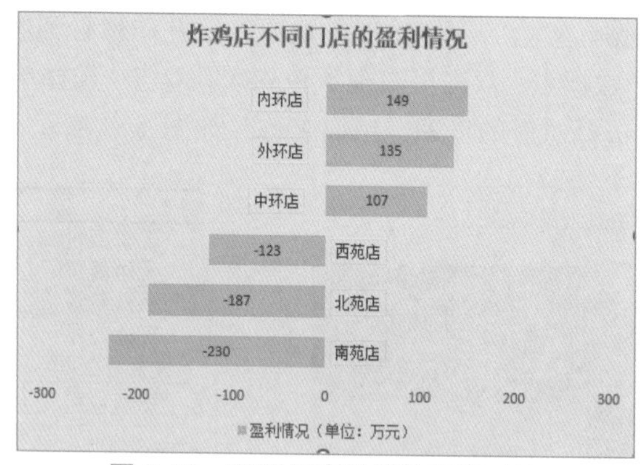

图 2-48　不同门店的销售盈利对比

观察图 2-48 可知，读者对炸鸡店多个门店的盈利可视化效果有一个概览印象。整个条形图具有如下特点：

（1）从可视化效果来看，正负条形图的视觉让读者耳目一新，可视化效果显著。

（2）从图的标题来看，内容简洁明了，能够让读者知晓主题为炸鸡店多个门店的盈利情况分析。

（3）从图的横坐标来看，能够让读者知道不同门店的销售情况是盈利还是亏损。

（4）从条形中的数据标签来看，读者能够明确炸鸡店不同门店盈利 / 亏损的具体数值。

（5）从条形旁的文字标签来看，让读者将门店名称和盈利值放在一起，便于阅读和陈述。

对于 Excel 绘制图表而言，需要读者必须掌握 Excel 数据可视化的操作步骤。

2.9.3　设计过程

1. 设计思路

（1）导入并整理数据：将数据排序并添加辅助数据。

（2）绘制条形图：选择显示的图形类型为二维条形图。

（3）条形图的美化。

（4）条形图的完善。

2. 操作步骤

1）导入数据源并整理数据

使用 Excel 2016 打开炸鸡店六个门店的盈利数据 data_chicken.xlsx，单击“数据”选项卡“排序与筛选”组中的“排序”按钮，将原有数据按照从小到大的原则进行排序，并在此基础上新增辅助字段，整理后的数据如图 2-49 所示。

2）绘制条形图

此处讲解条形图的绘制过程，具体操作步骤如下：

（1）选中两列数据。

（2）单击“插入”选项卡“图表”组中的“推荐的图表”按钮。

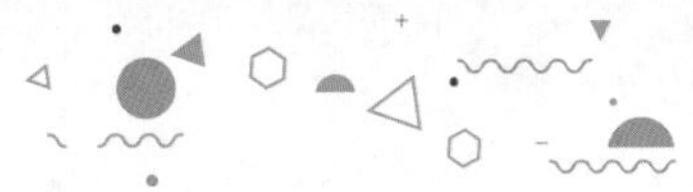

（3）在弹出的“插入图表”对话框中，切换到“所有图表”选项卡。

（4）单击左侧图表导航中的“条形图”，然后选中“堆积条形图”，单击“确定”按钮。

正确执行上述操作步骤，就可以实现条形图默认效果，显示效果如图 2-50 所示。

炸鸡店不同门店盈利情况统计		
炸鸡门店	盈利情况（单位：万元）	辅助数据
南苑店	-230	230
北苑店	-187	187
西苑店	-123	123
中环店	107	-107
外环店	135	-135
内环店	149	-149

图 2-49　炸鸡店不同门店的销售盈利

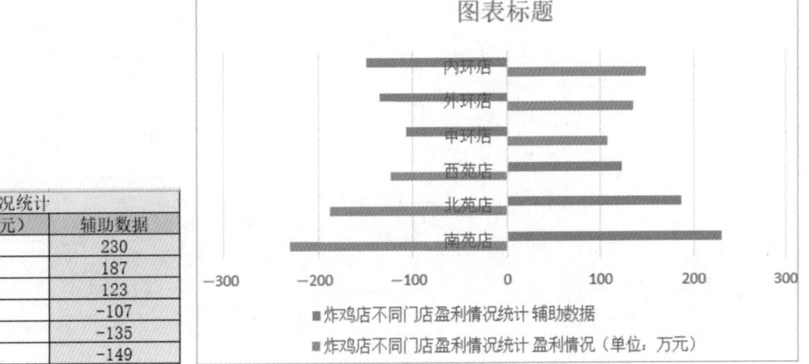

图 2-50　炸鸡店不同门店的销售盈利

3）美化条形图

观察图 2-50 可知，可视化效果与预期结果存在较大差异。现在对默认效果进行美化，具体操作步骤如下：

（1）单击选中图表中的辅助数据。

（2）在右键快捷菜单中选择“设置数据系列格式”命令，在“设置数据系列格式”窗格的“填充”选项卡中将辅助数据填充设置为“无填充”，显示效果如图 2-51 所示。

（3）选中条形数据，并在“设置数据系列格式”窗格的“系列选项”选项卡中将条形图的间隙设置为 60%，系列重叠设置为 100%。

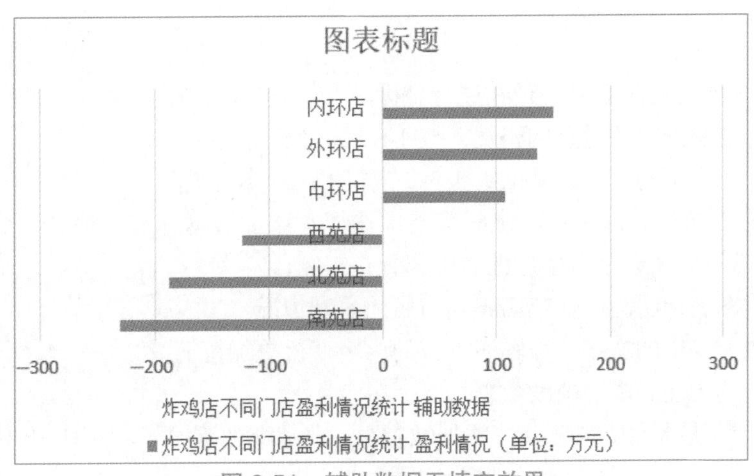

图 2-51　辅助数据无填充效果

正确执行上述操作步骤，就可以实现条形图预期效果，操作示意如图 2-52 所示，美化后的可视化效果如图 2-53 所示。

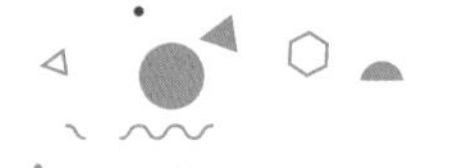

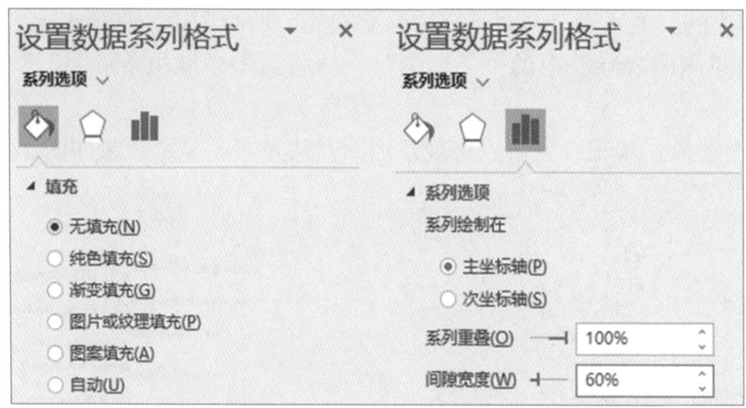

图 2-52　条形图美化操作步骤

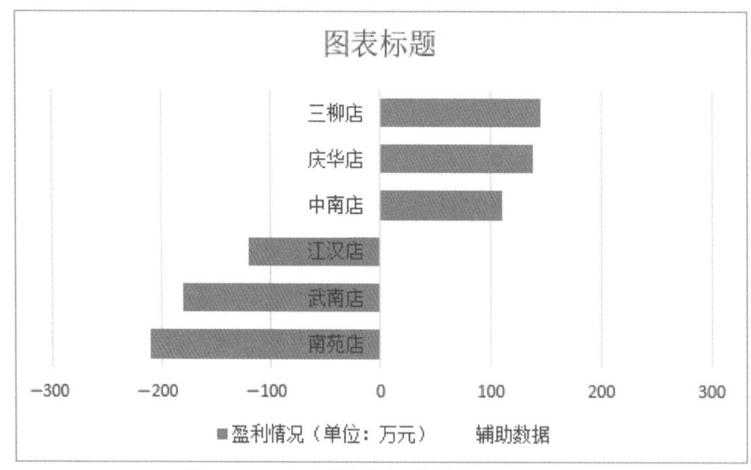

图 2-53　条形图美化后的可视化效果

4）完善条形图

为了达到预期可视化效果，现在进行坐标轴及图表标题的设置。具体操作步骤如下：

（1）单击选中图表的竖直网格线，按【Delete】键删除。

（2）选中图表中的门店名称的纵坐标，按【Delete】键删除。

（3）选中数据条形，在右键快捷菜单中选择“添加数据标签”命令。此举的作用是将每个门店的盈利数值显示在条形的居中位置。

（4）修改图表标题为“炸鸡店不同门店的盈利情况”

（5）修改表格中的文字使得图表下方的内容变得更加精简。

（6）单击选中图表中的辅助数据。

（7）在右键快捷菜单中选择“添加数据标注”命令，便可以将门店名称和盈利值显示在图表上。

（8）由于盈利信息已经存在，此处单击选中所有新添加的数据标注。

（9）在“设置数据标签格式”窗格的“标签”选项中，取消勾选标签的“值”，选中“类别名称”复选框。

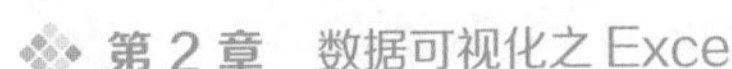

执行上述系列操作步骤，可实现条形图的预期效果，可视化结果如图 2-48 所示。

案例2.10 单位员工流入流出的动态变化

瀑布图是由麦肯锡顾问公司所独创的图表类型，因为形似瀑布流水而称为瀑布图（waterfall plot）。

二维码 2-10

单位员工流入流出的动态变化

瀑布图表采用绝对值与相对值结合的方式，适用于表达数个特定数值之间的数量变化关系。

在 Excel 2016 中，增加了瀑布图类型，使得瀑布图的作法比以前简单了许多。Excel 2016 之前版本的图表类型中没有提供瀑布图，但是仍可以通过堆积柱形图的适当变化来绘制瀑布图。

2.10.1 任务描述

单位人事部负责人非常关注单位员工数量的变化，包括员工流入和流出的具体情况。经历了 2019 年整整一年的人员调整，单位进入平稳发展阶段，现在人事部负责人想采用图形的方式快速了解下半年单位员工的变动情况。现在，数据分析专员小王已经收集了单位人员变动的相关数据，计划绘制基于 Excel 的瀑布图，帮助人事部负责人快速了解单位员工的变动情况。

数据来源：单位员工人数统计详情数据 data_emp.xlsx。

案例任务：用 Excel 绘制单位员工变动的瀑布图。

2.10.2 可视化效果

数据分析专员小王采用 Excel 2016 绘制矩阵瀑布图，可视化效果如图 2-54 所示。

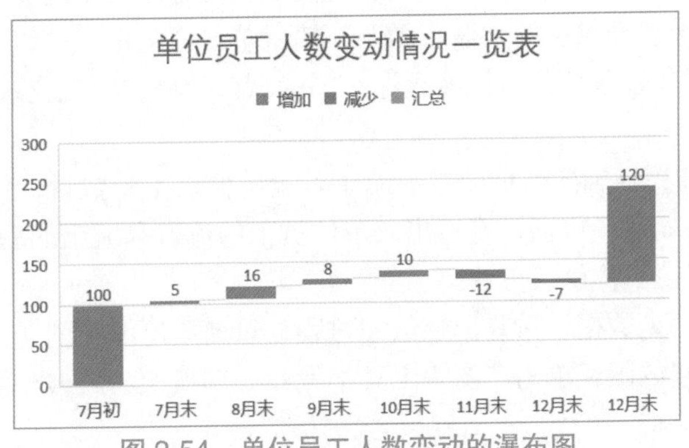

图 2-54 单位员工人数变动的瀑布图

观察图 2-54 可知，读者对单位员工人数的流动情况有一个概览印象。整个瀑布图具有如下特点：

（1）从图的标题来看内容简洁明了，能够让读者知晓主题为单位员工人数的变动情况。

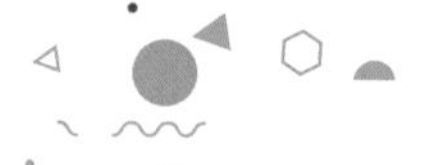

（2）从图的宏观来看，瀑布图的形状反映了单位员工变动构成的桥梁效应。

（3）从图的纵坐标来看，能够让读者知道随时间变化来统计单位员工总数，读者能清楚地看到相邻两个月间单位员工变动的增加 / 减少情况。

（4）从图的横坐标来看，能够让读者知道随时间变化来统计单位员工人数的变动，读者可以知道公司统计的起始月份和终止月份。

（5）从图的瀑布文字标签来看，能够让读者知道每个月的员工人数是增加还是减少。

对于 Excel 绘制图表而言，需要读者必须掌握 Excel 数据可视化的操作步骤。

2.10.3 设计过程

1. 设计思路

（1）导入并整理数据。

（2）绘制瀑布图。

（3）调整纵坐标。

2. 操作步骤

1）导入数据源并整理数据

使用 Excel 2016 打开单位员工人数统计详情数据 data_emp.xlsx，并在原有数据的基础上新增辅助字段“员工增 / 减量”，并用公式计算该字段的值。整理后的数据如图 2-55 所示。

月份	员工人数	员工增/减量	变化月份
7月初	100	100	
7月末	105	5	7月
8月末	121	16	8月
9月末	129	8	9月
10月末	139	10	10月
11月末	127	-12	11月
12月末	120	-7	12月
12月末		120	

图 2-55 导入并整理数据

2）绘制瀑布图

基于整理数据进行瀑布图的绘制，具体操作步骤如下：

（1）选中前三列数据。

（2）单击“插入”选项卡“图表”组中的“推荐的图表”按钮。

（3）在弹出的“插入图表”对话框中，切换到“所有图表”选项卡。

（4）单击左侧图表导航中的“瀑布图”，然后单击“确定”按钮。

正确执行上述操作步骤，就可以实现瀑布图的默认效果，可视化效果如图 2-56 所示。

3）调整纵坐标

观察图 2-56 可知，纵轴的数据仅仅显示了月末单位员工总数量，但是并不能切实反映单位员工人数的动态变化，特别是看不出来单位员工的流入和流出的动态变化效果。因此，需要重新调整纵坐标。具体解决方法是：

（1）仅选择前两列数据，重复上述绘制过程，重新绘制瀑布图。

（2）选中已绘制的图，单击“图表工具 | 设计”选项卡“数据”组中的“选择数据”按钮。

（3）在弹出的“选择数据源”对话框中单击“编辑”按钮。在弹出的“编辑数据系列”对话框中保持“系列名称”不变，将“系列值”的数值修改为员工的增减数量。

4）修改标题

修改标题为“单位员工人数变动情况一览表”。

正确执行上述操作步骤，就可以实现改进的瀑布图的效果，可视化结果如图 2-57 所示。

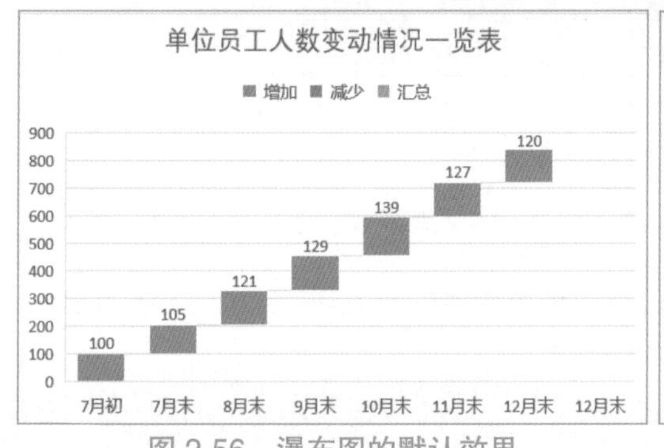

图 2-56　瀑布图的默认效果

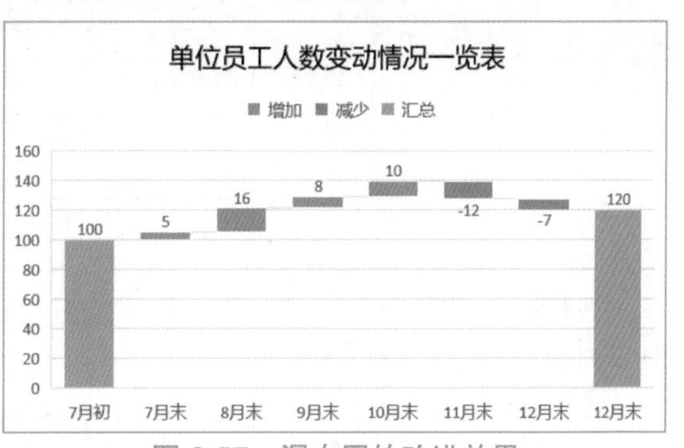

图 2-57　瀑布图的改进效果

观察图 2-57，便会发现改进的瀑布图中依然存在不合理的地方。具体而言，起始月份和终止月份的员工数量不再是变动增量 / 减量，应该将其设置为汇总格式。具体解决方法是：

（1）双击选中 7 月初的数据。

（2）右击弹出快捷菜单，选择“设置为汇总”命令。

（3）双击选中 12 月末的数据。

（4）右击弹出快捷菜单，选择“设置为汇总”命令。

执行上述操作步骤，可实现瀑布图的预期效果，可视化结果如图 2-54 所示。

案例2.11　销售额与销售成本数据的相关系数

二维码 2-11

销售额与销售成本数据的相关系数

相关系数是最早由统计学家卡尔 • 皮尔逊设计的统计指标，是研究变量之间线性相关程度的量，一般用字母 r 表示。由于研究对象的不同，相关系数有多种定义方式，较为常用的是皮尔逊相关系数。

相关系数是用以反映变量之间相关关系密切程度的统计指标。需要说明的是，皮尔逊相关系数并不是唯一的相关系数，但属于最常见的相关系数。

2.11.1　任务描述

2020 年 7 月，某超市经理统计了 1 ~ 6 月的销售成本和月销售额，想了解一下两者之间是否存在某种关系。现在，数据分析专员小王已经获取了相关数据，计划绘制基于 Excel 的相关关系来分析超市销售成本和月销售额之间的关系。

数据统计：某超市 1 ~ 6 月销售额与销售成本数据 data_supSale.xlsx。

案例任务：分析某超市 1 ~ 6 月销售额与销售成本数据的相关关系。

2.11.2　可视化效果

数据分析专员小王采用 Excel 2016 分析超市销售成本与月销售额的相关关系，分析效果如图 2-58 所示。

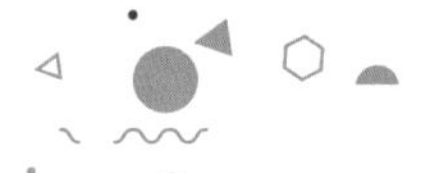

1	日月兴超市月销售额与销售成本统计						
2							
3		1月	2月	3月	4月	5月	6月
4	月销售额	103356	213065	254566	321545	245588	452125
5	销售成本	56321	98546	125545	154487	102355	215466
6							
7	相关系数		行 1	行 2			
8		行 1	1				
9		行 2	0.990518	1			

图 2-58　超市的月销售额与销售成本的相关系数

观察图 2-58 的分析结果可知，超市的月销售额与销售成本的相关系数达到了 0.990 518，说明两者之间呈现良好的正相关性。

在研究中用相关系数 r 来描述两个变量间线性关系的程度。相关系数 r 的值与语言描述关系可以归结如下：

（1）$|r|>0.95$ 说明变量间存在显著性相关。

（2）$|r| \geqslant 0.8$ 说明变量间的相关关系高度相关。

（3）$0.5 \leqslant |r|<0.8$ 说明变量间的相关关系中度相关。

（4）$0.3 \leqslant |r|<0.5$ 说明变量间的相关关系低度相关。

（5）$|r|<0.3$ 说明变量间的相关关系极弱，认为不相关。

（6）若 $r=1$ 或 $r=-1$，表明因变量和自变量之间是函数关系。

对于 Excel 绘制图表而言，需要读者必须掌握 Excel 数据可视化的操作步骤。

2.11.3　设计过程

1. 设计思路

（1）导入并整理数据。

（2）添加宏模块。

（3）计算相关系数。

2. 操作步骤

1）导入数据源

使用 Excel 2016 打开某超市 1~6 月销售额与销售成本数据 data_supSale.xlsx，数据内容如图 2-59 所示。

日月兴超市月销售额与销售成本统计						
	1月	2月	3月	4月	5月	6月
月销售额	103356	213065	254566	321545	245588	452125
销售成本	56321	98546	125545	154487	102355	215466

图 2-59　导入数据

2）添加宏模块

在 Excel 中进行相关系数的计算，需要添加宏模块，具体操作步骤如下：

（1）选择“文件”菜单中的“选项”命令。

（2）在弹出的“Excel 选项”对话框中单击导航栏中的“加载项”。

（3）在右侧选择“管理”下拉列表中的“Excel 加载项”。

（4）单击“转到”按钮，打开“加载宏”对话框。

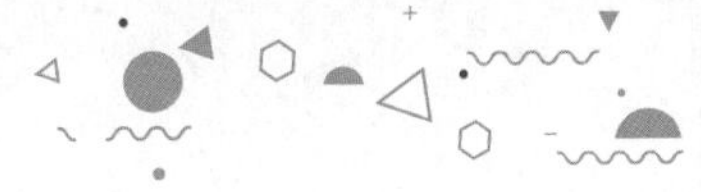

（5）选择“分析工具库”复选框，单击“确定”按钮则会成功添加“数据分析”宏模块。

正确执行上述操作步骤，就可以实现宏模块的添加。默认情况下，该模块显示在“数据”选项卡中。

3）计算相关系数

在 Excel 中进行相关系数的计算，需要调用“数据分析”宏模块，具体操作步骤如下：

（1）将光标置于数据中的任一表格内。

（2）定位到“数据”选项卡中的“数据分析”宏模块，单击“数据分析”宏模块。

（3）在弹出的“数据分析”对话框分析工具列表中，选择“相关系数”选项，如图 2-60 所示。

正确执行上述系列操作步骤即可实现“数据分析”宏模块的调用。

在正确调用“数据分析”的基础上，需要设置相关系数参数。具体操作步骤如下：

（1）选择“相关系数”，单击“确定”按钮。

（2）在“相关系数”对话框的“输入”列表区域，设置输入区域为“$B$4:$G$5”。

（3）在“分组方式”列表下，选中“逐行”单选按钮。

（4）在“输出选项”列表区域中，选中“输出区域”单选按钮。

（5）设置输出区域为“$B$7”单元格，单击“确定”按钮返回工作表，如图 2-61 所示。

正确执行上述系列操作步骤即可实现本案例的相关系数的计算，最终的相关系数计算结果如图 2-58 所示。

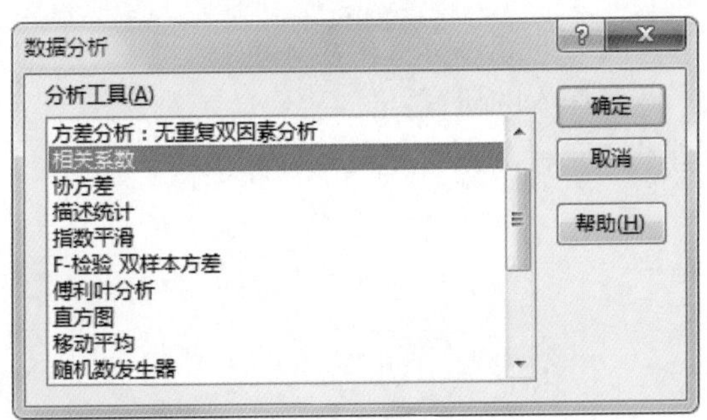

图 2-60　“数据分析”对话框

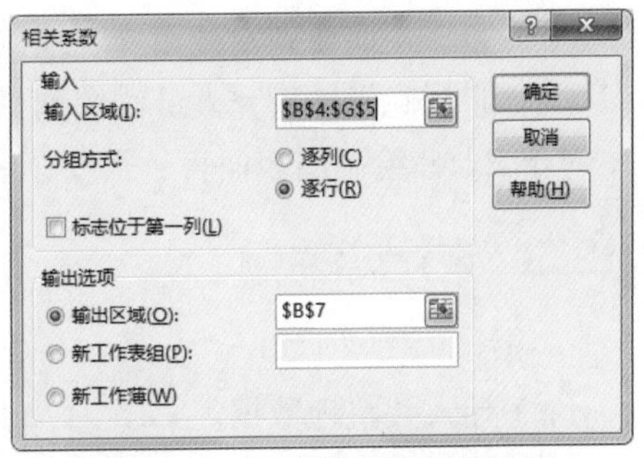

图 2-61　相关系数的参数设置

案例2.12 //// 发散角度和输出功率变量间的曲线拟合

曲线拟合（curve fitting）是指选择适当的曲线类型来拟合观测数据，并用拟合的曲线方程分析两变量间的关系。

实际工作中，变量间未必都有线性关系，如服药后血药浓度与时间的关系、疾病疗效与疗程长短的关系、毒物剂量与致死率的关系等常呈曲线关系。

二维码 2-12

发散角度和输出功率变量间的曲线拟合

2.12.1　任务描述

作为一名科研人员，小赵参与的实验是测量半导体激光器的发散角度（°）

和输出功率 P（μW）之间的关系。现在，数据分析专员小王获取了该实验的相关数据，计划绘制基于 Excel 的曲线拟合图来寻找发散角度和输出功率变量之间的关系。

数据来源：发散角度和输出功率变量间的数据 data_angle.xlsx。

案例任务：用 Excel 绘制发散角度和输出功率变量间的曲线拟合图。

2.12.2 可视化效果

数据分析专员小王采用 Excel 2016 绘制曲线拟合图，可视化效果如图 2-62 所示。

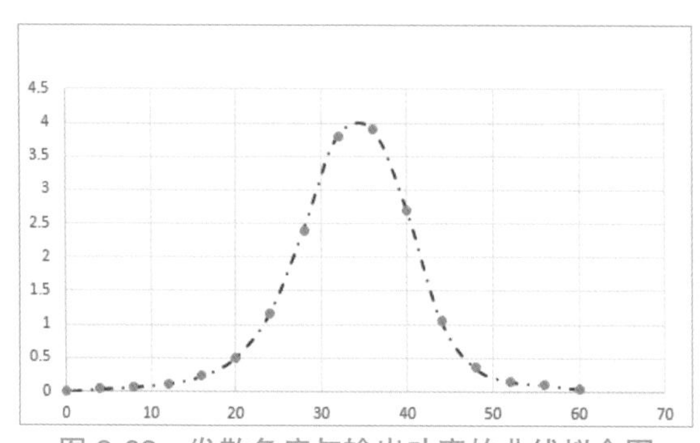

图 2-62 发散角度与输出功率的曲线拟合图

观察图 2-62 可知，读者对发散角度和输出功率变量间的关系有一个概览印象。整个曲线拟合图具有如下特点：

（1）能清楚地看到发散角度和输出功率变量间的曲线拟合效果。

（2）能明确指导研究人员继续测量数据，做更深入的研究。

对于 Excel 绘制图表而言，需要读者必须掌握 Excel 数据可视化的操作步骤。

2.12.3 设计过程

1. 设计思路

（1）导入并整理数据。

（2）绘制散点图。

（3）添加趋势线。

2. 操作步骤

1）导入数据源

观测数据如图 2-63 所示，读者自行将数据输入 Excel 2016 中。要求读者将两个变量的值以列的方式输入即可，列标题分别为“发散角度”和“输出功率”。

发散角度	60	56	52	48	44	40	36	32
输出功率	0.053	0.11	0.16	0.36	1.06	2.7	3.9	3.8
发散角度	28	24	20	16	12	8	4	0
输出功率	2.4	1.17	0.5	0.23	0.12	0.07	0.042	0

图 2-63 发散角度和输出功率的观测值

2）绘制散点图

将数据正确输入 Excel 2016 后，着手绘制散点图，具体操作步骤如下：

（1）选中两列数据。

（2）单击“插入”选项卡“图表”组中的“推荐的图表”按钮。

（3）在弹出的“插入图表”对话框中，切换到“所有图表”选项卡。

（4）单击左侧图表导航中的“散点图”，然后单击“确定”按钮。

正确执行上述系列操作步骤，就可以实现散点图的默认效果，可视化效果如图 2-64 所示。

3）添加趋势线

观察图 2-64 绘制的散点图，读者会发现发散角度和输出功率之间并非简单的线性关系，需要基于散点数据添加趋势线。具体操作步骤如下：

（1）选中散点图中所有的数据点。

（2）右击并在弹出的快捷菜单中选择“添加趋势线”。

（3）在弹出的“设置趋势线格式”窗格中，可以选择“线性”“对数”“多项式”等。

（4）在本案例中选择“多项式”，且其后的“顺序”设置为“6”。

（5）选中下方的“显示公式”“显示 R 平方值”复选框。

正确执行上述系列操作步骤，就会出现曲线拟合公式和曲线拟合效果图。其中，“设置趋势线格式”窗口如图 2-65 所示，曲线拟合的可视化效果如图 2-66 所示。

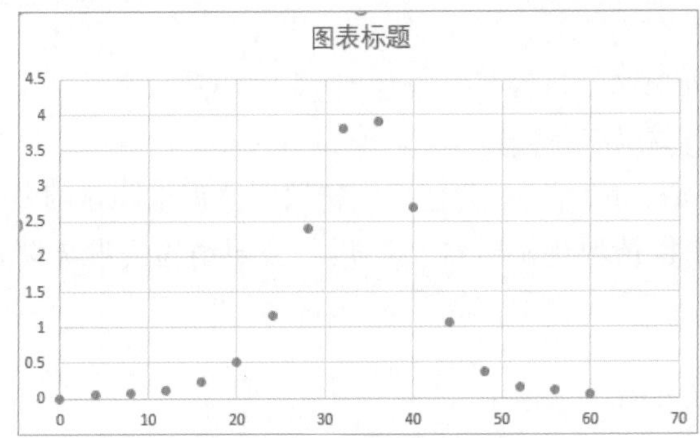

图 2-64　散点图的默认效果

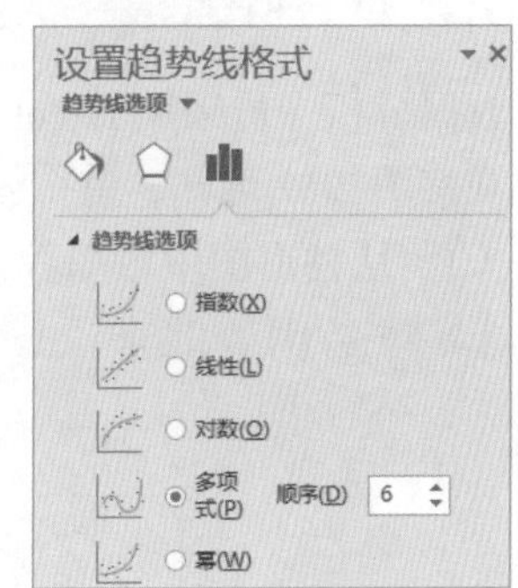

图 2-65　“设置趋势线格式”窗格

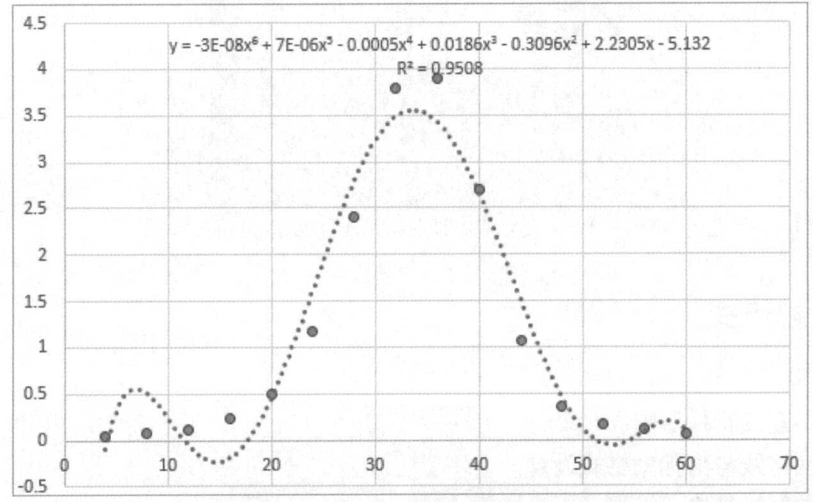

图 2-66　曲线拟合的可视化效果

结合工作经验，建议读者在选择“散点图”的时候，直接选择既有数据点又有平滑曲线的散点图，会直接得到图 2-62 所示的可视化效果。

案例2.13 三家分公司的一季度销售情况

二维码 2-13

三家分公司的一季度销售情况

簇状柱形图组内的柱形图中的矩形一般按照对比维度字段切分并列生长，采用不同的颜色来反映对比维度间的关系。适合分析对比组内各项数据。

2.13.1 任务描述

为了展示北京、上海、广州三家分公司的一季度销售情况，本任务将学习如何通过 Excel 软件绘制簇状柱形图，并设置图表区格式、坐标轴格式、数据标签格式等内容。

数据来源：一季度销售情况 .xlsx。

案例任务：分析并可视化北京、上海、广州三家分公司的一季度销售情况。

2.13.2 可视化效果

数据分析专员采用 Excel 2016 绘制柱形图，可视化效果如图 2-67 所示。

观察图 2-67 可知，整个簇状柱形图具有如下特点：

（1）从柱形图中可知看到北京、上海、广州三个分公司销售情况体现出明显的差异。

（2）1～3月，北京、上海分公司销售情况逐渐升高，广州分公司销售情况先降低再升高。

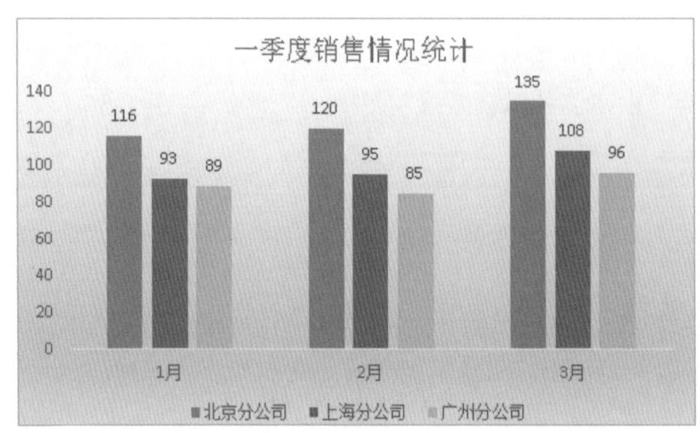

图 2-67　簇状柱形图展示一季度销售情况

2.13.3 设计过程

1. 设计思路

（1）创建簇状柱形图。

（2）网格线与坐标轴格式设置。

（3）数据标签格式设置。

（4）图表区格式设置。

2. 操作步骤

1）创建簇状柱形图

使用 Excel 2016 打开“一季度销售情况 .xlsx”文件，着手绘制簇状柱形图，具体操作步骤如下：

（1）选择数据中任意单元格。

（2）在“插入”选项卡“图表”组中单击“柱形图或条形图”下拉按钮。

（3）选择“二维柱形图”中的“簇状柱形图”，如图 2-68 所示。

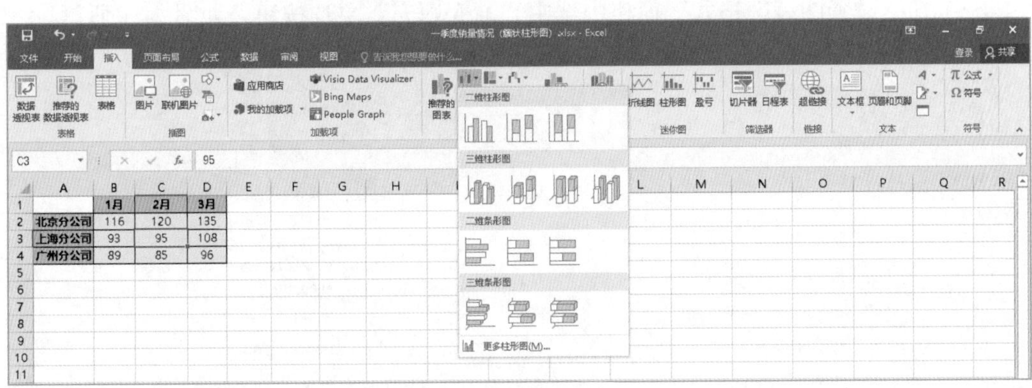

图 2-68　插入簇状柱形图

2）网格线与坐标轴格式设置

设置网格线与坐标轴格式的具体操作步骤如下：

（1）在图表中选中网格线，右击弹出快捷菜单，选择“设置网格线格式”命令。

（2）在“设置主要网格线格式”窗格中设置“线条”为“无线条”。

（3）在图表中选中坐标轴，右击弹出快捷菜单，选择“设置坐标轴格式”命令。

（4）在“设置坐标轴格式”窗格中设置最大值为 140，主要单位为 20，如图 2-69 所示。

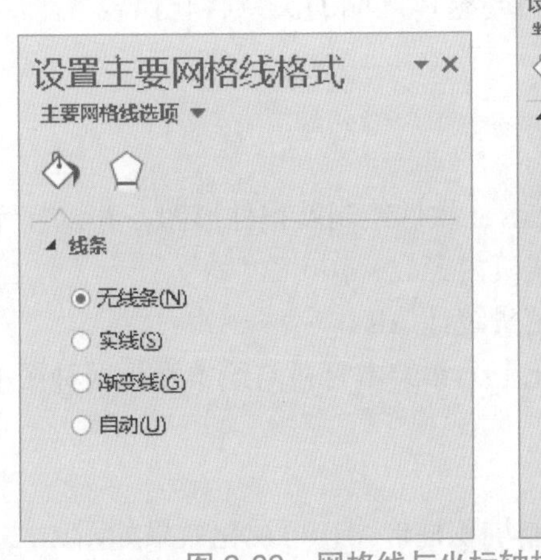

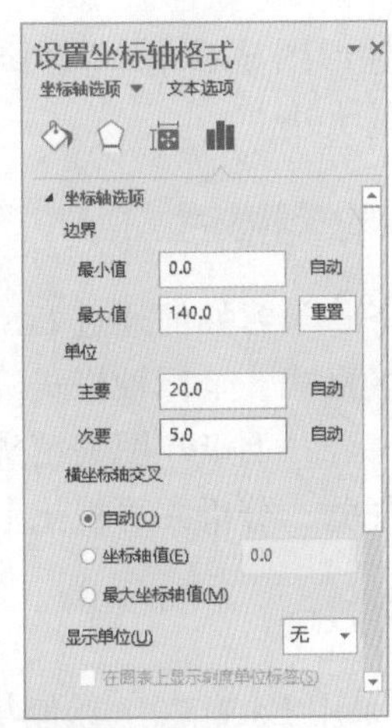

图 2-69　网格线与坐标轴格式设置

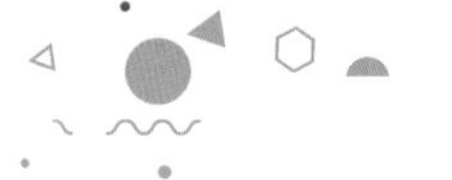

3）数据标签格式设置

具体操作步骤如下：

（1）选中图表中柱形图数据系列。

（2）右击弹出快捷菜单，选择“设置数据标签格式”命令，添加数据标签，如图 2-70 所示。

4）图表区格式设置

具体操作步骤如下：

（1）单击图表区，右击弹出快捷菜单，选择“设置图表区格式”命令，

（2）在“设置图表区格式”窗格中选中“渐变填充”单选按钮，如图 2-71 所示。

图 2-70　数据标签格式设置

图 2-71　图表区格式设置

案例2.14　绘本百科与绘本漫画两种图书的销售情况

二维码 2-14

绘本百科与绘本漫画两种图书销售情况

堆积柱形图显示单个项目与整体之间的关系，它比较各个类别的每个数值所占总数值的大小。

2.14.1　任务描述

本任务将学习如何通过 Excel 软件绘制堆积柱形图，并设置标题格式、图例格式、图表区格式、坐标轴格式等内容。

数据来源：上半年图书销量统计 .xlsx。

案例任务：分析并可视化上半年绘本百科与绘本漫画两种图书的销售情况。

2.14.2　可视化效果

数据分析专员采用 Excel 2016 绘制堆积柱形图，可视化效果如图 2-72 所示。

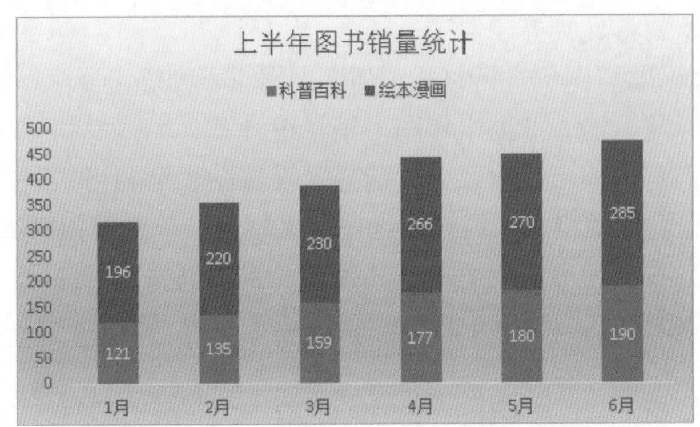

图 2-72　堆积柱形图展示图书销量

观察图 2-72 可知，整个堆积柱形图具有如下特点：

（1）从堆积柱形图中可以清晰地看到绘本百科与绘本漫画两种图书销售情况体现出明显的差异。

（2）1～6 月，绘本百科与绘本漫画销售情况逐渐升高。

2.14.3　设计过程

1. 设计思路

（1）创建堆积柱形图。

（2）图表标题与图例格式设置。

（3）坐标轴和图表区的设置。

2. 操作步骤

1）创建堆积柱形图

使用 Excel 2016 打开“上半年图书销量统计 .xlsx”文件，着手绘制堆积柱形图，具体步骤如下：

（1）选择数据中任意单元格。

（2）在“插入”选项卡“图表”组中单击“柱形图或条形图”下拉按钮。

（3）选择“二维柱形图”中的“堆积柱形图”，如图 2-73 所示。

图 2-73　插入堆积柱形图

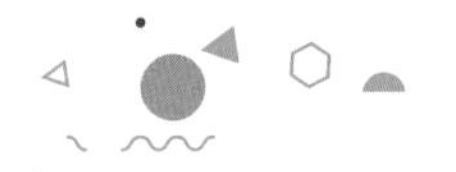

2）图表标题与图例格式设置

接下来将对图表标题与图例进行格式设置，具体步骤如下：

（1）选择图表标题，输入“上半年图书销量统计”。

（2）选中标题，右击弹出快捷菜单，选择“设置图表标题格式”命令。

（3）在“设置图表标题格式”窗格中选中“无填充”单选按钮，示意如图 2-74 所示。

（4）选中图例，右击弹出快捷菜单，选择“设置图例格式”命令。

（5）在“设置图例格式”窗格中选择“图例位置”为“靠上”，示意如图 2-75 所示。

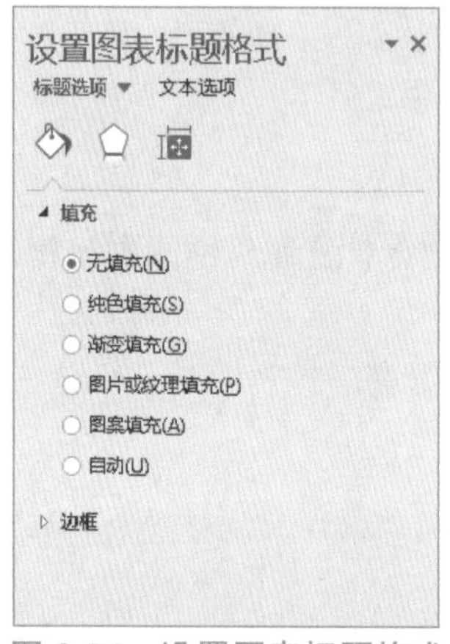

图 2-74　设置图表标题格式

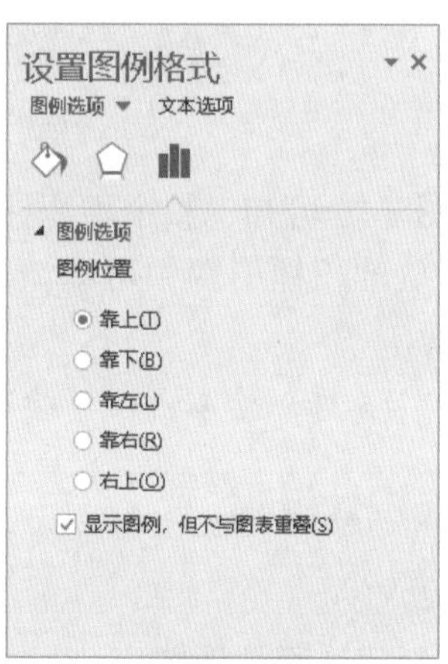

图 2-75　设置图例格式

3）坐标轴和图表区的设置

如图 2-76、图 2-77 所示，具体步骤如下：

（1）在图表中选中坐标轴，右击弹出快捷菜单，选择“设置坐标轴格式”命令。

（2）在“设置坐标轴格式”窗格中设置最大值为 500，主要刻度单位为 50。

（3）然后单击图表区，右击弹出快捷菜单，选择“设置图表区格式”命令，

（4）在“设置图表区格式”窗格中选择“渐变填充”单选按钮。

图 2-76　设置坐标轴格式

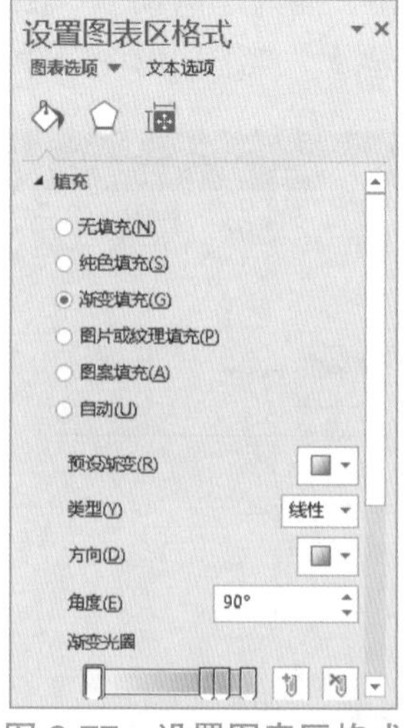

图 2-77　设置图表区格式

案例2.15 三个服装类别的销售情况

三维柱形图看上去更有立体感，使得数据展现的层次更丰富。

二维码 2-15

三个服装类别销售情况

2.15.1 任务描述

本任务将学习如何通过 Excel 软件绘制三维柱形图，并设置数据系列格式、图表区格式、标题格式、图例格式等。

数据来源：二季度服装销量统计 .xlsx。

案例任务：分析并可视化男装、女装、童装三个服装类别的销售情况。

2.15.2 可视化效果

数据分析专员采用 Excel 2016 绘制三维柱形图，可视化效果如图 2-78 所示。

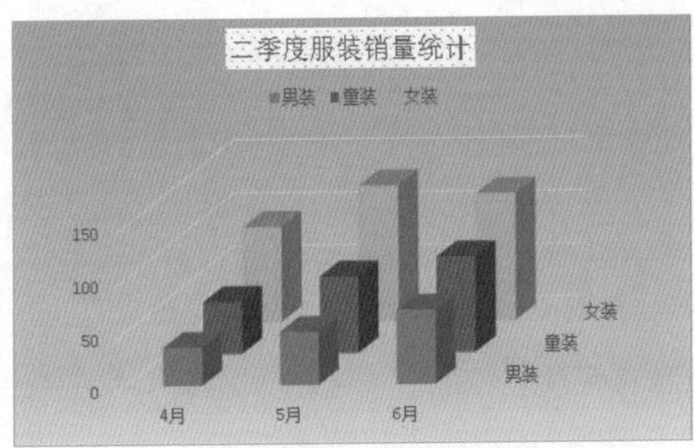

图 2-78 三维柱形图展示二季度服装销量

观察图 2-78 可知，整个三维柱形图具有如下特点：

（1）从柱形图中可以清晰地看到男装、女装、童装三个服装类别销售情况体现明显的差异。

（2）4～6 月，男装、童装销售情况逐渐升高，女装销售情况先升高再降低。

2.15.3 设计过程

1. 设计思路

（1）创建三维柱形图。

（2）图表标题与图例格式设置。

（3）数据系列与图表区格式设置。

2. 操作步骤

1）创建三维柱形图

使用 Excel 2016 打开“二季度服装销量统计 .xlsx”文件，着手绘制三维柱形图，具体步骤如下：

（1）选择数据中任意单元格。

（2）在“插入”选项卡“图表”组中单击“柱形图或条形图”下拉按钮。

（3）选择“三维柱形图”中的最后一种。

2）图表标题与图例格式设置

接下来将对图表标题与图例格式进行格式设置，具体步骤如下：

（1）选择图表标题，输入“二季度服装销量统计”。

（2）选中标题，右击弹出快捷菜单，选择“设置图表标题格式”命令。

（3）在“设置图表标题格式”窗格中选择“图案填充”中一种，如图 2-79 所示。

（4）然后选中图例，右击弹出快捷菜单，选择“设置图例格式”命令。

（5）在“设置图例格式”窗格中选择“图例位置”为“靠上”，示意如图 2-80 所示。

图 2-79　设置图表标题格式

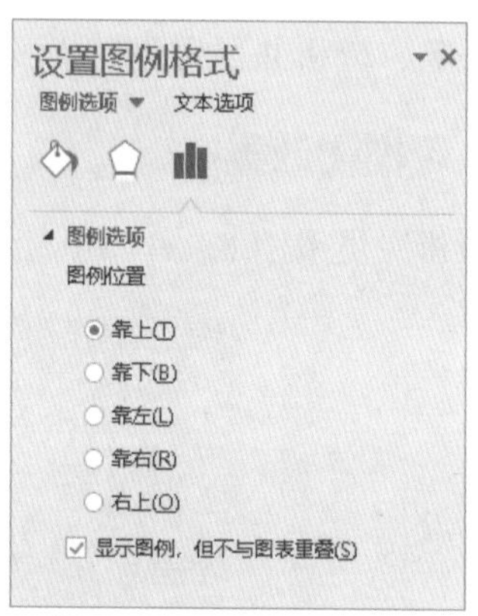

图 2-80　设置图例格式

3）数据系列与图表区格式设置

具体步骤如下：

（1）选中数据，右击弹出快捷菜单，选择“设置数据系列格式”命令。

（2）在“设置数据系列格式”窗格中选择“系列间距”为“100%”，选择“分类间距”为“200%”，示意如图 2-81 所示。

（3）单击图表区，右击弹出快捷菜单，选择“设置图表区格式”命令。

（4）在“设置图表区格式”窗格中选中“渐变填充”单选按钮，示意如图 2-82 所示。

图 2-81　设置数据系列格式

图 2-82　设置图表区格式

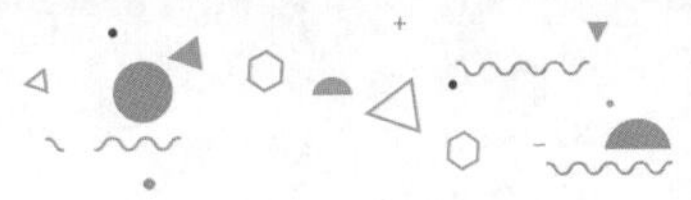

案例2.16 跑友上半年跑量统计

在簇状条形图中，通常沿垂直轴组织类别，而沿水平轴组织数值。三维簇状条形图以三维格式显示水平矩形，而不以三维格式显示数据。

二维码 2-16

跑友上半年跑量统计

2.16.1 任务描述

本任务将学习如何通过 Excel 软件绘制簇状条形图，并设计图表样式、设置绘图区格式等内容。

数据来源：跑友上半年跑量统计 .xlsx。

案例任务：分析并可视化跑友上半年各个月份跑量完成情况。

2.16.2 可视化效果

数据分析专员采用 Excel 2016 绘制簇状条形图，可视化效果如图 2-83 所示。

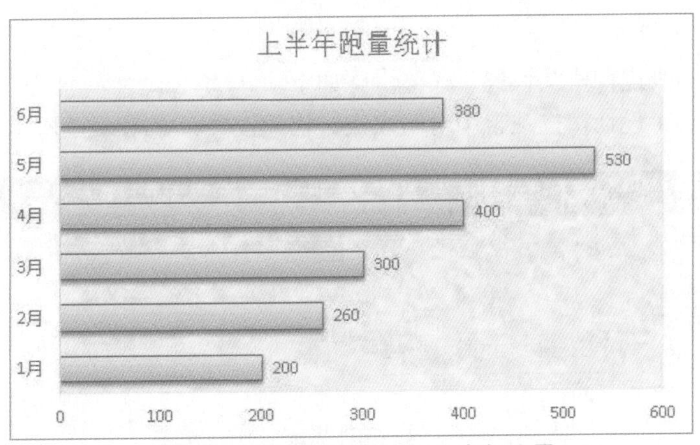

图 2-83　簇状条形图展示上半年跑量

观察图 2-83 可知，整个三维柱形图具有如下特点：

（1）从条形图中可以清晰地看到各个月份跑量完成情况。

（2）第 1 ~ 5 个月跑量逐渐增加，到第 6 个月下降。

2.16.3 设计过程

1. 设计思路

（1）创建簇状条形图。

（2）图表的快速设置。

（3）绘图区与数据标签的设置。

2. 操作步骤

1）创建簇状条形图

使用 Excel 2016 打开数据集“跑友上半年跑量统计 .xlsx”，着手绘制簇状条形图，具

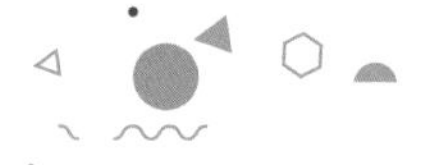

体步骤如下：

（1）选中数据源，选择“插入”选项卡。

（2）在“图表”组中单击“柱形图或条形图”中的“二维簇状条形图”，如图 2-84 所示。

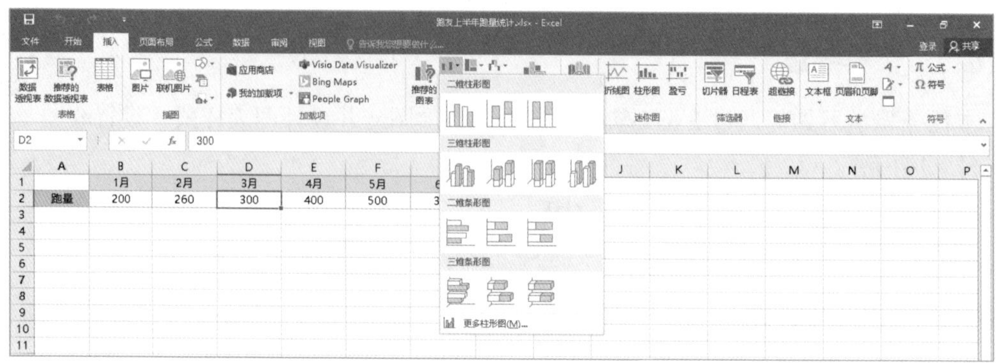

图 2-84　插入簇状条形图

2）图表的快速设置

接下来将对图表进行格式设置，具体步骤如下：

在“图表工具 | 设计”选项卡中对图表进行快速设置，如图 2-85 所示。

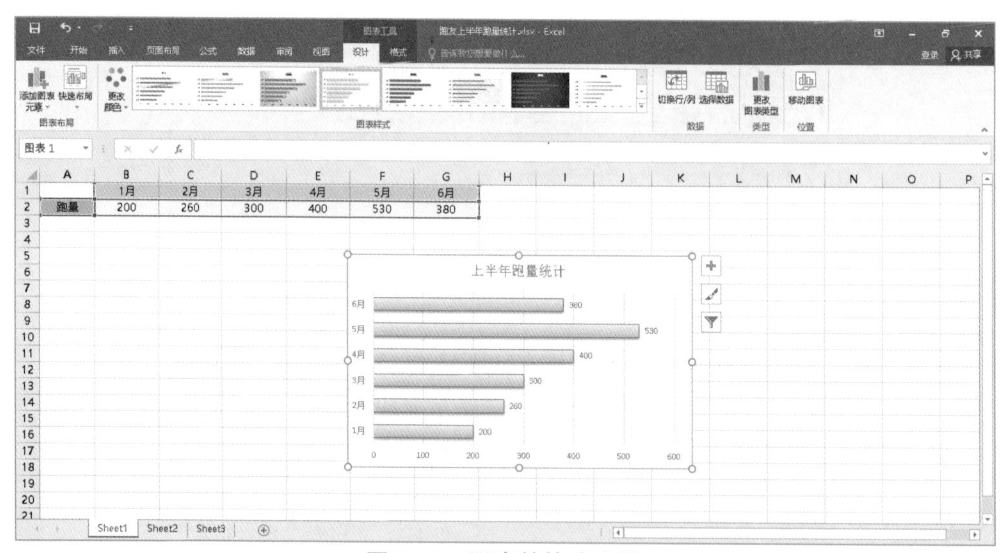

图 2-85　图表的快速设置

3）图表区与数据标签的设置

具体步骤如下：

（1）单击绘图区，右击弹出快捷菜单，选择“设置绘图区格式”命令。

（2）在“设置绘图区格式”窗格中选择“图片或纹理填充”命令，如图 2-86 所示。

（3）然后选中数据系列，右击弹出快捷菜单，选择“添加数据标签”命令。

图 2-86　绘图区的设置

案例2.17 //// 两种主销商品上半年销量情况

堆积条形图显示单个项目与整体之间的关系。

2.17.1　任务描述

本任务将学习如何通过 Excel 软件绘制堆积条形图，并设置图表筛选器、数据标签、设置图表区格式等。

数据来源：某店铺两种主销商品上半年销量情况 .xlsx。

案例任务：分析并可视化笔记本、照相机两种主销商品上半年销量情况。

二维码 2-17

两种主销商品上半年销量情况

2.17.2　可视化效果

数据分析专员采用 Excel 2016 绘制堆积条形图，可视化效果如图 2-87 所示。

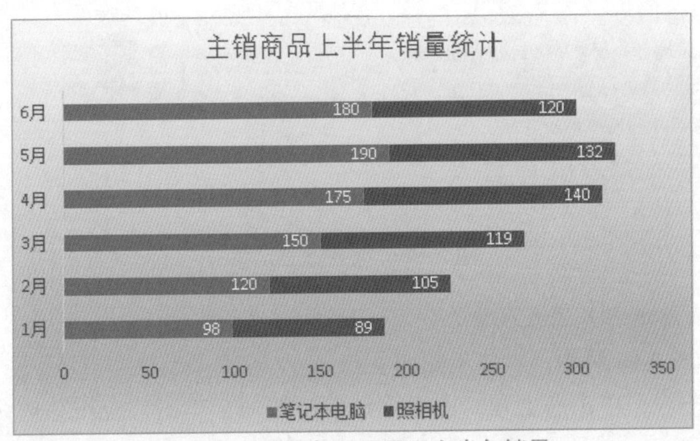

图 2-87　堆积条形图展示上半年销量

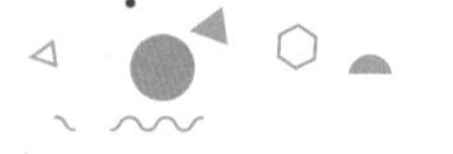

观察图 2-87 可知，整个堆积条形图具有如下特点：

（1）从堆积条形图中可以清晰地看到笔记本、照相机两种主销商品上半年销量情况体现出明显的差异。

（2）1～6月，笔记本销量逐渐升高，照相机销售情况先升高再降低。

2.17.3 设计过程

1. 设计思路

（1）创建堆积条形图。

（2）图表数据标签设置。

（3）设置图表筛选器与图表区格式。

2. 操作步骤

1）创建堆积条形图

使用 Excel 2016 打开“某店铺两种主销商品上半年销量情况 .xlsx”文件，着手绘制堆积条形图，具体步骤如下：

（1）选择数据中任意单元格。

（2）在“插入”选项卡“图表”组中单击“柱形图或条形图”按钮。

（3）单击“二维条形图”中的“堆积条形图”。

2）图表数据标签设置

接下来将对图表数据标签进行格式设置，具体步骤如下：

（1）输入标题。

（2）选中图表，单击右上角“图表元素”按钮，在打开的列表中选中“数据标签”复选框，设置为“数据标签内”，如图 2-88 所示。

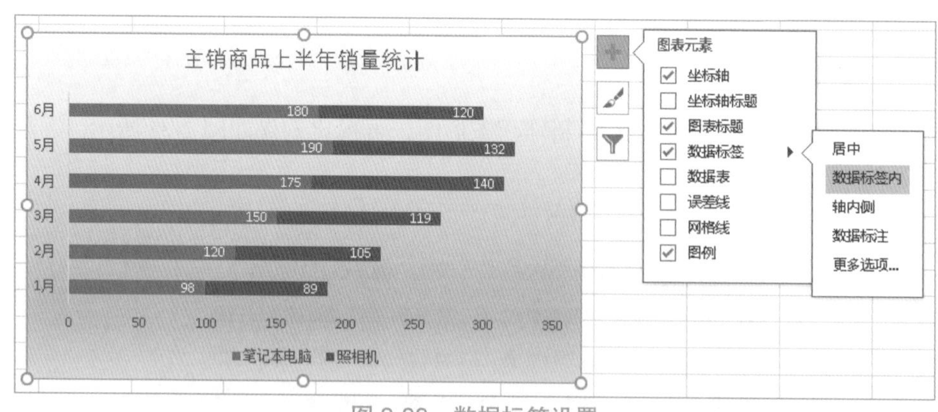

图 2-88 数据标签设置

3）设置图表筛选器与图表区格式

如图 2-89、图 2-90 所示，具体步骤如下：

（1）选中图表，单击右上角“图表筛选器”按钮，单击“应用”按钮，可以实现动态图表的效果。

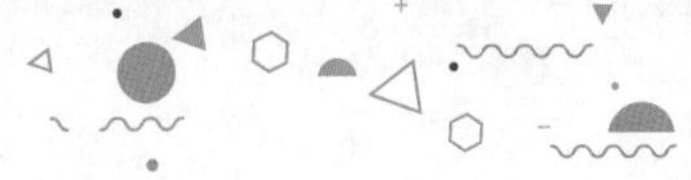

（2）然后单击图表区，右击弹出快捷菜单，选择“设置图表区格式”命令，在“设置图表区格式”窗格中选择“渐变填充”单选按钮。

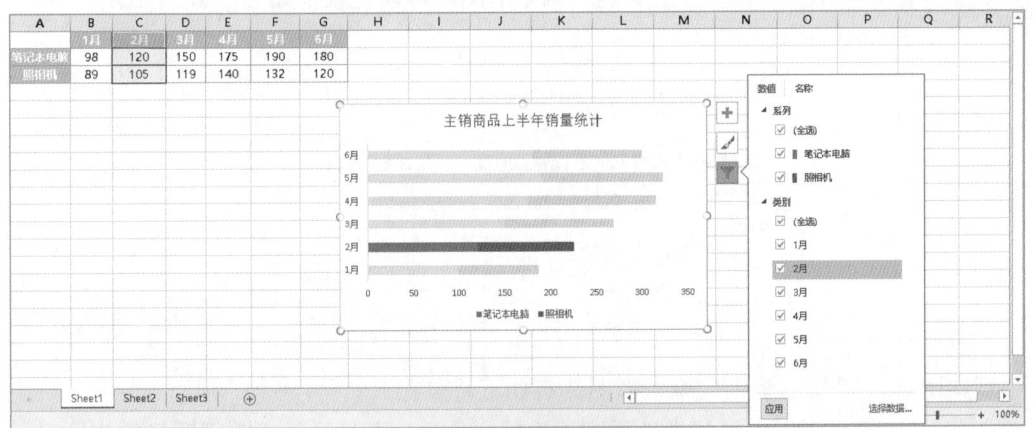

图 2-89　图表筛选器设置

图 2-90　图表区格式设置

案例2.18　某运动场馆两种运动人数统计

三维条形图强调正在比较的项目之间的差异，可使条形图更直观有趣。

二维码 2-18

某运动场馆两种运动人数统计

2.18.1　任务描述

本任务将学习如何通过 Excel 软件绘制三维条形图，并设置背景墙格式、数据系列格式、数据标签格式、图表区格式、图例格式等内容。

数据来源：某运动场馆两种运动人数统计 .xlsx。

案例任务：分析并可视化羽毛球、乒乓球两种运动人数情况。

2.18.2 可视化效果

数据分析专员采用 Excel 2016 绘制三维条形图，可视化效果如图 2-91 所示。

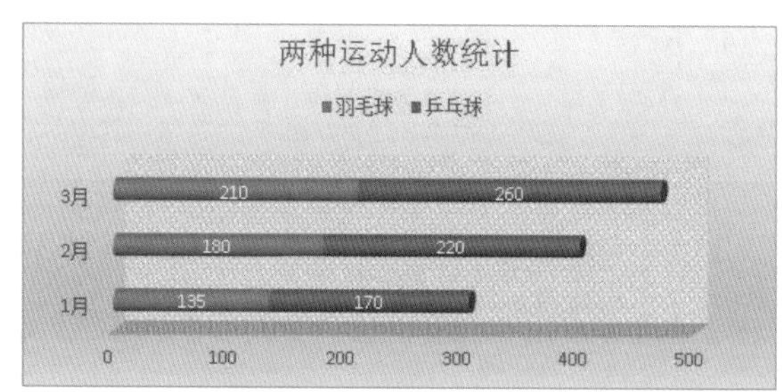

图 2-91　三维条形图展示两种运动人数统计

观察图 2-91 可知，整个三维条形图具有如下特点：

（1）从三维条形图中可清晰地看到羽毛球、乒乓球两种运动人数间明显的差异。

（2）1～3 月，羽毛球、乒乓球两种运动人数逐渐升高，乒乓球运动人数比羽毛球运动人数多。

2.18.3 设计过程

1. 设计思路

（1）创建三维条形图。

（2）设置图例格式。

（3）设置图表数据标签。

（4）设置数据系列格式。

（5）设置背景墙与图表区格式。

2. 操作步骤

1）创建三维条形图

使用 Excel 2016 打开“某运动场馆两种运动人数统计 .xlsx”文件，着手绘制三维条形图，具体步骤如下：

（1）选中数据中任意单元格。

（2）在“插入”选项卡“图表”组中单击“柱形图或条形图”下拉按钮，选择“三维堆积条形图”。

2）图例格式设置

接下来将对图例进行格式设置，具体步骤如下：

（1）选中图例，右击弹出快捷菜单，选择“设置图例格式”命令。

（2）在“设置图例格式”窗格中选择“图例位置”为“靠上”。操作示意如图 2-92 所示。

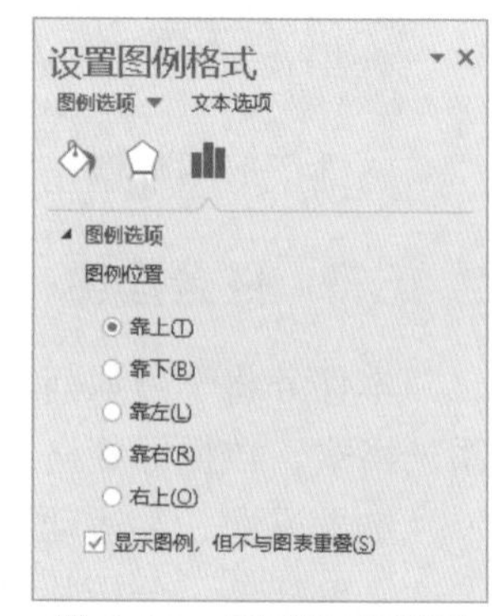

图 2-92　图例格式设置

3）图表数据标签设置

如图 2-93 所示，具体步骤如下：

（1）输入标题。

（2）选中图表，单击右上角“图表元素”按钮，选中“数据标签”复选框，根据用户需求进行个性化设置。

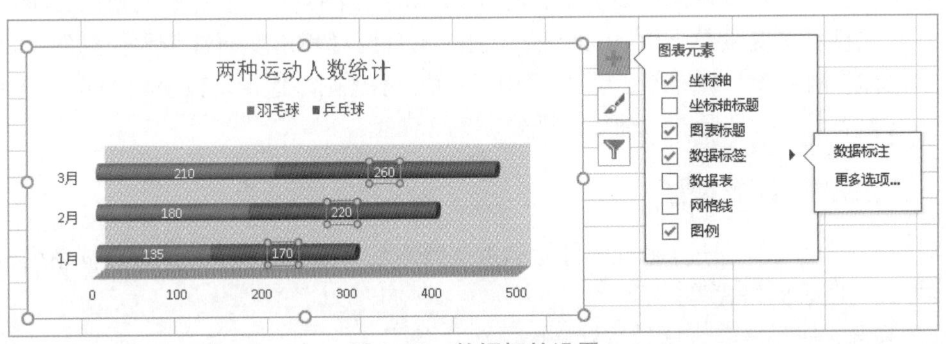

图 2-93　数据标签设置

4）数据系列格式设置

如图 2-94 所示，具体步骤如下：

（1）选中数据，右击弹出快捷菜单，选择“设置数据系列格式”命令。

（2）在“设置数据系列格式”窗格中选择“柱体形状”为“圆柱图”。

5）背景墙与图表区格式设置

如图 2-95、图 2-96 所示，具体步骤如下：

（1）选中“背景墙”，右击弹出快捷菜单，选择“设置背景墙格式”命令。

（2）在“设置背景墙格式”窗格中选中“图案填充”单选按钮。

（3）单击图表区，右击弹出快捷菜单，选择“设置图表区格式”命令。

（4）在“设置图表区格式”窗格中选择“渐变填充”单选按钮。

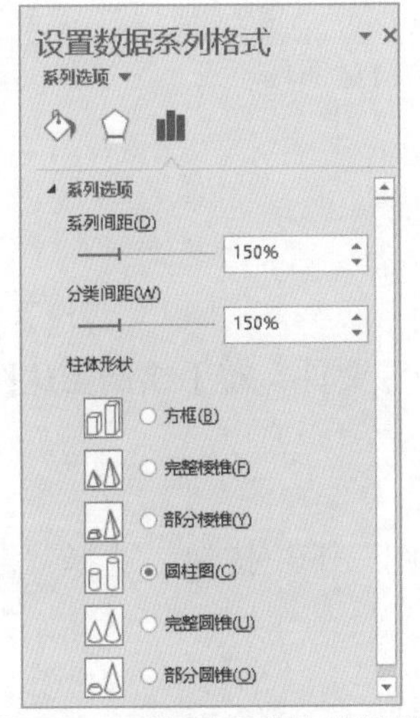

图 2-94　数据系列格式设置

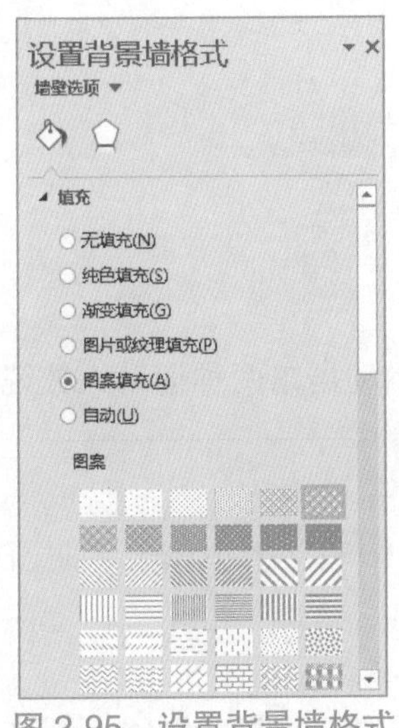

图 2-95　设置背景墙格式

图 2-96　设置图表区格式

案例2.19 三小区综合比较统计

二维码 2-19
三小区综合比较统计

雷达图是以从同一点开始的轴上表示的三个或更多个定量变量的二维图表的形式显示多变量数据的图形方法。轴的相对位置和角度通常是无信息的。雷达图也称为网络图、蜘蛛图、星图、蜘蛛网图、不规则多边形、极坐标图或 Kiviat 图。它相当于平行坐标图，轴径向排列。

2.19.1 任务描述

本任务将学习如何通过 Excel 软件绘制雷达图的基本操作过程，并设置数据系列格式、网格线格式、图表区格式等内容。

数据来源：三小区综合比较统计 .xlsx。

案例任务：分析并可视化三个小区在六个指标的差异。

2.19.2 可视化效果

数据分析专员采用 Excel 2016 绘制雷达图，可视化效果如图 2-97 所示。

观察图 2-97，可知整个雷达图具有如下特点：

从雷达图中可以清晰地看到三个小区在六个指标的差异。

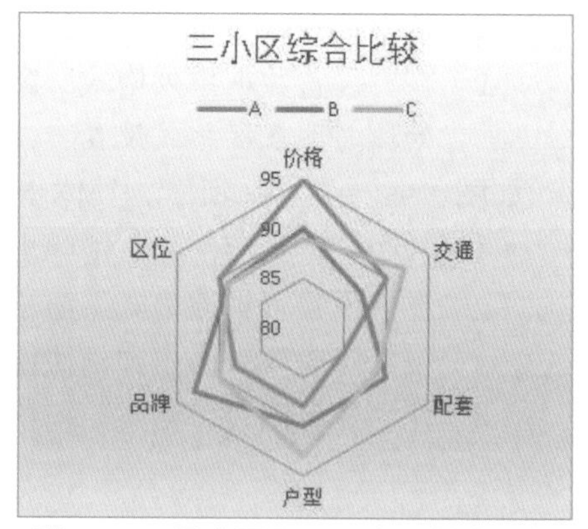

图 2-97　雷达图展示三小区综合比较

2.19.3 设计过程

1. 设计思路

（1）创建雷达图。

（2）设置网格线与数据系列格式。

（3）设置图表区格式。

2. 操作步骤

1）创建雷达图

使用 Excel 2016 打开“某运动场馆两种运动人数统计 .xlsx”文件，着手绘制雷达图，具体步骤如下：

（1）选择数据中任意单元格。

（2）在“插入”选项卡“图表”组中单击“曲面或雷达图”下拉按钮，选择“雷达图”，如图 2-98 所示。

2）设置网格线与数据系列格式

接下来将对网格线与数据系列进行格式设置，具体步骤如下：

（1）选中网格线，右击弹出快捷菜单，选择“设置网格线格式”命令。

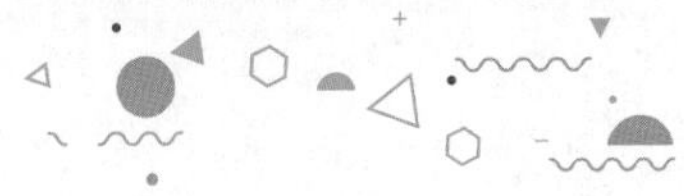

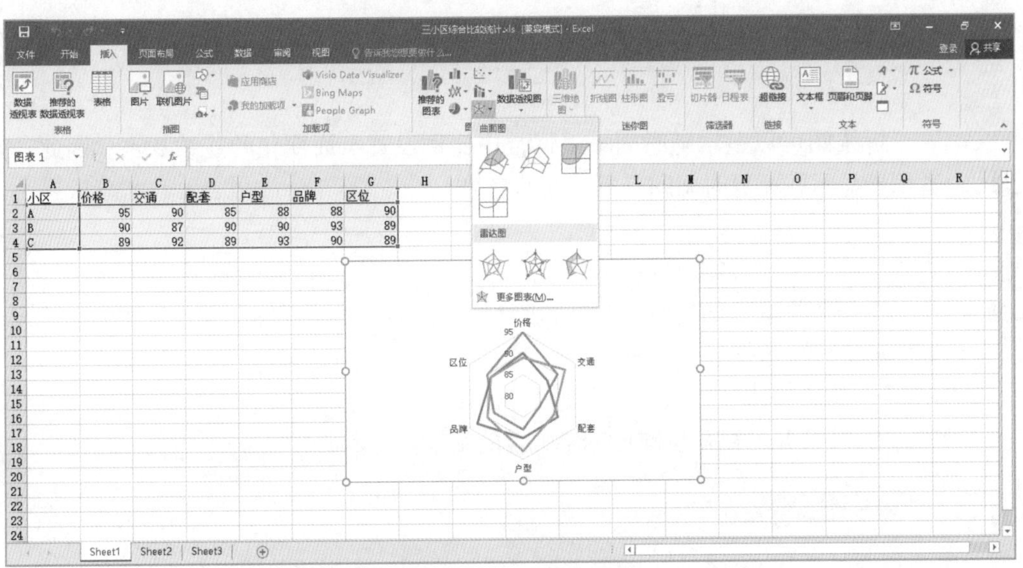

图 2-98　插入雷达图

（2）在“设置主要网格线格式”窗格中，“线条”选择“实线”，颜色选择“淡紫色”。

（3）选择 C 小区数据系列，右击弹出快捷菜单，选择“设置数据系列格式”命令。

（4）在“设置数据系列格式”窗格中，“线条”选择“实线”，颜色选择“绿色”。

操作示意如图 2-99、图 2-100 所示。

3）设置图表区格式

如图 2-101 所示，具体步骤如下：

（1）单击图表区，右击弹出快捷菜单，选择“设置图表区格式”命令。

（2）在“设置图表区格式”窗格中选中“渐变填充”单选按钮。

图 2-99　设置网格线格式

图 2-100　设置数据系列格式

图 2-101　设置图表区格式

案例2.20 某店铺球鞋近三年销量统计

二维码 2-20

某店铺球鞋近三年销量统计

折线图可以显示随时间（根据常用比例设置）而变化的连续数据，因此非常适用于显示在相等时间间隔下数据的趋势。

2.20.1 任务描述

本任务将学习如何通过 Excel 软件绘制普通二维折线图，并设置图表区格式、坐标轴格式、数据标签格式等内容。

数据来源：某店铺球鞋近三年销量统计 .xlsx。

案例任务：分析并可视化店铺近三年球鞋的销量情况。

2.20.2 可视化效果

数据分析专员采用 Excel 2016 绘制普通二维折线图，可视化效果如图 2-102 所示。

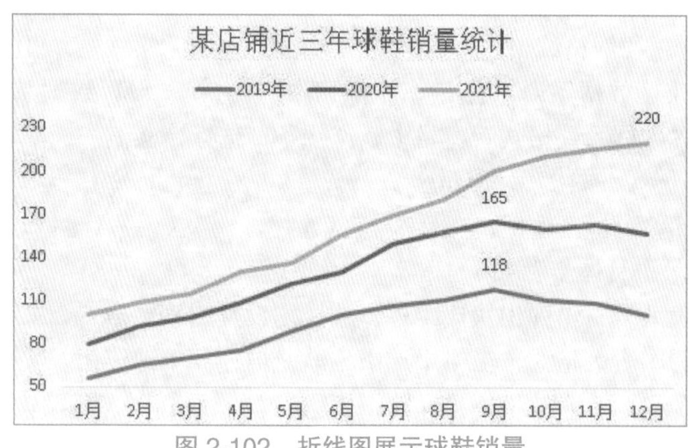

图 2-102　折线图展示球鞋销量

观察图 2-102 可知，整个普通二维折线图具有如下特点：

（1）从折线图中可以清晰地看到店铺近三年的销量体现出明显的差异。

（2）2019～2020年的1～12月，销量先升高后降低，2021年的1～12 月逐渐升高。

2.20.3 设计过程

1. 设计思路

（1）创建二维折线图。

（2）设置图例与数据标签格式。

（3）设置坐标轴与图表区格式。

2. 操作步骤

1）创建二维折线图

使用 Excel 2016 打开“某店铺球鞋近三年销量统计 .xlsx”文件，着手绘制二维折线图，具体步骤如下：

（1）选择数据中任意单元格，选择“插入”选项卡。

（2）在“图表”组中单击“折线图或面积图”下拉按钮，选择“二维折线图”中的第一种。

2）设置图例与数据标签格式

接下来设置图例与数据标签格式，具体步骤如下：

（1）选中图例，右击弹出快捷菜单，选择“设置图例格式”命令。

（2）在“设置图例格式”窗格中，选择“图例位置”为“靠上”，示意如图 2-103 所示。

（3）选中图表中折线图数据系列中的最大值，右击弹出快捷菜单，选择“设置数据标签格式”命令。

（4）添加数据标签，设置标签位置为“靠上”，示意如图 2-104 所示。

图 2-103　设置图例格式

3）设置坐标轴与图表区格式

如图 2-105、图 2-106 所示，具体步骤如下：

（1）在图表中选中纵坐标轴，右击弹出快捷菜单，选择“设置坐标轴格式”命令。

（2）在“设置坐标轴格式”窗格中设置最小值为 50，最大值为 230，主要刻度单位为 30。

（3）单击图表区，右击弹出快捷菜单，选择“设置图表区格式”命令。

（4）在“设置图表区格式”窗格中，读者可根据个人偏好自行设置。

图 2-104　设置数据标签格式

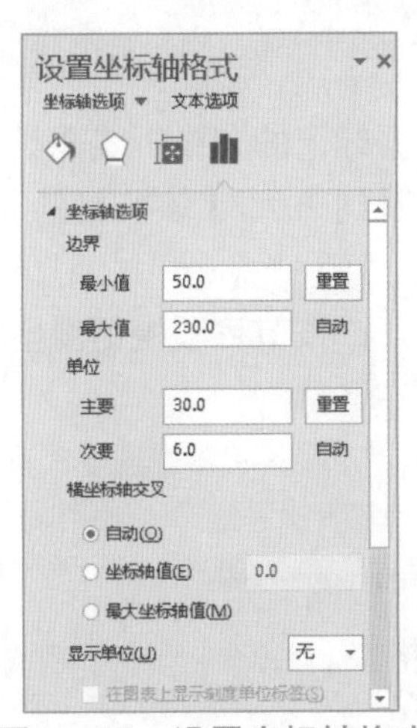

图 2-105　设置坐标轴格式

图 2-106　设置图表区格式

案例2.21 //// 某节目收视情况统计

带数据标记的二维折线图重点突出特殊数据，如最高值、最低值等。

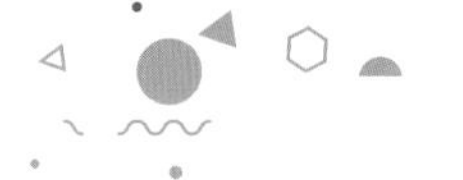

二维码 2-21

某节目收视情况统计

2.21.1 任务描述

本任务将学习如何通过 Excel 软件绘制带数据标记的二维折线图，并设置趋势线格式、图表区格式、坐标轴格式、数据标签格式、添加筛选器等内容。

数据来源：某节目收视情况统计 .xlsx。

案例任务：分析并可视化某节目收视情况。

2.21.2 可视化效果

数据分析专员采用 Excel 2016 绘制带数据标记的二维折线图，可视化效果如图 2-107 所示。

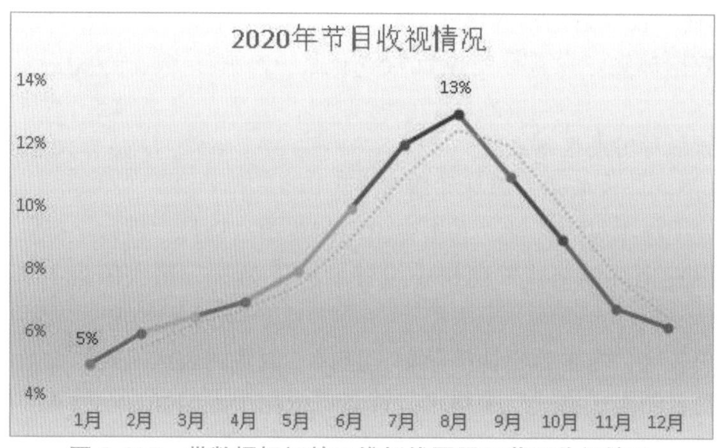

图 2-107 带数据标记的二维折线图展示节目收视情况

观察图 2-107 可知，整个带数据标记的二维折线图具有如下特点：

（1）从折线图中可以清晰地看到 2020 年该节目的收视情况，特别是已经标注出最高点和最低点分别在 8 月的 13% 和 1 月的 5%。

（2）能展现 2020 年的 1 ~ 12 月，该节目收视情况呈现先升高后降低的变化过程。

2.21.3 设计过程

1. 设计思路

（1）创建带数据标记的二维折线图。

（2）设置坐标轴与数据系列格式。

（3）添加趋势线。

（4）设置数据标签格式。

（5）设置图表筛选器。

（6）设置图表区格式。

2. 操作步骤

1）创建带数据标记的二维折线图

使用 Excel 2016 打开“某节目收视情况统计 .xlsx”文件，着手绘制带数据标记的二维

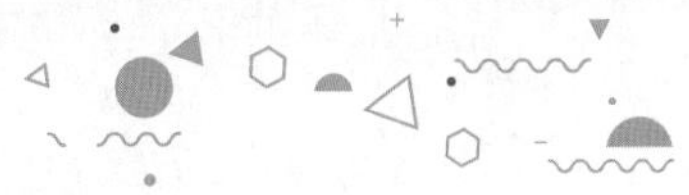

折线图，具体步骤如下：

（1）选择数据中任意单元格，选择“插入”选项卡。

（2）在“图表”组中单击“折线图或面积图”下拉按钮，选择“二维折线图”中的“带数据标记的折线图”，如图 2-108 所示。

2）设置坐标轴与数据系列格式

接下来将对坐标轴与数据系列进行格式设置，具体步骤如下：

（1）在图表中选中纵坐标轴，右击弹出快捷菜单，选择“设置坐标轴格式”命令。

（2）在“设置坐标轴格式”窗格中设置最小值为 0.04，最大值为 0.14，主要单位为 0.02。

（3）选中数据，右击弹出快捷菜单，选择“设置数据系列格式”命令。

（4）在“设置数据系列格式”窗格中，选择“填充”为“依数据点着色”。

操作示意如图 2-109、图 2-110 所示。

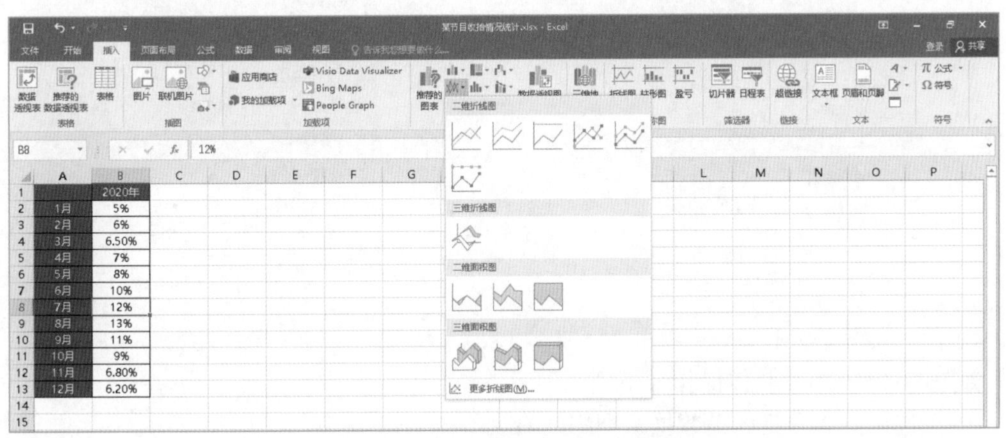

图 2-108　插入带数据标记的折线图

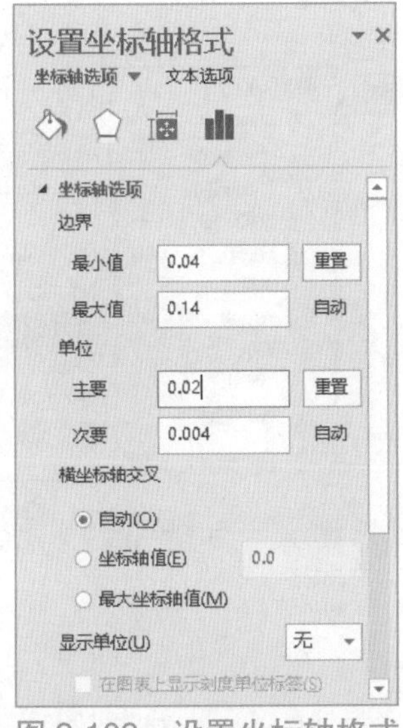

图 2-109　设置坐标轴格式

图 2-110　设置数据系列格式

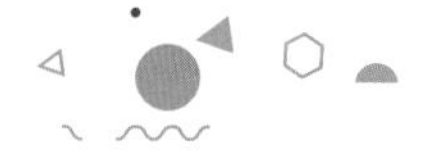

3）添加趋势线

具体步骤如下：

（1）选中图表中数据，右击弹出快捷菜单，选择“添加趋势线”命令。

（2）在“设置趋势线格式”窗格中选中“移动平均”单选按钮，周期设置为“2”。在“填充”选项卡中，设置趋势线颜色为“橙色”。

操作示意如图 2-111、图 2-112 所示。

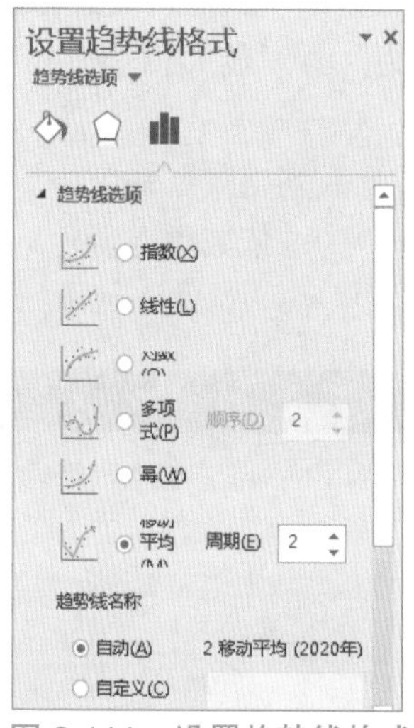

图 2-111　设置趋势线格式

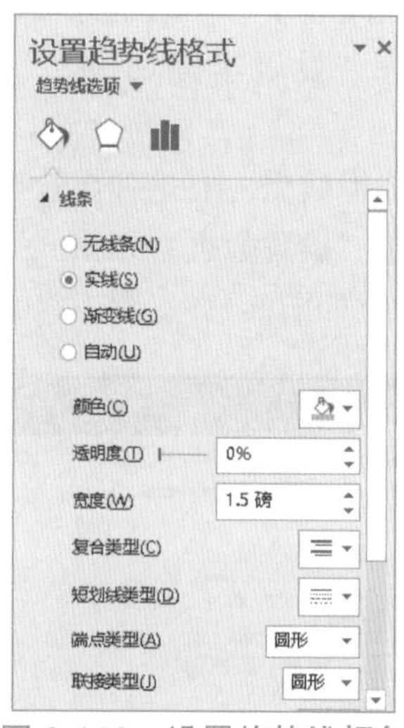

图 2-112　设置趋势线颜色

4）数据标签格式设置

如图 2-113 所示，具体操作如下：

（1）选中图表中折线图数据系列中的最大值。

（2）单击右上角“+”，勾选“数据标签”复选框，设置标签位置为“上方”。

（3）同理，执行相同操作，进行最小值数据标签的设置。

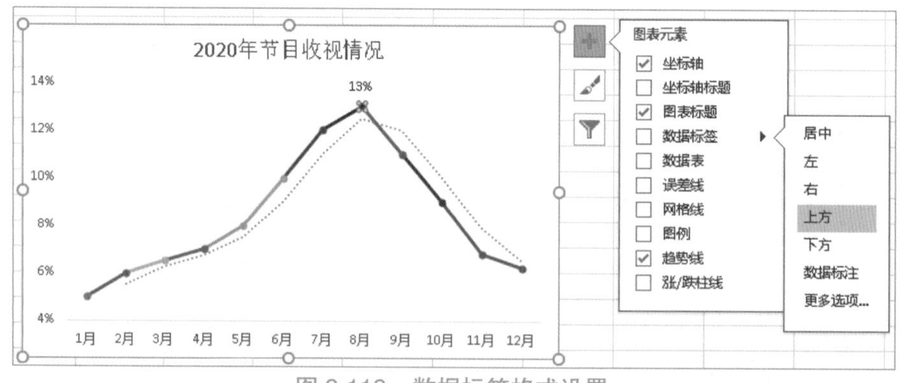

图 2-113　数据标签格式设置

5）设置图表筛选器

如图 2-114 所示，具体操作如下：

（1）选中图表，单击右上角“图表筛选器”按钮。

（2）单击应用，可以实现动态图表的效果。

6）设置图表区格式

具体操作如下：

（1）单击图表区，右击弹出快捷菜单，选择“设置图表区格式”命令。

（2）在“设置图表区格式”窗格中选中“渐变填充”单选按钮。

操作示意如图 2-115 所示。

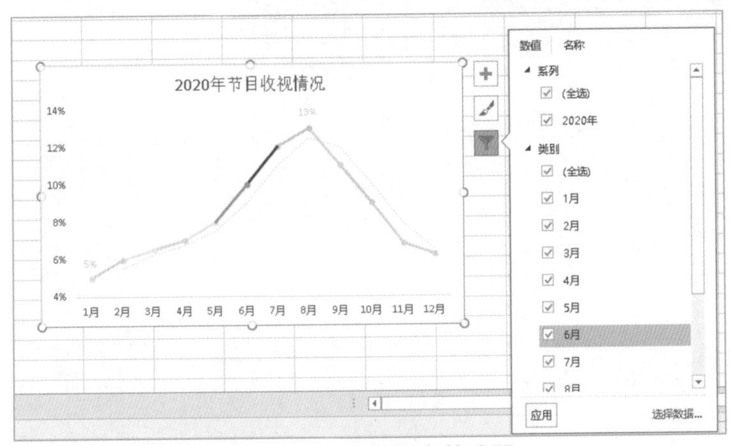

图 2-114　设置图表筛选器

图 2-115　设置图表区格式

案例2.22　//// 某健身俱乐部学员统计

面积图又称区域图，强调数量随时间而变化的程度，也可用于引起人们对总值趋势的注意。堆积面积图和百分比堆积面积图还可以显示部分与整体的关系。

二维码 2-22

某健身俱乐部学员统计

2.22.1　任务描述

本任务将学习如何通过 Excel 软件绘制面积图，并设置图表区格式、图例格式、图表筛选器等内容。

数据来源：某健身俱乐部学员统计 .xlsx。

案例任务：分析并可视化某健身俱乐部学员中新学员、老学员、流失学员的变化情况。

2.22.2　可视化效果

数据分析专员采用 Excel 2016 绘制面积图，可视化效果如图 2-116 所示。

观察图 2-116 可知，整个面积图具有如下特点：

（1）从面积图中可以清晰地看到某健身俱乐部学员中新学员、老学员、流失学员的变化情况。

（2）1～6 月，新学员、老学员、流失学员人数逐渐升高，且新学员人数 > 老学员人数 > 流失学员人数。

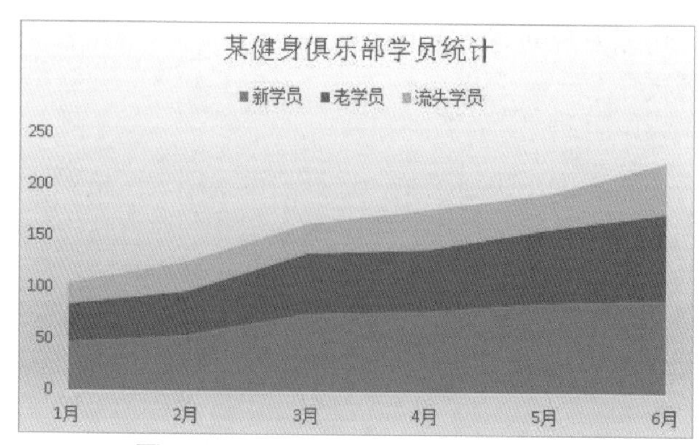

图 2-116　面积图展示学员变化情况

2.22.3　设计过程

1. 设计思路

（1）创建面积图。

（2）设置图例与图表区格式。

（3）设置图表筛选器。

2. 操作步骤

1）创建面积图

使用 Excel 2016 打开“某健身俱乐部学员统计 .xlsx”文件，着手绘制面积图，具体步骤如下：

（1）选择数据中任意单元格，选择“插入”选项卡。

（2）在“图表”组中单击“推荐的图表”按钮，选择“面积图”，如图 2-117 所示。

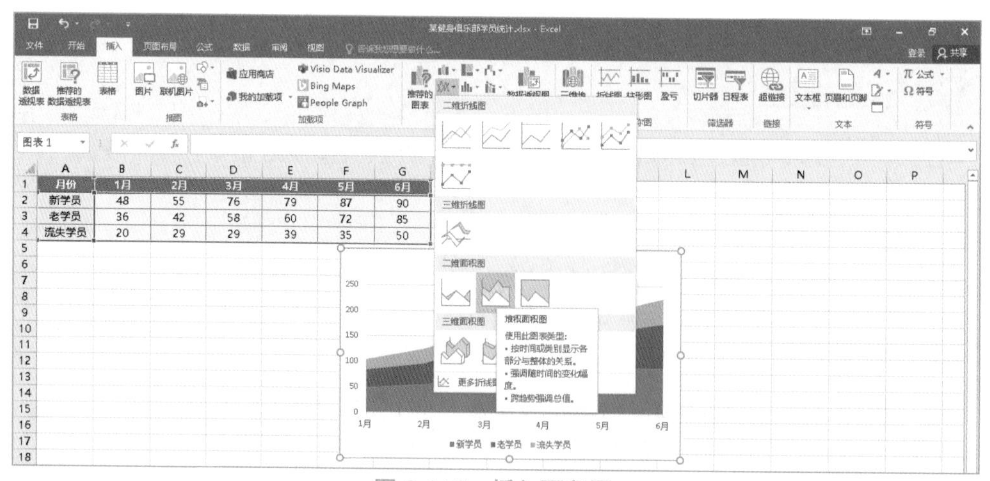

图 2-117　插入面积图

2）设置图例与图表区格式

接下来将对图例与图表区进行格式设置，具体步骤如下：

（1）选中图例，右击弹出快捷菜单，选择“设置图例格式”命令。

（2）在“设置图例格式”窗格中选择“图例位置”为“靠上”，如图 2-118 所示。

（3）单击图表区，右击弹出快捷菜单，选择“设置图表区格式”命令，示意如图 2-119 所示。

（4）在“设置图表区格式”窗格中选中“渐变填充”单选按钮。

图 2-118　设置图例格式

图 2-119　设置图表区格式

3）设置图表筛选器

如图 2-120 所示，选中图表，单击右上角“图表筛选器”按钮，单击应用，可以实现动态图表的效果。

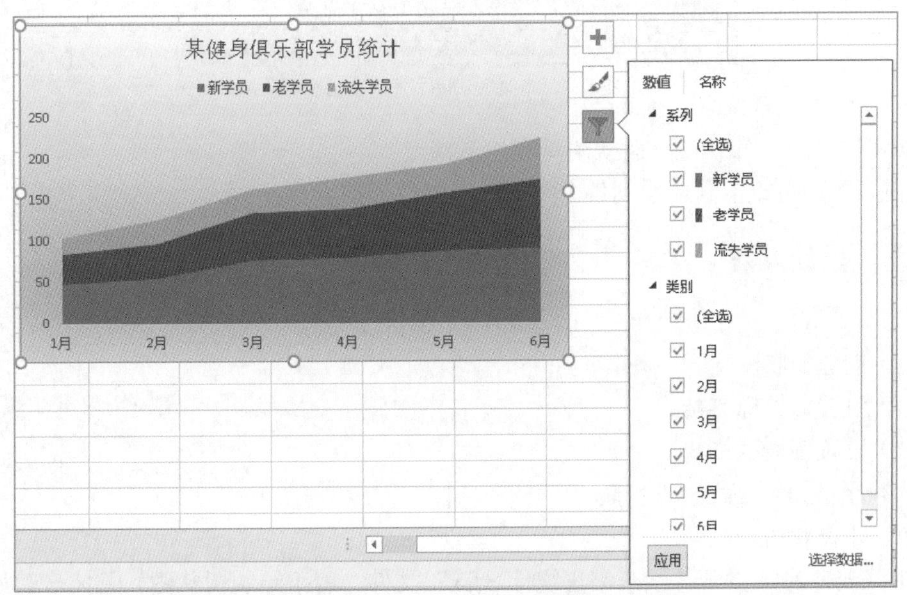

图 2-120　图表筛选器设置

案例2.23 树状图展示汽车销售统计

树状图(Tree Map),是用于展现有群组、层次关系的比例数据的一种分析工具,它通过矩形的面积、排列和颜色来显示复杂的数据关系,并具有群组、层级关系展现功能,能够直观地体现同级之间的比较。

2.23.1 任务描述

本任务将学习如何通过 Excel 软件绘制树状图,并设置图表区格式、数据标签格式等内容。

数据来源:汽车销售统计 .xlsx。

案例任务:分析并可视化各个类型汽车销售的差异情况。

2.23.2 可视化效果

数据分析专员采用 Excel 2016 绘制树状图,可视化效果如图 2-121 所示。

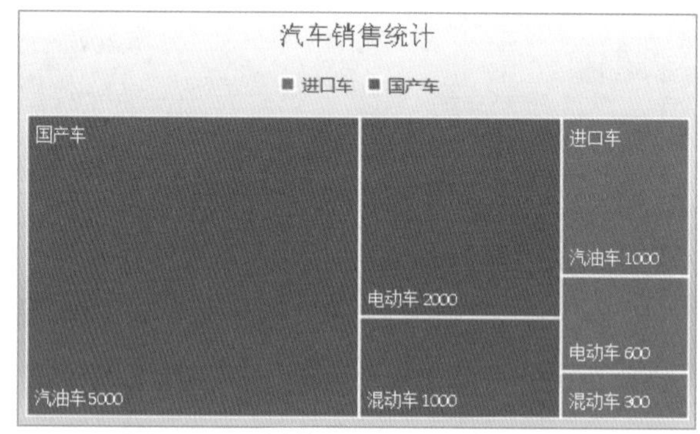

图 2-121 树状图展示汽车销售情况

观察图 2-121 可知,整个树状图具有如下特点:

从树状图中可以清晰地看到各个类型汽车销售的差异。

2.23.3 设计过程

1. 设计思路

(1)创建树状图。

(2)设置数据标签格式。

(3)设置图表区格式。

2. 操作步骤

1)创建树状图

使用 Excel 2016 打开“汽车销售统计 .xlsx”文件,着手绘制树状图,具体步骤如下:

(1)选择数据中任意单元格,选择“插入”选项卡。

(2)在“图表”组中单击“推荐的图表”按钮,选择“树状图”,如图 2-122 所示。

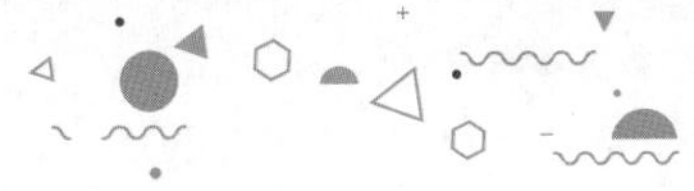

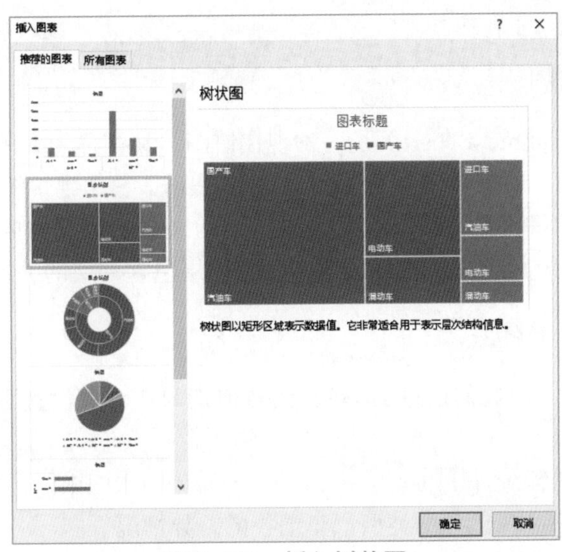

图 2-122　插入树状图

2）设置数据标签格式

接下来将对数据标签进行格式设置，具体步骤如下：

（1）输入标题，选中图表。

（2）单击右上角“图表元素”按钮，勾选“数据标签”，选择“其他数据标签选项”。

（3）在“设置数据标签格式”对话框中，“标签选项”中选择标签包括“值”。

操作示意如图 2-123 所示。

3）设置图表区格式

具体步骤如下：

单击图表区，右击弹出快捷菜单，选择“设置图表区格式”命令，在“设置图表区格式”窗格中选中“渐变填充”单选按钮，如图 2-124 所示。

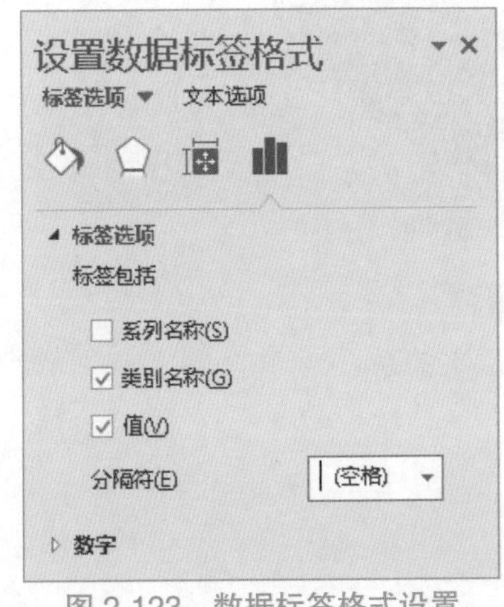

图 2-123　数据标签格式设置

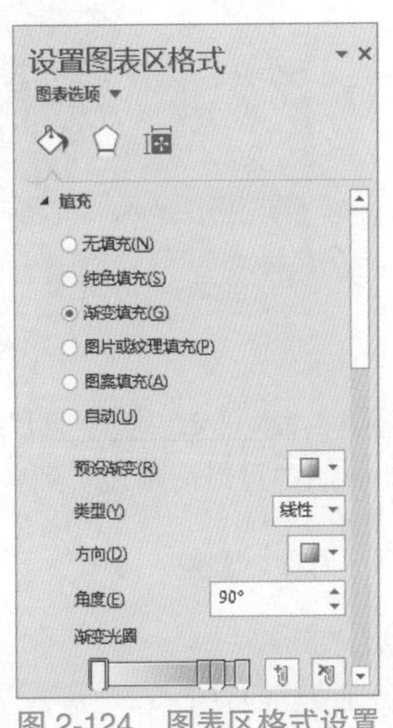

图 2-124　图表区格式设置

案例2.24 旭日图展示汽车销售统计

二维码 2-24

旭日图展示汽车销售统计

旭日图（sunburst chart）是一种现代饼图，又被称为太阳图。旭日图不仅可以体现数据比例，还能体现数据层级之间的关系。它超越传统的饼图和环图，能清晰地表达层级和归属关系，以父子层次结构来显示数据构成情况。旭日图中，离原点越近表示级别越高，相邻两层中，是内层包含外层的关系。

2.24.1 任务描述

本任务将学习如何通过 Excel 软件绘制旭日图，并设置图例、图表区格式等内容。

数据来源：汽车销售统计 1.xlsx。

案例任务：分析并可视化各个类型汽车销售的差异情况。

2.24.2 可视化效果

数据分析专员采用 Excel 2016 绘制旭日图，可视化效果如图 2-125 所示。

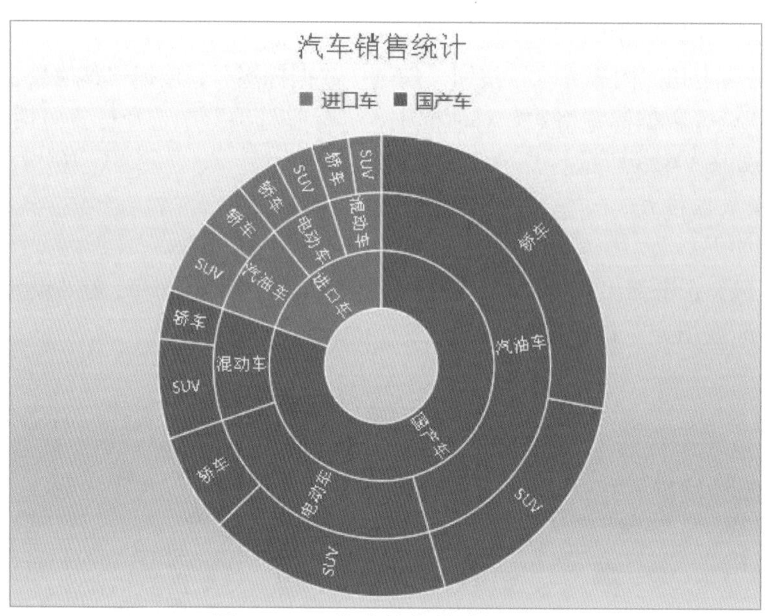

图 2-125 汽车销售统计旭日图

观察图 2-125 可知，整个旭日图具有如下特点：

从旭日图中可以清晰地看到各个类型汽车的层次关系。

2.24.3 设计过程

1. 设计思路

（1）创建旭日图。

（2）设置图例格式。

（3）设置图表区格式。

2. 操作步骤

1）创建旭日图

使用 Excel 2016 打开“汽车销售统计 1.xlsx”文件，着手绘制旭日图，具体步骤如下：

（1）选择数据中任意单元格，选择“插入”选项卡。

（2）在“图表”组中单击“推荐的图表”按钮，在“所有的图表”中选择“旭日图”，操作示意如图 2-126 所示。

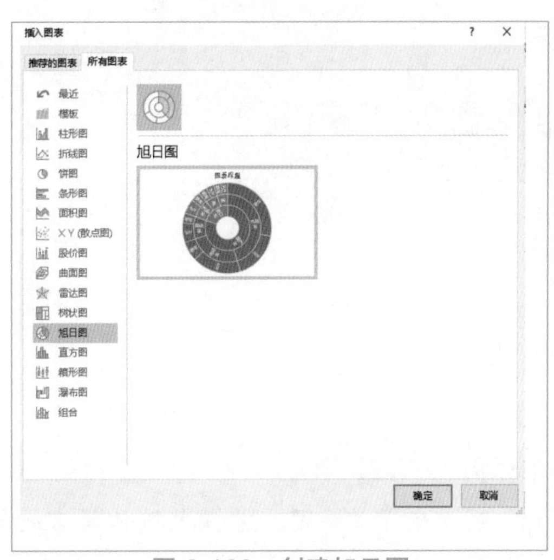

图 2-126　创建旭日图

2）设置图例格式

接下来将对图例进行格式设置，具体步骤如下：

（1）选中图表，单击右上角“图表元素”按钮。

（2）选择“图例”中的“顶部”。

操作示意如图 2-127 所示。

3）设置图表区格式

单击图表区，右击弹出快捷菜单，选择“设置图表区格式”，在“设置图表区格式”窗格中选中“渐变填充”单选按钮，如图 2-128 所示。

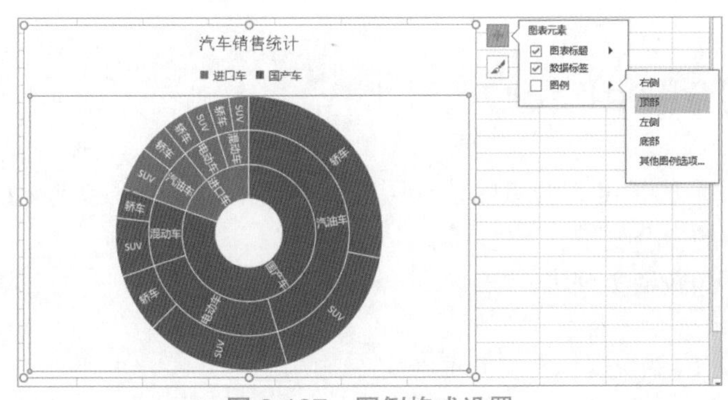

图 2-127　图例格式设置

图 2-128　图表区格式设置

第3章 数据可视化之R语言

学习目标

通过本章的学习，掌握运用R语言进行图表绘制的过程及相关知识。熟悉和了解R语言的系列数据可视化包，包括ggplot2及ggplot2拓展包等。

学习重点和难点

- 学习柱状图、堆积柱状图、饼图、折线图、直方图、帕累托图、箱线图、散点图、面积填充图、相关关系图。
- 掌握基于R语言的绘制过程。

R语言是由AT&T贝尔实验室开发的一种用来进行数据探索、统计分析、作图的解释型语言，是诞生于1980年左右的S语言的一个分支。它是属于GNU系统的一个自由、免费、源代码开放的软件，是用于统计计算和统计制图的优秀工具。R语言相较于其他语言的优势之一在于，它是专门为数据分析而设计的，主要用于统计分析、绘图的语言和操作环境。R语言有UNIX、Linux、Mac OS和Windows版本，都可以免费下载和使用。

案例3.1 不同仓储点包裹数量对比

二维码 3-1

不同仓储点包裹数量对比 1

柱形图是一种以长方形的长度为变量的统计图表，常用来比较两个或两个以上不同时间或者不同条件的一个变量。

柱形图通常用于较小的数据集分析。

3.1.1 任务描述

张×作为某快递物流公司的华北地区代理经销商，其主要负责五个中等规模的仓储点。到了年底，想了解一下全年不同仓储点的快递包裹数量，以便有针对性地分配人力物力及资源分配。数据分析专员小芳获取了各个仓储点年平均快递包裹数量，计划绘制基于R语言的柱形图向经理汇报。

数据来源：不同仓储点包裹数量的年平均值，数据集data_pack.txt。

案例任务：分析并可视化华北地区不同仓储点年平均包裹数量对比。

二维码 3-1

不同仓储点包裹数量对比 2

3.1.2　可视化效果

数据分析专员小芳采用统计分析 R 语言编程来绘制柱形图，可视化效果如图 3-1 所示。

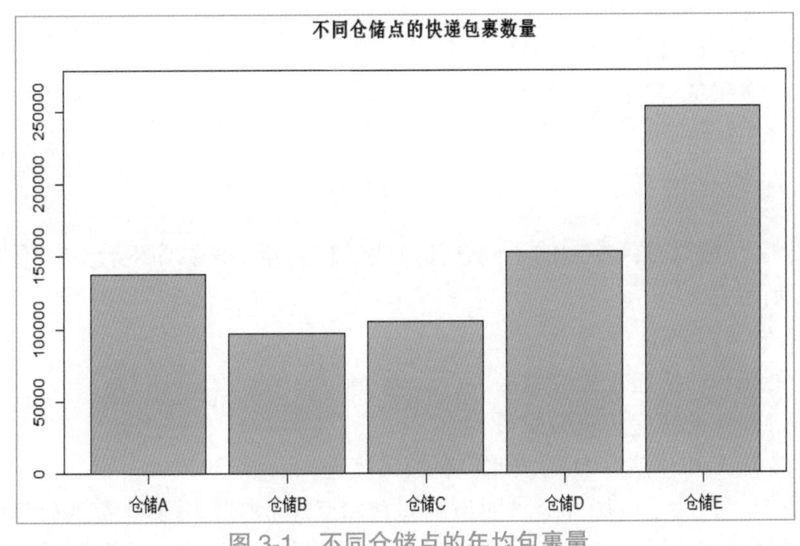

图 3-1　不同仓储点的年均包裹量

观察图 3-1 可知，不同仓储点的年均快递包裹量存在明显差异。整个柱形图表具有如下特点：

（1）标题内容简洁明了、让用户和读者能够一眼就明晰该图的分析主题。

（2）横、纵坐标数值间隔区分清晰明了、能够直观观察所有仓储点包裹数量的对比情况。

（3）能够清晰知晓包裹数量最高和最低的仓储点。

对于 R 语言绘制图表而言，需要读者必须能够熟练运用 R 语言编码，具备一定的自学能力。

3.1.3　设计过程

1. 设计思路

（1）能够正确解读输入的数据及其含义。

（2）调用 barplot() 函数绘制可视化柱形图。

（3）修改 barplot() 函数的参数绘制条形图。

2. 操作步骤

1）正确读入并解读数据的含义

打开 R studio 编辑器，在命令行中输入如下命令：

```
> library(qcc)
> amount <- c(138000,96972,104562,152481,253187)
> names(amount) <- c("仓储A","仓储B","仓储C","仓储D","仓储E")
```

在输入上述命令后，就可以知晓华北地区 5 个仓储点的名字及其对应的快递包裹数量。

如果该包不存在，需要使用命令 install.package("qcc") 来下载包。

2）调用 barplot() 函数绘制柱形图

在 R studio 编辑器的命令行中输入 barplot() 函数并设置相应的参数选项，命令如下：

```
> barplot(amount,
          ylim = c(0, max(amount) * 1.1),
          offset = 0,
          axis.lty = 1,
          names.arg = names(amount),
          main = "不同仓储点的快递包裹数量"
          )
> box()
```

输入命令后，可以看到绘制的不同仓储点快递包裹年平均数量对比的柱形图，可视化效果如图 3-1 所示。

仔细阅读图 3-1 可知：

（1）仓储点 E 的快递包裹数量最多。

（2）仓储点 B 的快递包裹数量最少。

（3）仓储点 A 和仓储点 D 的快递包裹数量接近。

通过柱形图，有助于市场部经理明晰不同仓储点的业绩，用于判断该仓储点是否和当地的经济发展水平和居民的消费特征密切相关，更有助于人力方面的调配等，从而促进新仓储点位置选择的决断。

联合可视化图形和 R 代码可知：

（1）参数 main 用于设置图形标题。

（2）amount 代表柱形图纵坐标轴代表的数据，即快递包裹数量。

（3）ylim 用于设置纵坐标轴的范围。

（4）offset 用于设置柱形与边框的偏移量。

（5）axis.lty 的值为 1，表示设置横坐标轴。

（6）names.arg 用于提供横坐标轴显示的文本标签。

3）修改 barplot() 函数的参数绘制条形图

经过之前的学习，读者会发现柱形图与条形图的本质相同，只不过一个垂直显示，一个水平显示。在 R studio 编辑器的命令行中修改 barplot() 函数的参数，添加一个参数 horiz=TRUE 即可变成条形图，示例代码如下：

```
> barplot(amount,
          xlim = c(0, max(amount) * 1.1),
          offset = 0,
          axis.lty = 1,
          names.arg = names(amount),
          main = "不同仓储点的快递包裹数量",
          horiz = TRUE
          )
```

执行修改后的 R 语言代码，可视化条形图如图 3-2 所示。

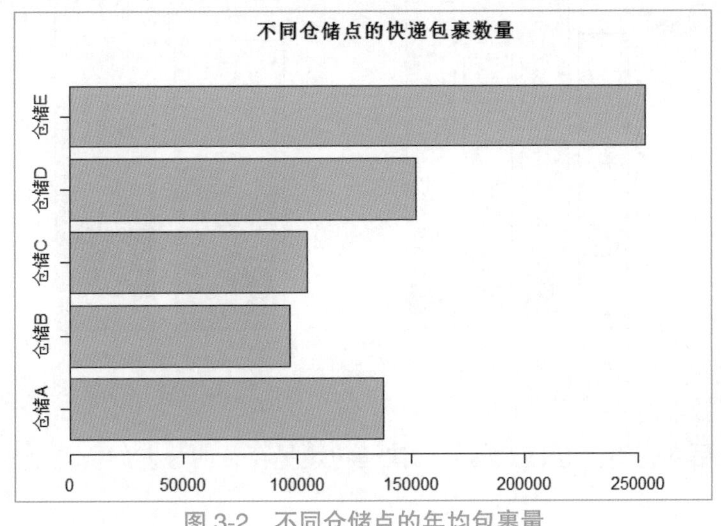

图 3-2　不同仓储点的年均包裹量

读者可深入学习每个参数的具体含义并加以实践，从而掌握如何更好地绘制柱形图。

案例3.2　不同代理商多部门销售额的堆积累计

堆积柱状图是柱状图的一种。柱状图可以很直观地看到各组数据的差异，一般应用于数据个体间的比较。堆积柱状图支持二维数据的分析，其中一个维度用于比较，另一个维度用于展示。

堆积柱状图的数据分析和展示能力更加突出，既可比较不同个体的差异，也能展示一个大分类包含的小分类以及小分类的占比情况。

3.2.1　任务描述

二维码 3-2

不同代理商多部门销售额的堆积累计 1

某食品公司在一个区域设定了两个代理商 A 和 B。其中，代理商 A 下设四个部门，分别是部门 a、部门 b、部门 c 和部门 d；代理商 B 下设两个部门，分别是部门 e 和部门 f。代理商 A 的部门分别运营了四个月，代理商 B 的部门分别运营了三个月。到了年底，公司市场部经理想了解一下两个代理商的经销情况，以便有针对性地制订来年的产品供给和调配策略。数据分析专员小明获取了两个代理商的销售数据，计划绘制基于 R 语言的堆积柱形图，向公司汇报。

数据来源：不同代理商多个部门的销售业绩，数据集 data_food.txt。

案例任务：根据赋予的营业额绘制一行中包含两幅子图的堆积柱状图。

二维码 3-2

不同代理商多部门销售额的堆积累计 2

3.2.2　可视化效果

数据分析专员小明采用统计分析 R 语言编程来绘制堆积柱形图，可视化效果如图 3-3 所示。

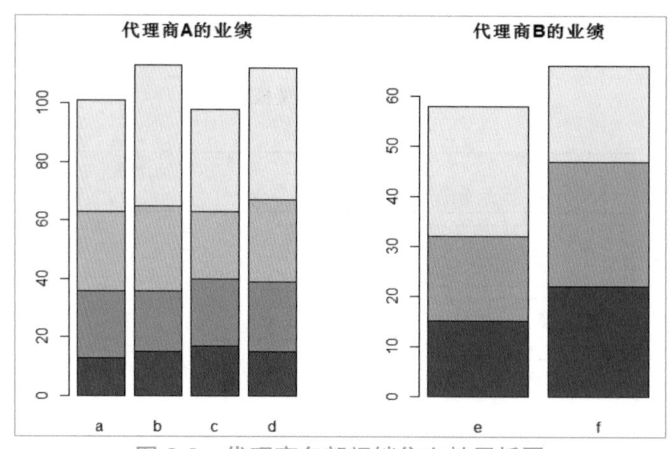

图 3-3　代理商多部门销售之帕累托图

观察图 3-3 可知，不同仓储点的年均快递包裹量存在明显差异。整个柱形图表具有如下特点：

（1）标题内容简洁明了、让用户和读者能够一眼就明晰该图的分析主题。

（2）横、纵坐标数值间隔区分清晰明了、能够直观地观察所有仓储点包裹数量的对比情况。

（3）能够清晰地知晓包裹数量最多和最少的仓储点。

对于R语言绘制图表而言，需要读者必须能够熟练运用R语言编码，具备一定的自学能力。

3.2.3　设计过程

若想实现多子图的排列显示，则可调用 par() 函数实现。例如，要想实现一页多图的功能，可以采用 par(mfrow=c(1,2)) 的形式，并设定 par() 函数的各个参数来调整图形效果。其中，c(1,2) 中的参数表示一行中有两幅子图。此外，还可以利用矩阵来实现堆积柱状图。

1. 设计思路

（1）能够正确解读输入的数据及其含义。

（2）调用 barplot() 函数绘制可视化柱形图。

（3）学习柱形图的线性填充。

2. 操作步骤

1）正确读入并解读数据的含义

打开 R studio 编辑器，在命令行中输入如下命令：

```
> library(qcc)
> par(mfrow = c(1, 2))
> data <- cbind(a = c(13,23,27,38),
                b = c(15,21,29,48),
                c = c(17,23,23,35),
                d = c(15,24,28,45)
                )
> data2 <- cbind(e = c(15,17,26),
```

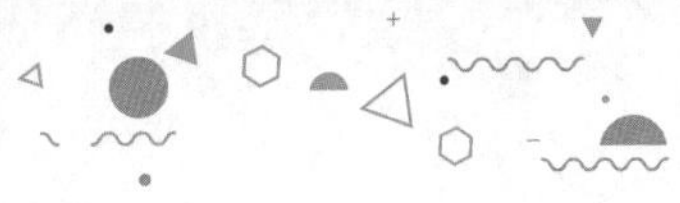


```
    f= c(22,25,19)
    )
```

在输入上述命令后，就可以知晓两个代理商不同部门的名字、每个部门经营的月份数量及相应月份的销售数量。

2）调用 barplot() 函数绘制柱形图

在 Rstudio 编辑器的命令行中输入 barplot() 函数并设置相应的参数选项，命令如下：

```
> barplot(data, axes = T, main = "代理商A的业绩")
> barplot(data2, main="代理商B的业绩")
```

输入命令后，可以看到绘制的一行中包含两幅子图的堆积柱状图，可视化效果如图 3-4 所示。如果在 barplot() 中添加颜色 col 属性，如 col=rainbow(7)，则可视化效果如图 7-5 所示。

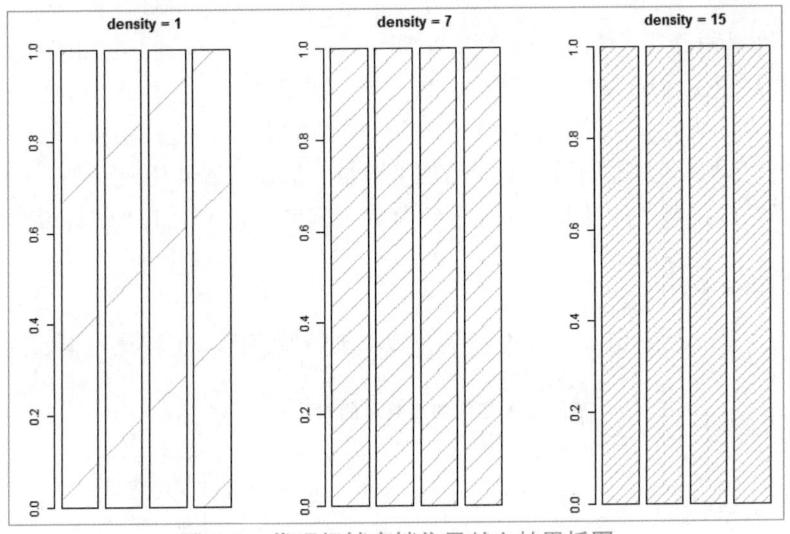

图 3-4　代理经销商销售贡献之帕累托图

联合可视化图形和 R 语言代码可知：

（1）参数 main 用于设置图形标题。

（2）axes=T 表示显示纵坐标轴，axes=F 则不显示纵坐标轴。

当然，堆积柱形图可以修改为并列的柱形图，这里涉及使用 beside 参数进行控制，感兴趣的读者可以深入学习并实践。

3）柱形图的线性填充

若想实现柱形图的线条图案填充，可以通过设置线条的填充密度设置线条图案。下面，引入一个简单案例来讲解线条图案填充柱形图。在 R studio 编辑器的命令行中输入 barplot() 函数并设置相应的参数选项，命令如下：

```
> par(mfrow = c(1,3))
> barplot(rep(1,4), density = 1,  main = "density = 1")
> barplot(rep(1,4), density = 7,  main = "density = 7")
> barplot(rep(1,4), density = 15, main = "density = 15")
```

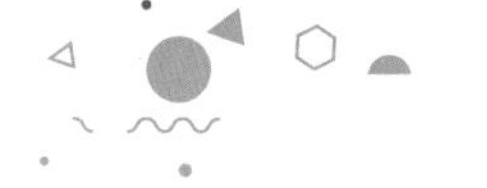

输入命令后，可以看到绘制线条填充柱形图，可视化效果如图 3-3 所示。

读者可深入学习每个参数的具体含义并加以实践，从而掌握如何更好地绘制堆积柱形图。

案例3.3 机床车间员工加工零件数量的占比

二维码 3-3

机床车间员工加工零件数量的占比

饼图（pie graph）常用于统计学，仅排列在工作表的一列或一行中的数据可以绘制到饼图中。

2D 饼图为圆形，显示一个数据系列中各项的大小与各项总和的比例。饼图中的数据点显示为整个饼图的百分比。

3.3.1 任务描述

在某机床生产制造加工厂，车间主任想了解一下不同员工的产品加工数量占比，以作为年终员工奖励的参考。数据分析专员小堃调查了机床生产车间内部分员工在同一时段内加工零件的数量，计划绘制基于 R 语言的饼图向车间主任汇报。

数据来源：同一车间不同员工的产品加工数量，数据集 data_bed.txt。

案例任务：根据赋予的产品加工数量绘制饼图来展示员工加工零件数量对比。

3.3.2 可视化效果

数据分析专员小堃采用统计分析 R 语言编程来绘制饼图，可视化效果如图 3-5 所示。

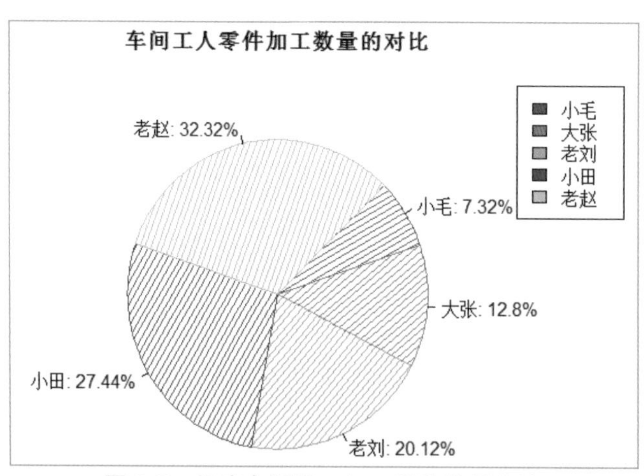

图 3-5 机床车间员工加工零件数量占比

观察图 3-6 可知，不同员工的车间产品加工数量存在明显差异。整个饼图具有如下特点：

（1）颜色为彩色，容易区分员工及其对应的零件加工数量。

（2）能够直观地察觉员工零件加工数量的对比情况，旁注的百分比则更为精确。

（3）能够清晰地知晓零件加工数量最高的员工为老赵、数量最低的员工为小毛。

对于 R 语言绘制图表而言，需要读者必须能够熟练运用 R 语言编码，具备一定的自学能力。

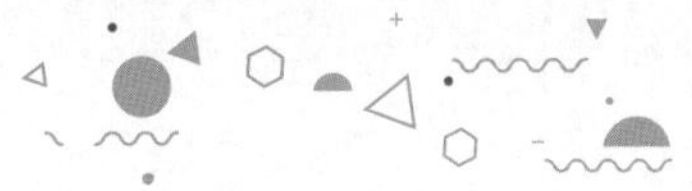

3.3.3 设计过程

1. 设计思路

（1）能够解读输入的数据。

（2）调用 pie() 函数绘制可视化图。

（3）修改参数下 pie() 函数的可视化绘制效果。

2. 操作步骤

1）正确读入并解读数据的含义

打开 R studio 编辑器，在命令行中输入如下命令：

```
> library(qcc)
> amount_made = c(12,21,33,45,53)
> names(amount_made) <- c("小毛", "大张", "老刘", "小田","老赵")
```

在输入上述命令后，就可以知道该车间五名工人及其加工的零件数量。

2）调用 pie() 函数绘制柱形图

在 R studio 编辑器的命令行中输入 pie() 函数并设置相应的参数选项，命令如下：

```
> pie(amount_made,
      labels = names(amount_made),                                  # 添加标签
      col = c("purple", "violetred1", "green3","cornsilk", "cyan"),  # 设置颜色
      radius=0.8
      )
```

输入命令后，可以绘制车间内员工零件加工数量对比的饼图，可视化效果如图 3-6 所示。

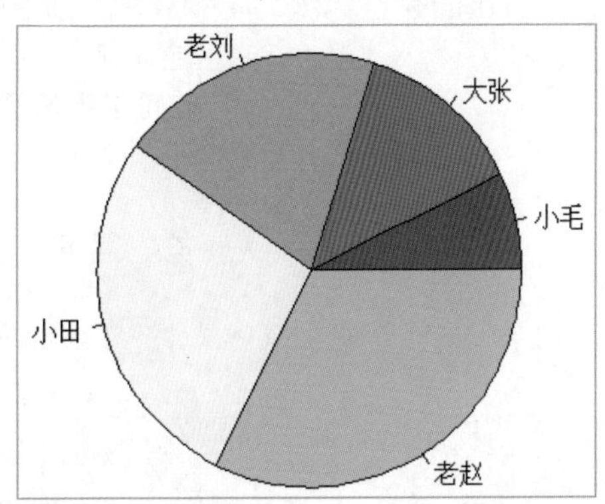

图 3-6　机床车间员工加工零件数量占比

联合可视化图形和 R 语言实现代码可知：

（1）参数 amount_made 代表员工零件加工数量的数据。

（2）参数 labels 的含义是标签，代表零件加工数量所对应的员工名称。

（3）col 参数则表示饼图填充颜色的设置。

（4）radius 表示饼图绘制的半径，默认值为 0.8。

3）美化饼图

在使用 pie() 函数绘制饼图的过程中，读者还可以从以下几个方面继续完善和美化饼图。

（1）使用 clockwise 参数设置饼图的排布方向。当 clockwise=T 时，表示逆时针排布。

（2）使用 init.angle 设置饼图中第一个扇区的初始角度。

（3）可以将每个扇区用线条图案进行填充，并可以设置阴影线的填充密度和填充角度。

此外，还可以用 main 添加图表标题，用 legend 添加图例等。

在 R studio 编辑器的命令行中输入 pie() 函数并设置相应的参数选项，命令如下：

```
> fan.labels <- paste0(names(amount_made),
                       ": ",
                       round(100*amount_made/sum(amount_made),2),
                       "%"
                       )
> pie(amount_made,
      labels = fan.labels,
      col = c("purple", "violetred1", "green3","blue", "cyan"),
      main=" 车间工人零件加工数量的对比 ",
      density = 20,
      angle = 20 + 10 * 1:5,
      clockwise = T,
      init.angle=45
      )
> legend("topright",
         legend = names(amount_made),
         cex=1.0,
         fill = c("purple", "violetred1", "green3", "blue", "cyan")
         )
```

输入命令后，可以看到饼图每个扇区都填充了直线，添加图表标题、图例以及显示百分比占比的完善标签，可视化效果如图 3-7 所示。

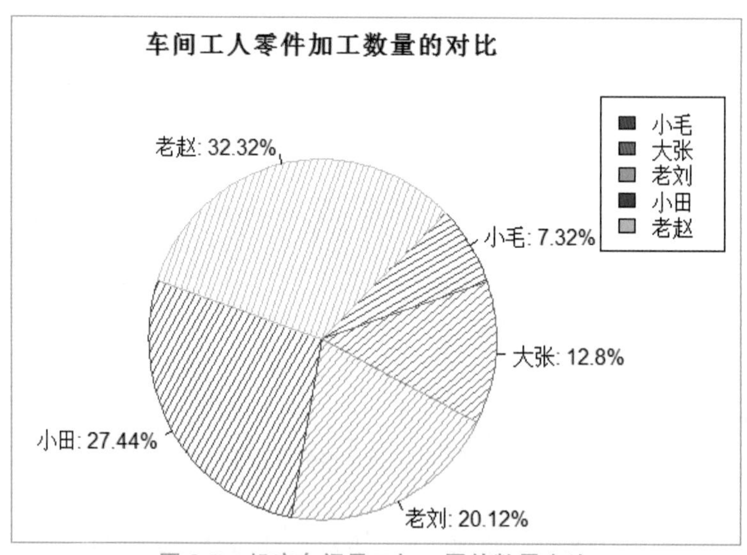

图 3-7　机床车间员工加工零件数量占比

联合本案例中的可视化图形和 R 语言实现代码，读者可以习得每个参数的具体含义并加以实践，从而能够掌握如何应用 pie() 函数绘制饼图。

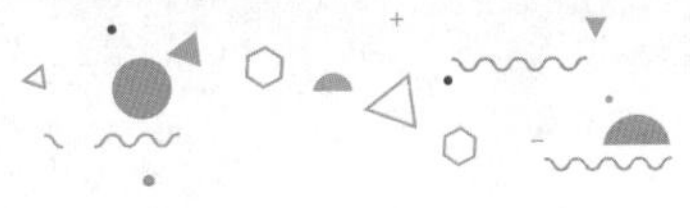

案例3.4　长跑爱好者不同月份日均公里数曲线

二维码 3-4

长跑爱好者不同月份日均公里数曲线

折线图可以显示随时间而变化的连续数据，非常适用于显示在相等时间间隔下数据的趋势。

在折线图中，类别数据沿水平轴均匀分布，所有值数据沿垂直轴均匀分布。通常情况下，排列在工作表的列或行中的数据可以绘制到折线图中。

3.4.1　任务描述

作为长跑爱好者，小赵记录了自己每一年中每个月份的日均跑步公里数。临近元旦，小赵想了解一下 2020 年不同月份的跑步公里情况，计划绘制基于 R 语言的折线图来展示跑步成果。

数据来源：实际跑步公里数，数据集 data_run.txt。

案例任务：根据赋予的实际跑步公里数绘制折线图来展示跑步曲线。

3.4.2　可视化效果

小赵采用统计分析 R 语言编程来绘制折线图，可视化效果如图 3-8 所示。

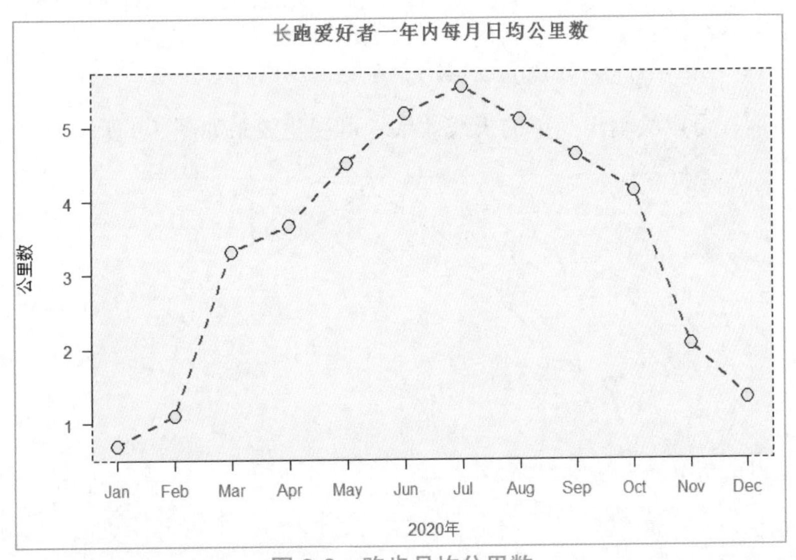

图 3-8　跑步月均公里数

观察图 3-10，可知小赵 2020 年跑步月均公里数的整体情况。折线图具有如下特点：

（1）标题简明，读者无须猜测图表所代表的含义。

（2）横纵坐标标签清晰，有助于读者理解横纵坐标的含义。

（3）能够直观地呈现长跑爱好者的跑步日均公里数与月份有关。

（4）能够清晰地表示出跑步日均公里数最高的月份及较低的月份。

对于 R 语言绘制图表而言，需要读者必须能够熟练运用 R 语言编码，具备一定的自学能力。

3.4.3 设计过程

1. 设计思路

（1）能够解读输入的数据。

（2）调用 plot() 函数绘制可视化图。

（3）完善和美化可视化绘制效果。

2. 操作步骤

1）正确读入并解读数据的含义

打开 R studio 编辑器，在命令行中输入如下命令：

```
> x <- c(0.70, 1.1, 3.31, 3.67, 4.5, 5.18, 5.54, 5.09, 4.61, 4.13, 2.05, 1.32)
```

在输入上述命令后，就可以知晓长跑爱好者一年 12 个月份月均跑步公里数的详情。

2）调用 plot() 函数绘制

在 R studio 编辑器的命令行中输入 plot() 函数并设置相应的参数选项，命令如下：

```
> par( bg = "lightgray" )
> plot(1:12, x ,type="n" , axes=FALSE, ann=FALSE)
> usr <- par("usr")
> rect(usr[1], usr[3], usr[2], usr[4], col="cornsilk", border="black")
> lines(x, col="blue",lwd=2)
> points(x, pch=21, bg="lightcyan", cex=1.75)
```

输入命令后，可以绘制出简单的折线效果，可视化效果如图 3-9 所示。

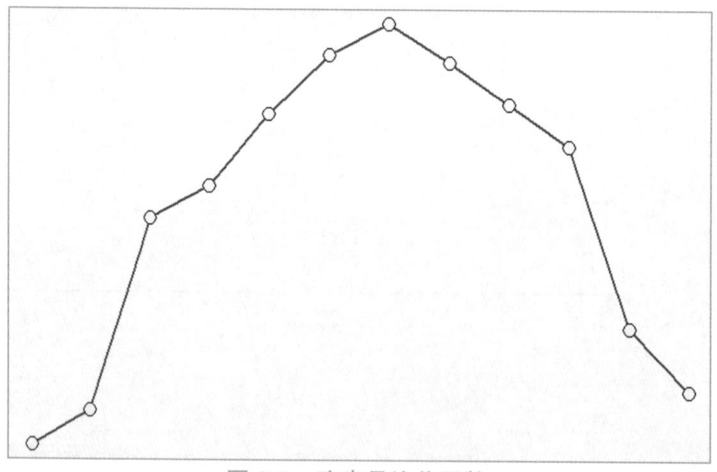

图 3-9　跑步月均公里数

对于小赵而言，可以知道该折线图的含义。但是对于陌生的读者，是无法从图 3-10 中获取更多的信息，这就需要对该折线图进行完善和美化。

3）完善和美化折线图

在 R studio 编辑器的命令行中输入相应完善项，命令如下：

```
> axis(2, col.axis="blue", las=1)
```

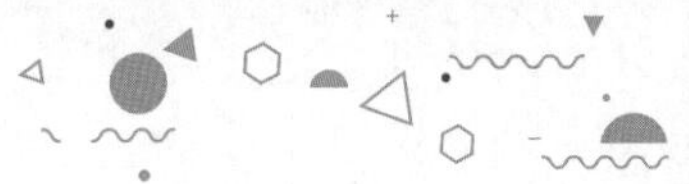


```
> axis(1, at=1:12, lab=month.abb, col.axis="blue")
> box()
> title(main= "长跑爱好者一年内每月日均公里数", font.main=2, col.main="red")
> title(xlab= "2020年", col.lab="red")
> title(ylab= "公里数", col.lab="black")
```

输入命令后，可以看到绘制的长跑爱好者小赵一年内12个月份的月均跑步公里数的折线图，可视化效果如图 3-10 所示。

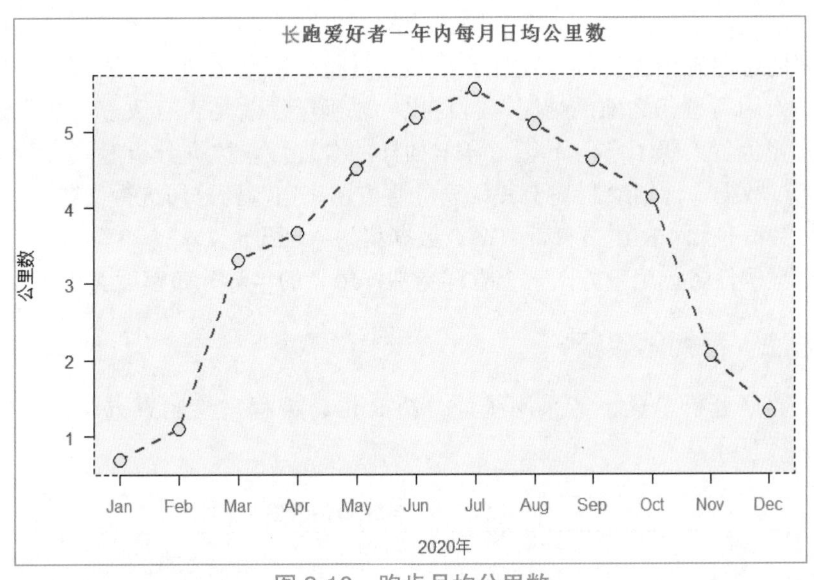

图 3-10 跑步月均公里数

联合可视化图形和 R 语言实现代码可知：

（1）par(bg="lightgray") 用于设置绘图背景色。

（2）plot(x, type="n", axes=FALSE, ann=FALSE) 用于设置绘图基础。

（3）通过 usr 可以设定坐标轴的范围。

（4）rect() 函数用于设置绘图区域的背景色和边界颜色等。

（5）lines(x, col="blue",lwd=2,lty=2) 在绘图基础上绘制一条虚线，将所有月均跑步公里数相连。

（6）points() 函数用来设置数据点标志符号类型、颜色和大小等。

（7）axis() 函数用来设定坐标轴刻度范围和颜色等。

（8）title() 函数则用来显示标题内容、颜色和大小，以及横坐标轴标题和纵坐标轴标题等。

读者可深入学习每个参数的具体含义并加以实践，从而掌握如何更好地绘制折线图。

案例3.5 //// 患者使用新型药后的疗效

直方图（histogram）又称质量分布图，是一种统计报告图。直方图是数值数据分布的精

二维码 3-5

患者使用新型药后的疗效效果 1

确图形表示，由一系列高度不等的纵向条纹或线段表示数据分布的情况。

直方图中，一般用横轴表示数据类型，纵轴表示分布情况。直方图是一个连续变量（定量变量）的概率分布的估计，被卡尔 • 皮尔逊（Karl Pearson）首先引入。

为了构建直方图，第一步是将值的范围分段，即将整个值的范围分成一系列间隔，然后计算每个间隔中有多少值。

3.5.1 任务描述

二维码 3-5

患者使用新型药后的疗效效果 2

某制药公司生产一种治疗高血压的新型药，在进行临床试验时，在患有高血压病的志愿者中进行样本抽样，组织并进行了新型药药效的测试，并将测试结果与病人用新型药之前的情况进行对比，以确定疗效是否有改进。在测试之前，制药公司负责人想了解一下患者样本抽样的合理性。数据分析专员小芳获取了相应的测试数据，计划绘制基于 R 语言的直方图来向制药公司进行反馈。

数据来源：R 语言自带数据，数据集为 Arthrists。

案例任务：用直方图来查看样本抽样患者的年龄分布密度。

二维码 3-5

患者使用新型药后的疗效效果 3

3.5.2 可视化效果

数据分析专员小芳采用统计分析 R 语言编程来绘制直方图，可视化效果如图 3-11 所示。

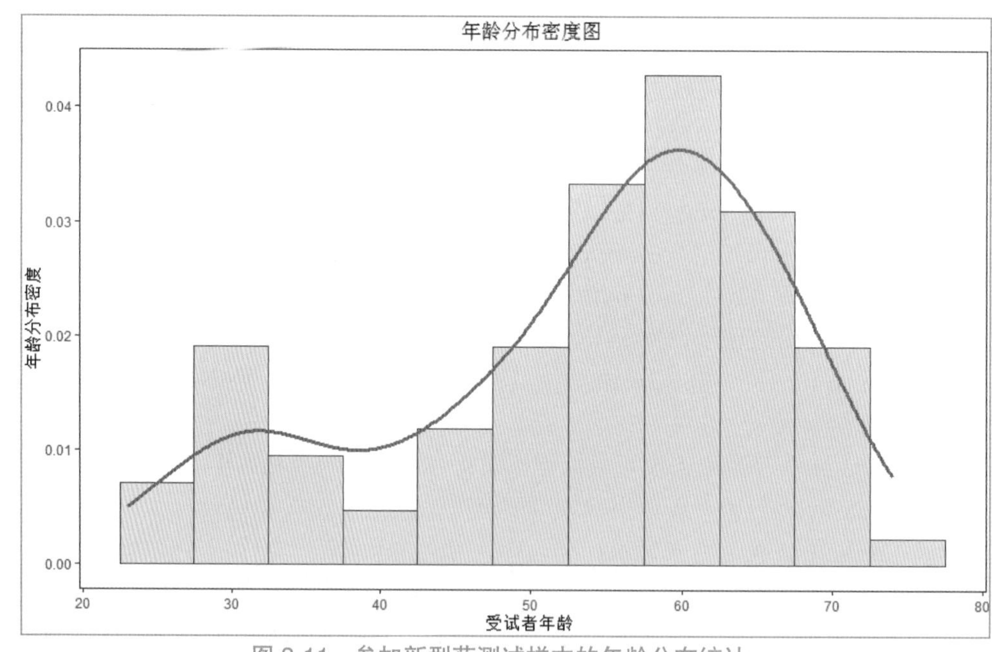

图 3-11　参加新型药测试样本的年龄分布统计

观察图 3-11，可知整个直方图具有如下特点：

（1）标题内容简洁明了，让读者能够一眼就明晰是对样本患者的年龄分布进行统计。

（2）横、纵坐标数值间隔区分清晰明了。

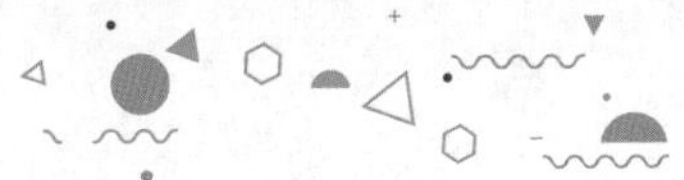

（3）能够直观地看出接受新型药的患者年龄的分布情况。

（4）能够清晰地知晓接受新型药的患者占比高的年龄段。

对于 R 语言绘制图表而言，需要读者必须能够熟练运用 R 语言编码，具备一定的自学能力。

3.5.3　设计过程

1. 设计思路

（1）能够解读输入的数据。

（2）调用 ggplot() 函数绘制可视化图。

（3）调用 geom_histogram() 函数绘制可视化图。

2. 操作步骤

1）正确读入并解读数据的含义

打开 R studio 编辑器，在命令行中输入如下命令：

```
> library(vcd)
```

在 R studio 编辑器的命令行中输入 library(vcd) 命令的意思是加载 vcd 包，旨在使用其中的 Arthritis 数据。如果该包不存在，需要使用命令 install.packages("vcd") 先下载包。在该命令正确执行后，输入如下命令：

```
> Arthrit:s
```

输入该命令便会显示数据详情，部分数据如图 3-12 所示。

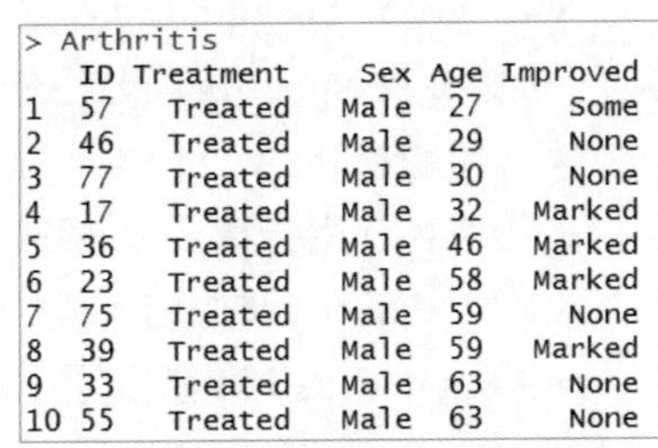

```
> Arthritis
   ID Treatment  Sex Age Improved
1  57   Treated Male  27     Some
2  46   Treated Male  29     None
3  77   Treated Male  30     None
4  17   Treated Male  32   Marked
5  36   Treated Male  46   Marked
6  23   Treated Male  58   Marked
7  75   Treated Male  59     None
8  39   Treated Male  59   Marked
9  33   Treated Male  63     None
10 55   Treated Male  63     None
```

图 3-12　Arthritis 部分数据

从图中知晓：

（1）ID 为患者的唯一标识。

（2）Treatment 为是否接受治疗。

（3）Sex 为患者性别。

（4）Age 为患者年龄。

（5）Improved 为患者服用新型药后是否有所改善。

2）调用 ggplot() 函数绘制

在 R studio 编辑器的命令行中输入 ggplot() 函数并设置相应的参数选项，命令如下：

```
library(ggplot2)
> p2 <- ggplot(data=Arthritis, aes(Age,y=..density..))
> p2+geom_histogram(alpha=0.5, binwidth=5)
       +labs(x=" 患者年龄 ", y=" 年龄分布密度 ", title=" 年龄分布密度图 ")
       +theme(plot.title=element_text(hjust=0.5))+
       +stat_density(geom="line",size=1.5, color="grey"
       )
```

输入命令后，可绘制出接受新型药的患者年龄分布的直方图，可视化效果如图 3-13 所示。

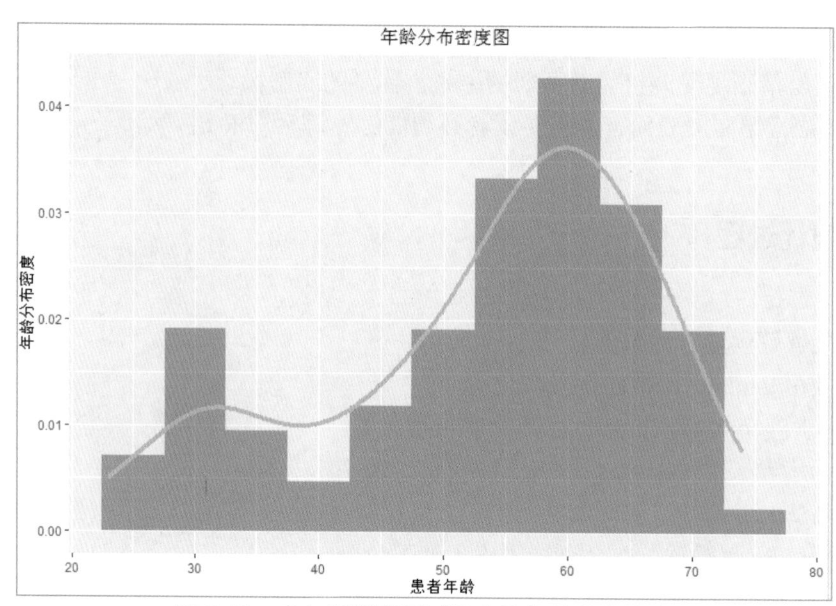

图 3-13　参加新型药测试样本的年龄分布统计

联合可视化图形和 R 语言实现代码可知，在 ggplot() 函数应用中：

（1）参数 data 用于设定感兴趣的研究变量。

（2）参数 aes 指定用分布密度作为横坐标刻度。

（3）参数 age 作为纵坐标刻度。

（4）geom_histogram() 函数用于绘制直方图。

（5）参数 alpha 用于设置透明度。

（6）参数 bindwidth 用于设置柱形的宽度。

（7）labs() 用于设置显示图表标题和坐标轴标题。

（8）theme() 函数用于调整字体以使得标题居中。

（9）stat_density() 函数用于增加密度曲线。

3）完善和美化直方图

观察图 3-13 会发现，虽然直方图的颜色及密度曲线功能齐备但是配色不佳。在本小节，需要对直方图的颜色进行调整和美化。在 R studio 编辑器的命令行中输入可视化效果美化的命令，具体如下：

```
> p2+geom_histogram(alpha=0.5,binwidth=5,
          + fill="pink",color="blue")
          + labs(x=" 受试者年龄 ", y=" 年龄分布密度 ", title=" 年龄分布密度图 ")
          + stat_density(geom="line",size=1.3, color="violetred1")
          + theme_bw()+theme(panel.grid = element_blank())
          + theme(plot.title=element_text(hjust=0.5)
          )
```

输入上述命令后按【Enter】键，会出现接受新型药测试的患者年龄分布的直方图的美化效果，可视化效果如图 3-11 所示。

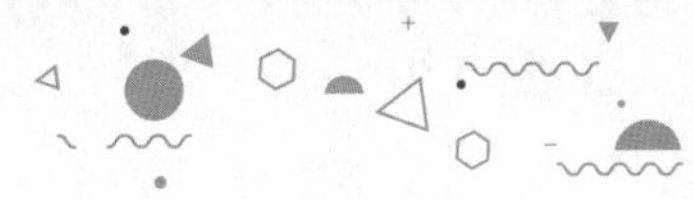

联合可视化图形和 R 语言实现代码可知，在 geom_histgram() 函数中：

（1）参数 fill 用于设置直方图的填充颜色。

（2）参数 color 用于设置直方图的边框颜色。

（3）labs() 函数用于设置图表标题和坐标轴标题。

（4）stat_density() 函数中增加了 color 参数用于设置密度曲线的颜色。

（5）theme_bw() 函数的功能是将整个图表的背景作为白底且去除网格。

4）深入学习绘制基于性别分组的直方图

在调查研究中，研究者经常会按照性别分别讨论新型药的试用效果。下面，按照性别分组分别展示相应的直方图。在 R studio 编辑器的命令行中输入按性别分组的命令，具体如下：

```
> p2+geom_histogram(alpha=0.5,binwidth=5)
      + stat_density(geom="line",size=1.5, aes(color=factor(Sex)))
      + labs(x=" 受试者年龄 ", y=" 年龄分布密度 ", title=" 年龄分布密度图 ")
      + facet_wrap(~Sex,ncol=1)
      + theme_bw()
      + theme(panel.grid = element_blank(),legend.position="none")
      + theme(plot.title=element_text(hjust=0.5))
```

输入上述命令后按【Enter】键，会出现按性别分组情况下接受新型药测试的患者年龄分布的直方图，可视化效果如图 3-14 所示。

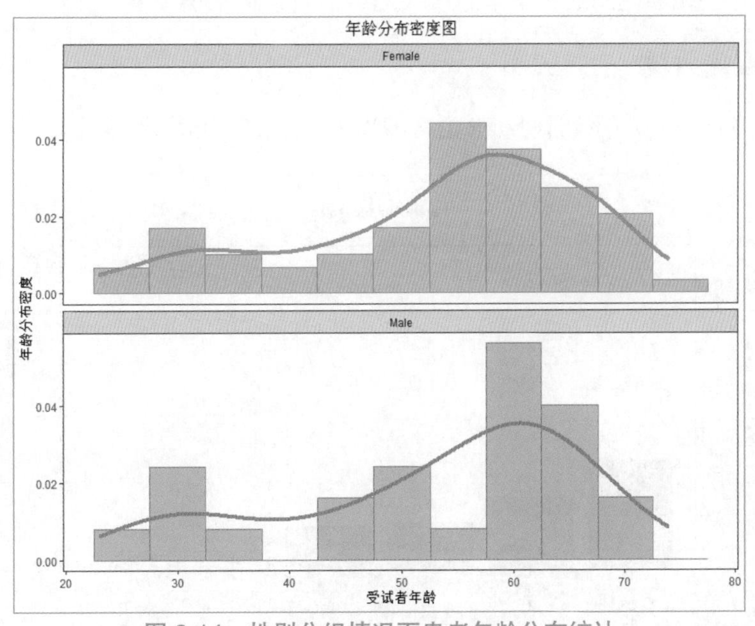

图 3-14　性别分组情况下患者年龄分布统计

联合可视化图形和 R 语言实现代码可知：

（1）stat_density() 函数中增加了 aes() 函数用来设置根据性别的值填充直方图的颜色填充。

（2）facet_wrap(~Sex,ncol=1) 函数则表示按照性别分面且按照一列进行显示。

（3）aes(fill=Sex) 可以实现分组直方图的填充颜色不同。

读者可深入学习每个参数的具体含义并加以实践，从而掌握如何更好地绘制直方图。

案例3.6 华南地区代理经销商销售额贡献率

二维码 3-6

华南地区代理经销商销售额贡献率

帕累托图（Pareto chart）是将出现的质量问题和质量改进项目按照重要程度依次排列而采用的一种图表。

帕累托图以意大利经济学家 V.Pareto 的名字而命名。帕累托图又称排列图、主次图，是按照发生频率大小顺序绘制的直方图，表示有多少结果是由已确认类型或范畴的原因所造成。

3.6.1 任务描述

马 × 作为华南地区海产品的市场销售经理，在华南地区总共授权了 6 个代理经销商。到了年底，想了解一下 2020 年华南地区各个代理商的销售额对比，以便有针对性地制定下一年的海产品资源供给分配。数据分析专员小芳获取了各个代理商的销售额数据，计划绘制基于 R 语言的帕累托图向马经理汇报。

数据来源：代理经销商销售额，data_sea.txt。

案例任务：用帕累托图展示华南地区代理经销商贡献累积频率。

3.6.2 可视化效果

数据分析专员小芳采用统计分析 R 语言编程来绘制帕累托图，可视化效果如图 3-15 所示。

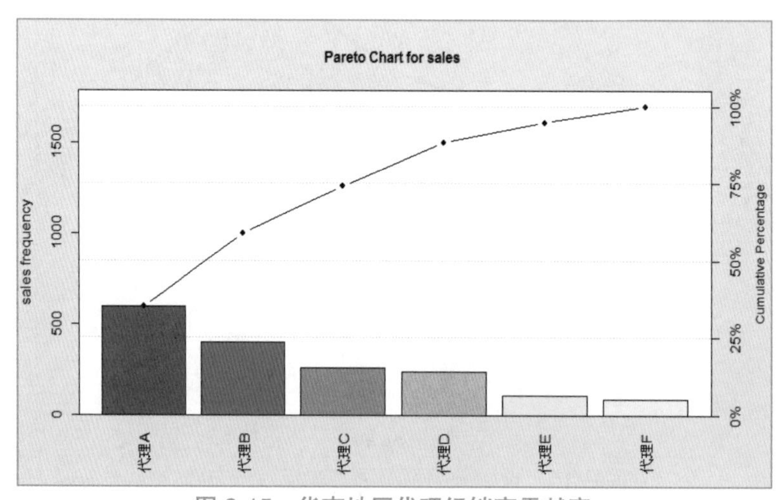

图 3-15　华南地区代理经销商贡献率

观察图 3-15 可知，不同代理商的海产品销售额存在明显差异。整个图表具有如下特点：

（1）标题内容简洁明了，让读者能够一眼就明晰该图的分析主题。

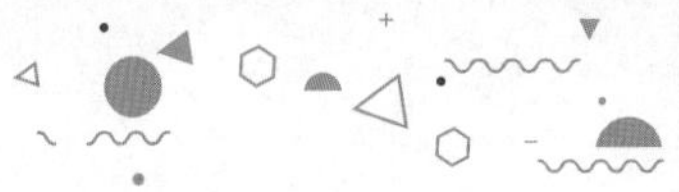

（2）横、纵坐标数值间隔区分清晰明了。

（3）能够直观地展现各家代理经销商销售额度的排名次序。

（4）能够清晰地统计达到一定销售比率的代理经销商是哪几家。

对于R语言绘制图表而言，需要读者必须能够熟练运用R语言编码，具备一定的自学能力。

3.6.3 设计过程

1. 设计思路

（1）学习并了解帕累托图。

（2）导入数据并理解含义。

（3）绘制帕累托图，解读过程性数据和帕累托图。

2. 操作步骤

1）了解帕累托图

帕累托图是一种同时包含柱形图和折线图的图表。在帕累托图中，各个值按降序且由柱形表示，累计总数或者累计百分比由直线表示。

2）正确读入并解读数据的含义

打开 R studio 编辑器，在命令行中输入如下命令：

```
> library(qcc)
> sales <- c(600,400,260,240,110,90)
> names(sales) <- c("代理A", "代理B", "代理C", "代理D","代理E","代理F")
```

在输入上述命令后，就可以知晓华南地区六个代理经销商的名字及其对应的销售额。

3）调用 pareto() 函数绘制帕累托图

在 R studio 编辑器的命令行中输入 pareto() 函数并设置相应的参数选项，命令如下：

```
> pareto.chart(sales,
               ylab = "sales frequency",
               col=heat.colors(length(sales))
              )
```

输入命令后，在绘制帕累托图的过程中会伴随生成数据，如图 3-16 所示。

```
Pareto chart analysis for sales
        Frequency   Cum.Freq.  Percentage Cum.Percent.
代理A  600.000000  600.000000  35.294118   35.294118
代理B  400.000000 1000.000000  23.529412   58.823529
代理C  260.000000 1260.000000  15.294118   74.117647
代理D  240.000000 1500.000000  14.117647   88.235294
代理E  110.000000 1610.000000   6.470588   94.705882
代理F   90.000000 1700.000000   5.294118  100.000000
```

图 3-16　绘图过程中生成的数据

联合可视化图形、帕累托的定义和 R 语言实现代码可知：

（1）Frequency 代表每个代理经销商的销售额，也就是频数。

（2）Cum.Freq 代表累积频数。

（3）Percentage 代表频率。

（4）Cum.Percent 代表累积频率。

只有计算了这些过程性数据，才可以绘制相应的帕累托图。当然，在 R 语言中已经代替人工做了这些工作，绘制的帕累托图效果如图 3-17 所示。

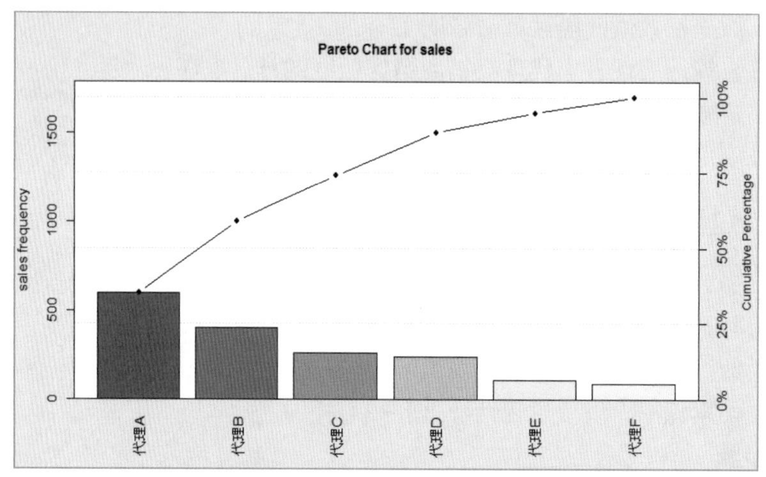

图 3-17　华南地区代理经销商贡献累积频率

仔细阅读图 3-17 可知：

（1）横坐标标识代理商的名字。

（2）主纵坐标轴为各销售额的累积频数范围。

（3）柱形图的高低代表代理商的销售额。

（4）次纵坐标轴为累积频率。

（5）图中的直线代表代理商的逐步累积频数的连线。

（6）柱形的排列是按照销售额从大到小的次序排列

（7）结合过程性数据可以清楚地知道：代理商 A、代理商 B 和代理商 C 的累积频率之和高达 74.12%。

（8）结合过程性数据可以清楚地知道：代理商 A、代理商 B、代理商 C 和代理商 D 的累积频率之和高达 88.24%。

通过帕累托图，有助于市场拓展策略的制订以及产品供货的灵活配置，也有助于市场部经理的统筹考虑。

读者可深入学习每个参数的具体含义并加以实践，从而掌握如何更好地绘制帕累托图。

案例3.7　不同学校初中生身高的统计对比

二维码 3-7

不同学校初中生身高的统计对比

箱线图（box-plot）因形状如箱子而得名，又称为盒须图、盒式图或箱形图，是一种用作显示一组数据分散情况资料的统计图。箱线图在各种领域也经常被使用，常见于品质管理。

箱线图主要用于反映原始数据分布的特征，还可以进行多组数据分布特征的比较。箱线图的绘制方法是：先找出一组数据的上边缘、下边缘、中位数和两个四分位数；然后，连接两个四分位数画出箱体；再将上边缘和下边缘与箱体相连接，中位数在箱体中间。

3.7.1　任务描述

为了调研某地区初中生身高情况，区教委组织数据调查小组就区内的七所初中进行了初二学生身高的数据调研。为了进一步对不同学校的调研数据进行统计分析，数据分析专员小芳计划绘制基于 R 语言的箱线图，来向区教委提交统计分析报告。

数据来源：不同学校的初中生身高数据，data_height.txt。

案例任务：用箱线图统计分析不同学校初中生身高的统计对比。

3.7.2　可视化效果

数据分析专员小芳采用统计分析 R 语言编程来绘制箱线图，可视化效果如图 3-18 所示。

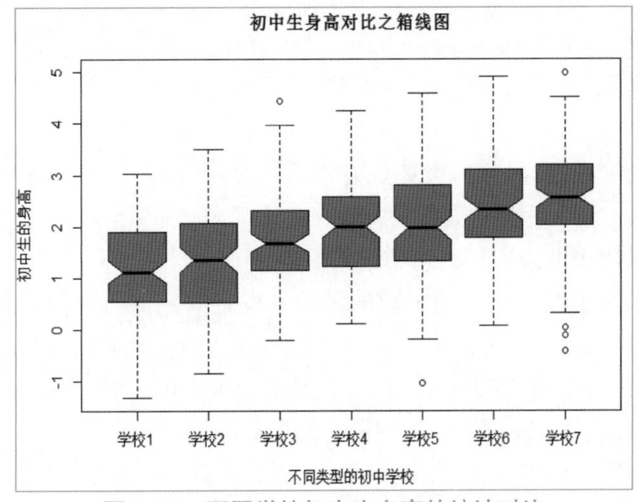

图 3-18　不同学校初中生身高的统计对比

观察图 3-18 可知，不同初中学校学生的身高存在一定差异。整个图表具有如下特点：

（1）标题内容简洁明了，让用户和读者能够一眼就明晰该图的分析主题。

（2）横、纵坐标数值间隔区分清晰明了。

（3）能够直观地展现所有学校初中生身高信息的对比情况。

（4）能够清晰地知晓平均身高最高和最低的学校名称。

对于 R 语言绘制图表而言，需要读者必须能够熟练运用 R 语言编码，具备一定的自学能力。

3.7.3　设计过程

1. 设计思路

（1）学习并了解箱线图。

（2）能够解读输入的数据。

（3）调用 boxplot() 函数绘制可视化图。

（4）修改参数下 boxplot() 函数的可视化绘制效果。

2. 操作步骤

1）了解箱线图

箱线图是由五个特征值绘制而成的图形。五个特征值分别是变量的最大值、最小值、中位数、第1四分位数和第3四分位数。连接两个分位数画出一个箱子，箱子用中位数分割，把两个极值点与箱子用线条连接，即成箱线图。

2）正确读入并解读数据的含义

打开 R studio 编辑器，在命令行中输入如下命令：

```
> library(qcc)
> par(bg="white")
> each <- 7
> set.seed(19)
> set_height <- gl(each, 100, each*100)
> sample_height <- rnorm(each*100) + sqrt(as.numeric(each))
> names-school <-c("学校1", "学校2", "学校3", "学校4", "学校5", "学校6",
"学校7", )
```

上述命令中，各参数及函数的含义介绍如下：

（1）par(bg="white") 设置绘图背景为 white。

（2）each 变量代表调查取样的初中学校的数量。

（3）set.seed() 用于设定生成随机数的种子，设定固定值可以使得程序再次运行时生成一样的数值。

（4）gl() 函数中第一个参数 each 表示学校因子水平的个数，第二个参数 100 表示在每个学校取样学生人数为 100，第三个参数代表的是调查数据的总长度。

（5）rnorm() 函数表示生成的数值会随机正态分布并随机抽取 100 次的值。

关于 gl() 函数，其调用形式为 gl(n, k, length = n*k, labels = 1:n, ordered = FALSE)，具体含义分别介绍如下：

（1）n 取值为正整数，表示因子水平的个数。

（2）k 取值为正整数，表示每个水平重复的次数。

（3）length 取值为正整数，表示因子向量的长度，默认值为 $n \times k$。

（4）labels 默认值为 1:n，表示因子水平的名称。

（5）ordered 是逻辑变量且默认值为 FALSE，表示因子水平是否有次序。

关于 rnorm() 函数，应该知道该函数首先会随机正态分布，然后随机抽样或者取值 n 次。rnorm() 中的 r 表示随机，可以替换为 dnorm、pnorm、qnorm 作不同计算。其中，d 是 density，表示密度；p 是 probability，表示概率；q 是 quantile，表示分位。

通常，rnorm() 函数采用给出三个参数的形式 rnorm(n,mean,sd)，具体含义为：

（1）n 为产生随机值的个数。

（2）mean 是平均数。

（3）sd 是标准差。

例如，rnorm(5,0,1) 表示生成服从 N(0,1) 正态分布的五个值。

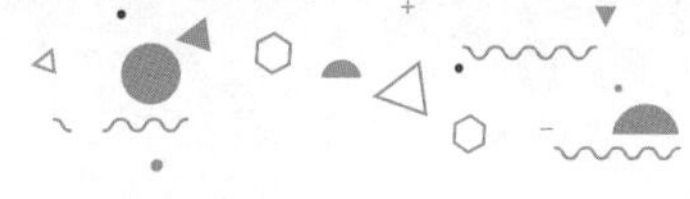

3）调用 boxplot() 函数绘制箱线图

在命令行中输入 boxplot() 函数并设置相应的参数选项，命令如下：

```
> boxplot(split(sample_height,set_height),
          col="violetred1",
          notch=TRUE,
          names=names_school
          )
> title(main="初中生身高对比之箱线图",
        xlab="不同类型的初中学校",
        ylab="初中生的身高",
        font.main=2,
        font.lab=1
        )
```

输入命令后按【Enter】键，即可看到不同学校初中生身高对比的箱线图，可视化效果如图 3-20 所示。

在用 boxplot() 函数绘制箱线图的过程中：

（1）split() 函数将生成的所有数值分组。

（2）设定颜色 col 为 violetred1。

（3）notch=TRUE 表示绘制含凹槽的箱线图。

（4）names 用于设置每一个箱线图所对应的横坐标轴标签，即分组标签。

在 title() 命令中，各个参数的具体含义介绍如下：

（1）参数 main 用于设定图表标题。

（2）参数 xlab 用于设定横坐标轴数值标题。

（3）参数 ylab 用于设定纵坐标轴数值标题。

（4）font.main=2 用于设定标题显示为粗体。

（5）font.lab=1 设定坐标轴名称的字体样式。

读者可深入学习每个参数的具体含义并加以实践，从而掌握如何更好地绘制箱线图。

案例3.8　不同类型汽车油耗性能对比

散点图是指在回归分析中，数据点在直角坐标系平面上的分布图。在散点图中，能够表示因变量随自变量而变化的大致趋势。在数据分析中，常常依据散点图选择合适的函数对数据点进行拟合。通常，散点图用两组数据构成多个坐标点，考察坐标点的分布来判断两变量之间是否存在某种关联以进而找到变量之间的函数关系，也可用来总结直角坐标系平面上坐标点的分布模式。

二维码 3-8

不同类型汽车油耗性能对比 1

本小节就是学习如何用散点图来呈现不同类型汽车的油耗性能。

二维码 3-8

不同类型汽车油耗性能对比 2

3.8.1 任务描述

车迷爱好者罗枫儿搜集整理了大多数汽车的耗油与里程的关系。数据分析专员小芳计划绘制基于 R 语言的散点图，来观察和分析汽车的耗油与里程的关系，同时也用于检验罗枫儿的统计分析结果的准确性。

数据来源：R 语言自带数据集 - mtcars 数据集。

案例任务：用散点图统计分析不同类型汽车油耗性能对比。

二维码 3-8

网站不同时段访问量的对比散点图 3

3.8.2 可视化效果

散点图通常是用来表述两个连续变量之间的关系，图中每个点表示目标数据集中的每个样本。数据分析专员小芳采用统计分析 R 语言编程来完成本任务的散点图，可视化效果如图 3-19 所示。

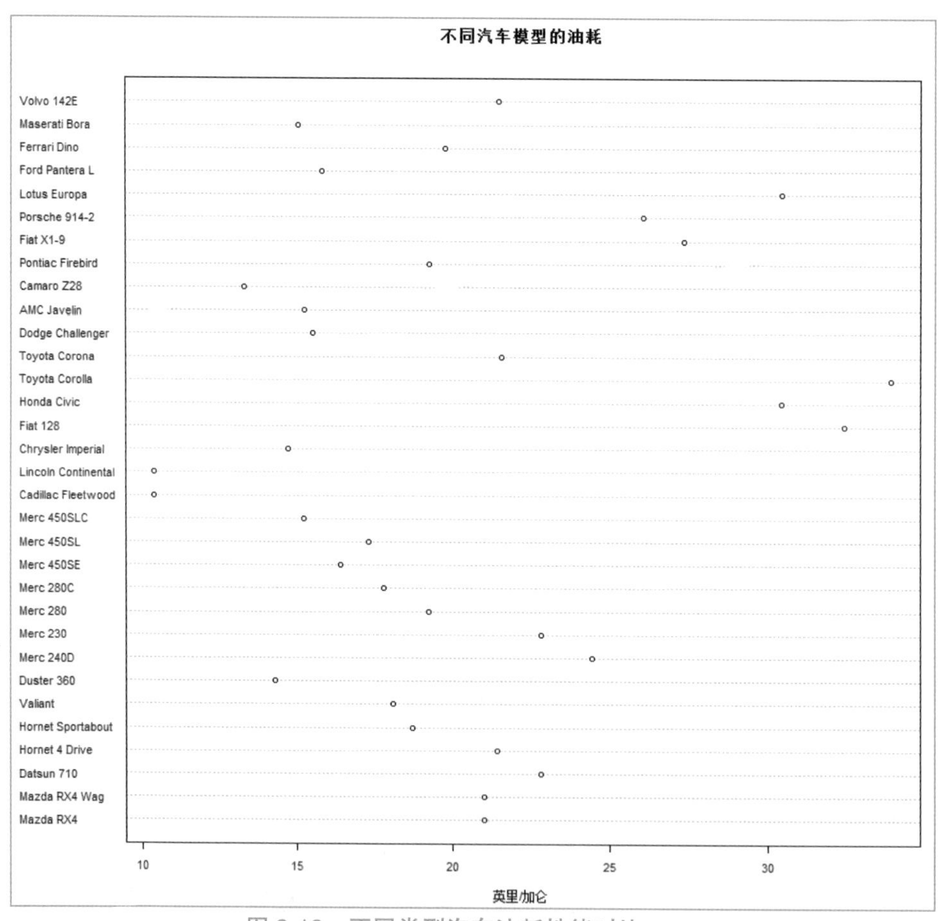

图 3-19　不同类型汽车油耗性能对比

观察图 3-19 可知，不同汽车每里程的耗油量分布较为分散，存在很大差异。整个散点图具有如下特点：

（1）标题内容简洁明了，让用户和读者能够一眼就明晰该图的分析主题。

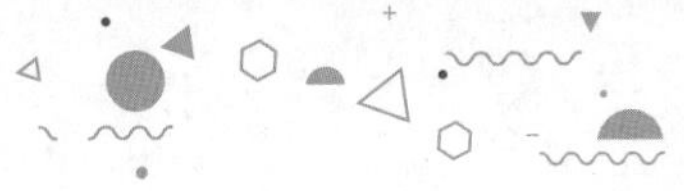

（2）横、纵坐标数值间隔区分清晰明了。

（3）数据点按照其对应的横纵坐标位置呈现在坐标系中。

对于 R 语言绘制图表而言，需要读者必须能够熟练运用 R 语言编码，具备一定的自学能力。

3.8.3　设计过程

1. 设计思路

（1）能够解读输入的数据，了解汽车不同性能的变量及其含义。

（2）调用 dotchart() 函数绘制可视化散点图。

（3）修改 dotchart() 函数的参数来美化可视化效果。

2. 操作步骤

1）正确读入并解读数据的含义

打开 R studio 编辑器，在命令行中输入 mtcars，具体命令如下：

```
> library(qcc)
> mtcars
```

在输入上述命令后，按【Enter】键就可以看到所有汽车的相关信息，详情如图 3-22 所示。R 软件中的 mtcars 数据集摘自 1974 年《美国汽车趋势》杂志，共包含 32 辆汽车（1973—1974 年型号）记录。如图 3-20 所示，汽车性能包括油耗、排量、汽车设计等 10 个方面，汽车相关变量所代表的含义介绍如下。

> mtcars

	mpg	cyl	disp	hp	drat	wt	qsec	vs	am	gear	carb
Mazda RX4	21.0	6	160.0	110	3.90	2.620	16.46	0	1	4	4
Mazda RX4 Wag	21.0	6	160.0	110	3.90	2.875	17.02	0	1	4	4
Datsun 710	22.8	4	108.0	93	3.85	2.320	18.61	1	1	4	1
Hornet 4 Drive	21.4	6	258.0	110	3.08	3.215	19.44	1	0	3	1
Hornet Sportabout	18.7	8	360.0	175	3.15	3.440	17.02	0	0	3	2
Valiant	18.1	6	225.0	105	2.76	3.460	20.22	1	0	3	1
Duster 360	14.3	8	360.0	245	3.21	3.570	15.84	0	0	3	4
Merc 240D	24.4	4	146.7	62	3.69	3.190	20.00	1	0	4	2
Merc 230	22.8	4	140.8	95	3.92	3.150	22.90	1	0	4	2
Merc 280	19.2	6	167.6	123	3.92	3.440	18.30	1	0	4	4
Merc 280C	17.8	6	167.6	123	3.92	3.440	18.90	1	0	4	4
Merc 450SE	16.4	8	275.8	180	3.07	4.070	17.40	0	0	3	3
Merc 450SL	17.3	8	275.8	180	3.07	3.730	17.60	0	0	3	3
Merc 450SLC	15.2	8	275.8	180	3.07	3.780	18.00	0	0	3	3
Cadillac Fleetwood	10.4	8	472.0	205	2.93	5.250	17.98	0	0	3	4
Lincoln Continental	10.4	8	460.0	215	3.00	5.424	17.82	0	0	3	4
Chrysler Imperial	14.7	8	440.0	230	3.23	5.345	17.42	0	0	3	4
Fiat 128	32.4	4	78.7	66	4.08	2.200	19.47	1	1	4	1
Honda Civic	30.4	4	75.7	52	4.93	1.615	18.52	1	1	4	2
Toyota Corolla	33.9	4	71.1	65	4.22	1.835	19.90	1	1	4	1
Toyota Corona	21.5	4	120.1	97	3.70	2.465	20.01	1	0	3	1
Dodge Challenger	15.5	8	318.0	150	2.76	3.520	16.87	0	0	3	2
AMC Javelin	15.2	8	304.0	150	3.15	3.435	17.30	0	0	3	2
Camaro Z28	13.3	8	350.0	245	3.73	3.840	15.41	0	0	3	4
Pontiac Firebird	19.2	8	400.0	175	3.08	3.845	17.05	0	0	3	2
Fiat X1-9	27.3	4	79.0	66	4.08	1.935	18.90	1	1	4	1
Porsche 914-2	26.0	4	120.3	91	4.43	2.140	16.70	0	1	5	2
Lotus Europa	30.4	4	95.1	113	3.77	1.513	16.90	1	1	5	2
Ford Pantera L	15.8	8	351.0	264	4.22	3.170	14.50	0	1	5	4
Ferrari Dino	19.7	6	145.0	175	3.62	2.770	15.50	0	1	5	6
Maserati Bora	15.0	8	301.0	335	3.54	3.570	14.60	0	1	5	8
Volvo 142E	21.4	4	121.0	109	4.11	2.780	18.60	1	1	4	2

图 3-20　mtcars 数据详情

（1）MPG（miles/(US) gallon）：指每加仑汽油可维持的英里数。

（2）cyl（number of cylinders）：指汽车的气缸个数。

（3）disp（displacement (cu.in.)）：指排量，单位为立方英寸。

（4）HP（gross horsepower）：指汽车的马力。

（5）drat（rear axle ratio）：指汽车的后轴比。

（6）WT（weight (1000 lbs)）：指汽车的重量，单位为 1 000 磅。

（7）qsec（1/4 mile time）：指 1/4 英里所耗费的时间。

（8）vs（engine (0 = V-shaped, 1 = straight)）：表示汽车引擎形状。

（9）am（transmission (automatic, manual)）：表示变速箱的类型。

（10）gear（number of forward gears）：表示前进挡数。

（11）carb（number of carburetors）：表示化油器数量。

2）调用 dotchart() 函数绘制散点图

在 R studio 编辑器的命令行中输入 dotchart() 函数并设置相应的参数选项，命令如下：

```
> dotchart(mtcars$mpg,
          labels=row.names(mtcars),
          cex=0.7,
          main="不同汽车模型的油耗",
          xlab="英里 / 加仑"
          )
```

输入命令后，可以看到不同型号汽车油耗性能对比的散点图，可视化效果如图 3-19 所示。

3）修改 dotchart() 函数的参数来美化散点图

直接观察如图 3-19 所示的散点图会发现：二维坐标内一堆杂乱无章的数据点，虽然可以得出最大值和最小值，但很难在短时间内得出更多有用的信息。在本小节，可以对数据点的值进行排序，将所有的数据点按照油缸数（cyl）进行分组并且用不同的颜色显示。

在 R studio 编辑器的命令行中输入 dotchart() 函数并设置相应的参数选项，命令如下：

```
> x <- mtcars[order(mtcars$mpg),]
> x$cyl <-factor(x$cyl)
> x$color[x$cyl==4] <- "red"
> x$color[x$cyl==6] <- "blue"
> x$color[x$cyl==8] <- "darkgreen"
> dotchart(x$mpg, labels=row.names(x),
        + cex=0.7, groups=x$cyl, gcolor="black",
        + color=x$color, pch=19,
        + main="按照油缸大小分组下不同汽车模型的油耗情况",
        + xlab="英里 / 加仑"
        )
```

示例代码的逻辑思路介绍如下：

（1）首先调用 order() 函数依据 mpg 进行排序。

（2）然后调用 factor() 将 cyl 油缸变成因子数据结构类型。

（3）然后再新建一个 color 变量，依据油缸不同赋予不同的显示颜色。

（4）最后调用 dotchart() 进行散点图的绘制。

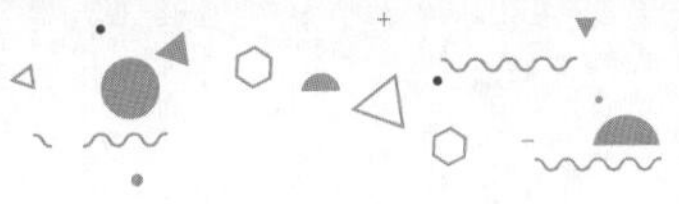

在 dotchart() 绘制过程中，具体参数的含义为：

（1）x$mpg 为显示的数据点对象。

（2）labels 为显示的标签。

（3）cex 为显示字体的大小。

（4）groups=x$cyl 表示按照 cyl 油缸大小进行分组。

输入命令后，可以看到按照油缸大小分组下不同型号的汽车油耗性能对比的散点图，可视化效果如图 3-21 所示。

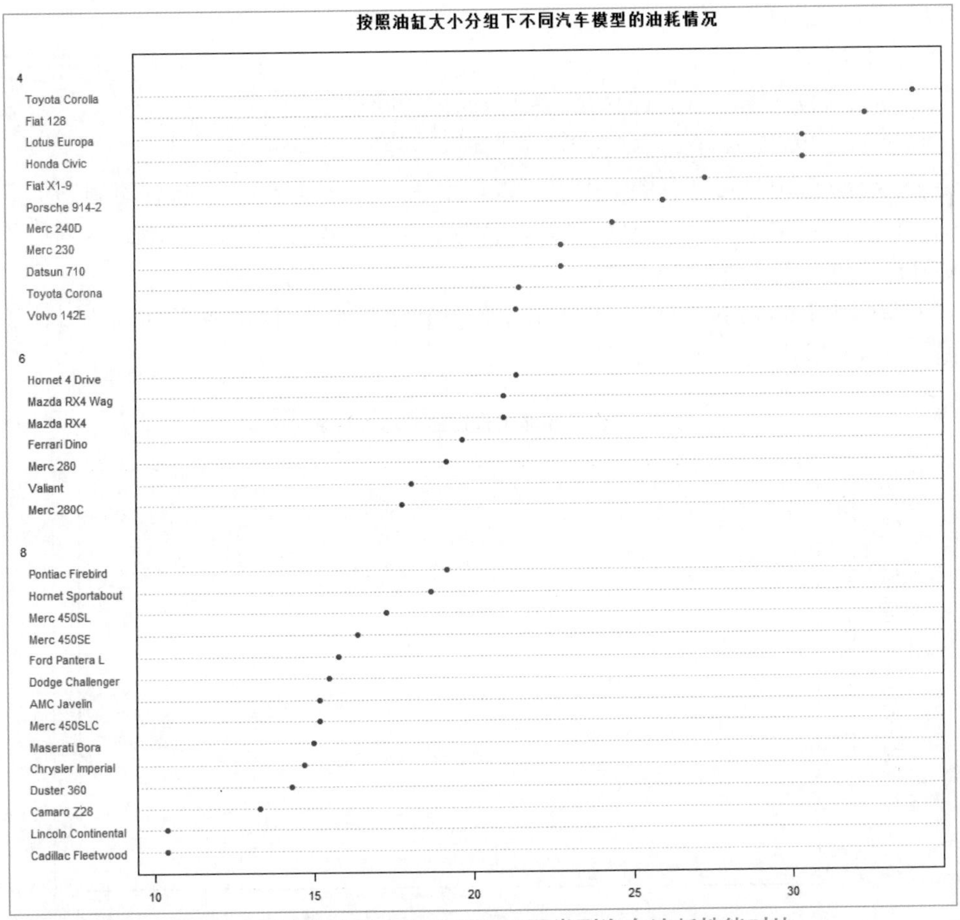

图 3-21　按照油缸大小分组下不同类型汽车油耗性能对比

4）散点图中点与点之间连线的绘制

在绘制的散点图中，根据需求调用 lines() 函数绘制线段将散点相连接。

下面给出一个简单案例：数据分析员小芳统计了一家电子商务网站一周内在工作日和非工作日中下午 1 点到晚上 8 点的网站访问量，计划绘制相应的散点图并将散点连线起来，以查看网站访问趋势。

在 R studio 编辑器的命令行中输入语句并设置相应的参数选项，命令如下：

```
> t <- rep(1:8)
```

```
> access_v1 <- c(245,356,210,189,345,234,191,452)
> access_v2 <- c(345,451,541,548,600,720,650,560)
> plot(c(1,8), c(100,750), type="n", xlab=" 时间 : 下午 1 点到晚上 8 点 ",+ ylab=" 网站一周内的平均访问次数 ")
> abline(h=seq(100,750,by=40),v=0:8,col="lightgray",lty=3)
> title(main=" 工作日和非工作日的平均访问量对比 ")
> lines(t,access_v1,col="red",lwd=2)
> lines(t,access_v2,col="blue",lwd=2)
```

仔细阅读 R 语言实现代码可知：

（1）向量 t 表示时间 1~8 点。

（2）access_v1 为非工作日网站在 1~8 点时的访问量。

（3）access_v2 为工作日网站在 1~8 点时的访问量。

由于 lines() 必须是在已有图形上进行线段绘制，所以需先采用 plot() 绘制一个空图作为基础。在 plot() 函数设置坐标轴范围和标签的基础上，调用 abline() 绘制背景网格，以便读者更好地识别和确定数据点的位置。

输入命令按【Enter】键后，可以看到工作日和非工作日网站的平均访问量对比的散点连线图，可视化效果如图 3-22 所示。

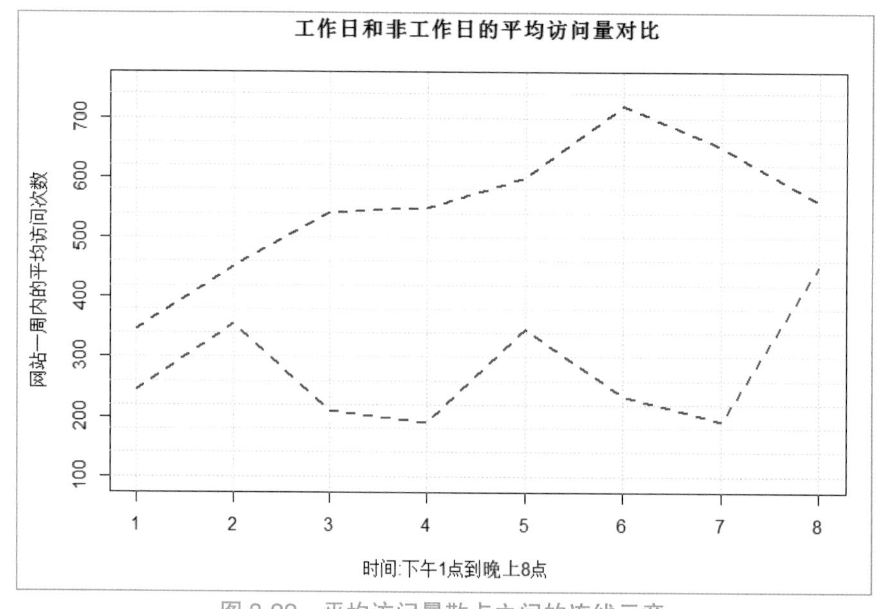

图 3-22　平均访问量散点之间的连线示意

5）突出散点连线上点标识

观察图 3-22 可知，通过设置数据点的标识，能够凸显对应时刻的数据，使之更加醒目，让上级看起来更加容易定位。如果网站仅需要工作日的平均访问量，在 R studio 编辑器的命令行中输入语句并设置相应的参数选项，命令如下：

```
> par(lty=2,pch=17)
```

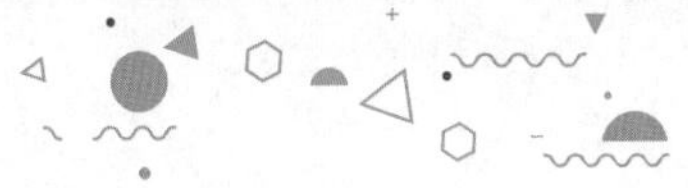


```
> plot(t,access_v1)
> lines(t,access_v1,col="red",lwd=2)
```

输入命令后，可以看到工作日网站访问情况的散点连线图并凸显数据点标识，可视化效果如图 3-23 所示。

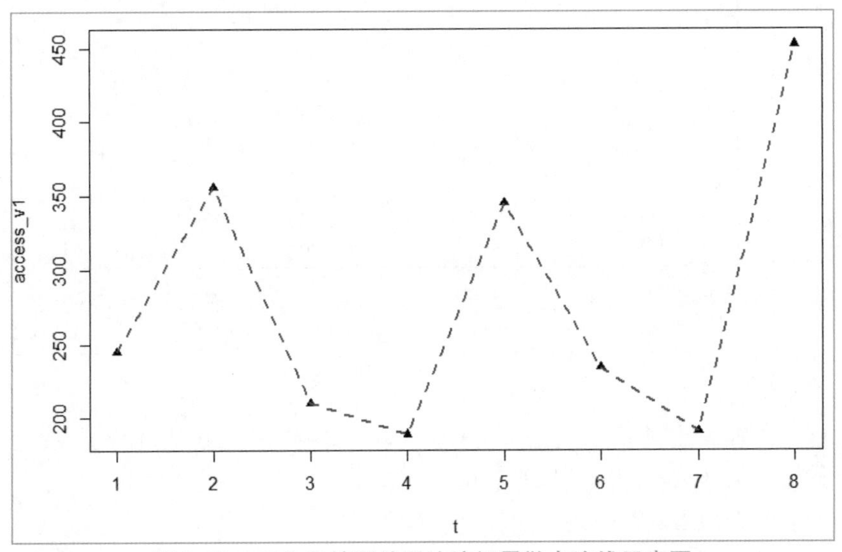

图 3-23　工作日的网站平均访问量散点连线示意图

读者可深入学习每个参数的具体含义并加以实践，从而掌握如何更好地绘制散点图。

通过学习，可以知道：散点图将序列显示为一组坐标点，点的数值由图表中位置表示，点的类别由图表中不同的标记表示。

案例3.9　布朗运动之间的距离

面积填充图就是在两条折线之间进行填充的面积图。

二维码 3-9

布朗运动之间的距离

3.9.1　任务描述

现在采用著名的布朗运动实验，学习绘制基于 R 语言的布朗运动之间距离的图形填充。

数据来源：布朗运动模拟实验数据。

案例任务：如何进行图形的颜色填充。

3.9.2　可视化效果

数据分析专员小芳采用统计分析 R 语言编程来完成布朗运动的图形填充，可视化效果如图 3-24 所示。观察可知，整个图表具有如下特点：

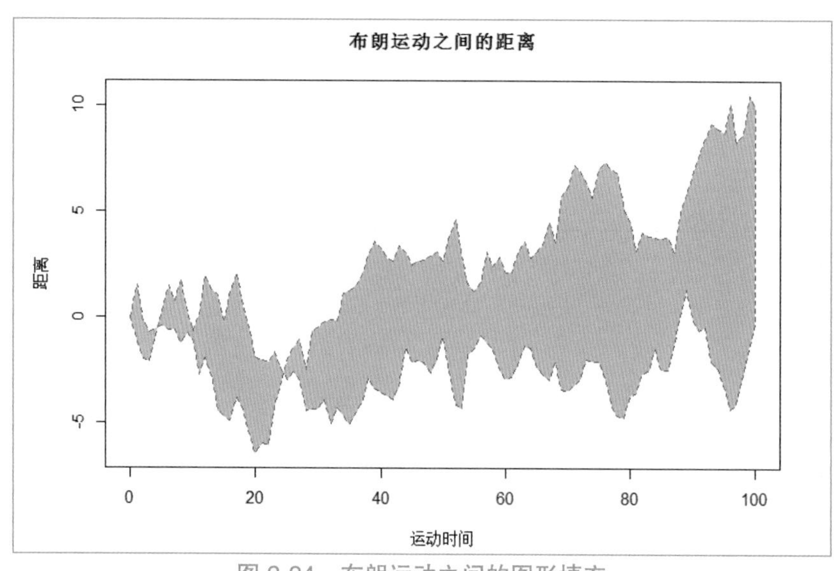

图 3-24　布朗运动之间的图形填充

（1）标题内容简洁明了，让用户和读者能够一眼就明晰该图表的分析主题。

（2）能够清晰地看到图形的填充颜色。

（3）能够清晰地看到图形填充边界的颜色。

对于R语言绘制图表而言，需要读者必须能够熟练运用R语言编码，具备一定的自学能力。

3.9.3　设计过程

1. 设计思路

（1）能够解读输入的数据。

（2）调用 ploy() 函数绘制可视化图的基础。

（3）修改参数下 ploygon() 函数的可视化绘制效果。

2. 操作步骤

1）正确读入并解读数据的含义

打开 R studio 编辑器，在命令行中输入如下命令：

```
> n <- 100
> x <- c(0, cumsum(rnorm(n)))
> y <- c(0, cumsum(rnorm(n)))
> xx <- c(0:n, n:0)
> yy <- c(x, rev(y))
```

在输入上述命令后，按【Enter】键后即可获取布朗运动的模拟数据。

2）调用 plot() 函数绘制

在 R studio 编辑器的命令行中输入 plot() 函数绘制基础图形，命令如下：

```
> plot(xx, yy, type="n", xlab=" 运动时间 ", ylab=" 距离 ")
```

3）调用 ploygon() 函数绘制

在 R studio 编辑器的命令行中输入 ploygon() 函数，继续进行图形的颜色填充并设置相应的图形标题，命令如下：

```
> polygon(xx, yy, col="gray",border="red")
> title(" 布朗运动之间的距离 ")
```

输入命令后，可以看到布朗运动之间的距离的图形填充效果，可视化效果如图 3-26 所示。

联合可视化图形和 R 代码可知，在 ploygon() 函数中：

（1）col= “gray” 代表填充的颜色。

（2）border= “red” 代表图像边界的颜色。

这里需要介绍一下，ploygon() 函数用于为图形填充颜色，其调用形式为：

```
polygon(x, y = NULL,
        density = NULL, angle = 45,
        border = NULL, col = NA,
        lty = par("lty"),..., fillOddEven = FALSE
        )
```

其中，各个参数的含义介绍如下：

（1）density 为填充的阴影线的密度。

（2）angle 为阴影线的斜率，也可以称为角度。

（3）border 可设置边框的颜色。若 border 设置为 TRUE 或 FALSE 的逻辑值，则 TRUE 代表为前景色，FALSE 则为 NULL。

当需要纯色填充时，density 和 angle 可以忽略不写。

读者可深入学习每个参数的具体含义并加以实践，从而掌握如何更好地进行图形填充。

案例3.10 汽车不同性能变量间的相关关系

二维码 3-10

汽车不同性能变量间的相关关系

在现实经济生活中，常常会遇到这样一类关系：一个或几个相互联系的自变量取一定的数值时，存在与之相对应的因变量，而且因变量的值会按照某一种规律在一定范围内发生变化，自变量和因变量之间的这种相互关系称为具有不确定性的相关关系。相关关系是客观现象存在的一种非确定的相互依存关系，即自变量的每一个取值，因变量由于受随机因素影响，与其所对应的数值是非确定性的。在相关分析中，自变量和因变量没有严格的区别，可以互换。

相关性表示两组数据之间的关系是否“相似”或“相近”。但当遇到多组数据时，如何直观地比较各组数据之间的相关性是大家比较关注的一个问题，相关图可以通过对相关系数矩阵的可视化来解决这一问题。本案例就是讲解如何用相关系数矩阵图来表示多组变量之间的相关关系。

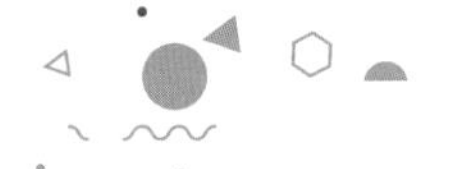

3.10.1 任务描述

车迷爱好者罗枫儿知道 mtcars 数据集中不同型号的汽车有多达 11 个变量，很好奇这些变量之间有没有关系。数据分析专员小芳计划绘制基于 R 语言的相关关系图，来观察变量之间的相关关系。

数据来源：R 语言自带数据集 - mtcars 数据集。

案例任务：用相关关系图来分析汽车 7 个变量之间的相关关系。

3.10.2 可视化效果

数据分析专员小芳采用统计分析 R 语言编程来绘制相关关系图，可视化效果如图 3-25 所示。

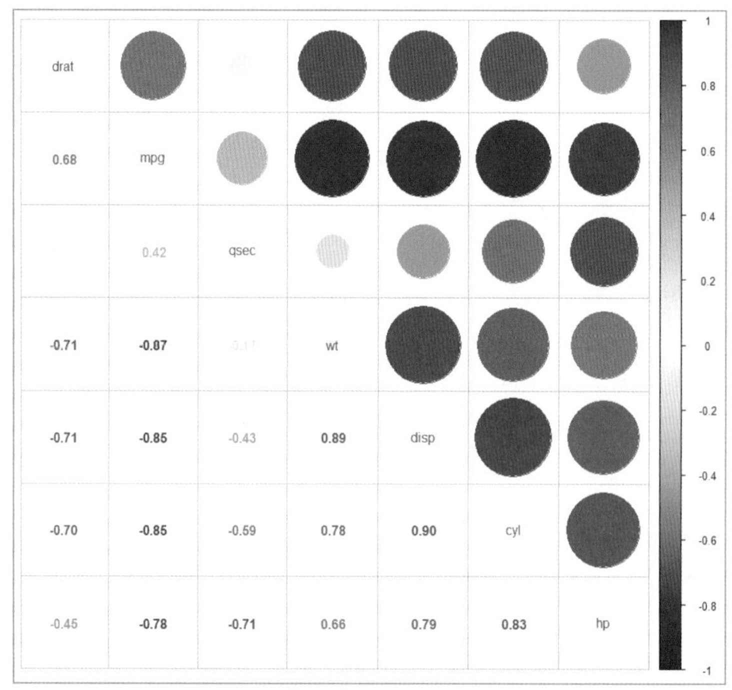

图 3-25　汽车七个变量之间的相关关系

观察图 3-25 可知，不同型号的汽车若干变量之间存在一定的相关关系。整个可视化相关关系图具有如下特点：

（1）能够直观地展现汽车不同性能变量之间的相关关系的强弱。

（2）用不同颜色来表征两个变量之间相关系数的方向。其中，蓝色表示两个变量成正相关，红色表示两个变量成负相关。

（3）颜色深浅程度不同标识相关性的大小。其中，色彩越深，相关性越大。

对于 R 语言绘制图表而言，需要读者必须能够熟练运用 R 语言编码，具备一定的自学能力。

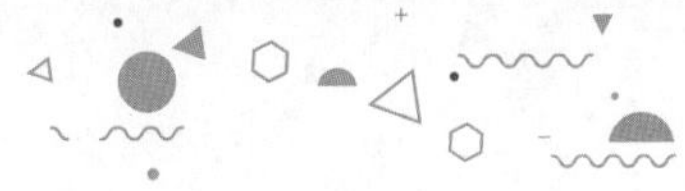

3.10.3　设计过程

1. 设计思路

（1）能够解读输入的数据。

（2）调用 corrplot() 函数绘制相关关系图。

（3）优化 corrplot() 函数来美化绘制效果。

2. 操作步骤

1）正确读入并解读数据的含义

打开 R studio 编辑器，在命令行中输入如下命令，按【Enter】键后会显示 mtcars 数据集。

```
> mtcars
```

2）调用 corrplot() 函数绘制相关关系图

如图 3-26 所示，要绘制汽车七个变量的相关关系，调用函数 corrplot 即可绘制所有参数均为默认情况下的相关系数图。在 R studio 编辑器的命令行中输入 corrplot() 函数绘制，命令如下：

```
> corr <- cor(mtcars[1:7])
> library(corrplot)
corrplot 0.92 loaded
> corrplot(corr=corr)
```

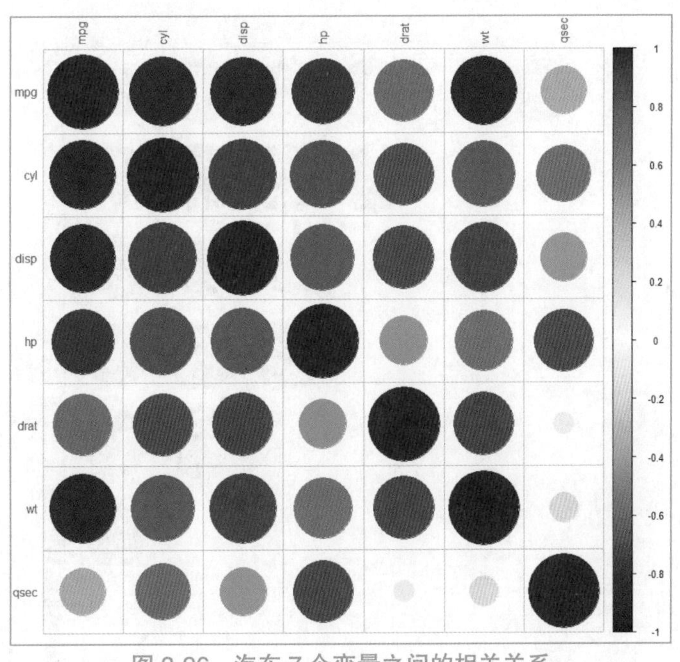

图 3-26　汽车 7 个变量之间的相关关系

3）修改 corrplot() 函数的参数美化绘制效果

单独观察图 3-26，只能够直观地比较两个变量之间相关关系的大小，但对量化值的大小不够明晰。为了更好地展示多个变量之间的相关系数，将对称显示的效果修改为上三角显示方式。

在 R studio 编辑器的命令行中修改 corrplot() 函数的参数，具体代码如下：

```
> corrplot(corr=corr, order="AOE", type="upper", tl.pos = "d")
```

输入命令按【Enter】键后，可以看到修改参数后的上三角相关关系图，可视化效果如图 3-29 所示。当然，学习者还可以修改参数，输入如下命令：

```
> corrplot(corr=corr,
          add=T, type="lower",
          method = "number",
          order = "AOE",
          diag = F,
          tl.pos = "n",
          cl.pos = "n"
          )
```

输入上述命令后按【Enter】键，会出现任务要求的相关系数可视化图，可视化效果如图 3-25 所示。

4）实现显示相关系数值的图

如果仅仅想获得变量两两之间的相关系数，学习者可以输入如下代码，可以获取汽车四个变量之间的相关关系的值，如图 3-27 所示。

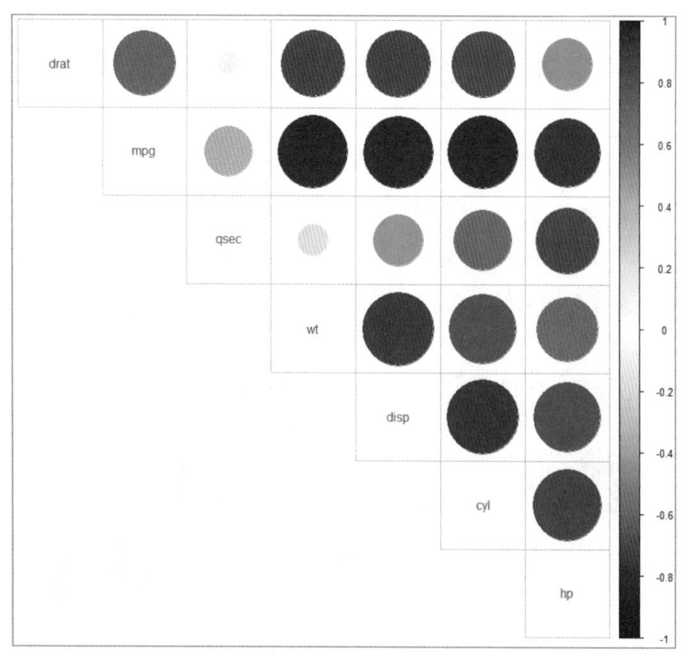

图 3-27　汽车四个变量之间的相关关系

```
> corr <- cor(mtcars[1:4])
```

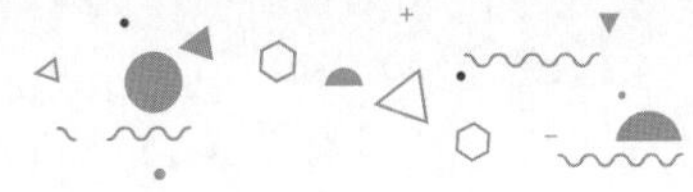


```
> corrplot(corr=corr, method = "number", col="black", cl.pos="n")
```

输入上述命令后按【Enter】键，会出现汽车四个变量间相关系数值的图，可视化效果如图 3-28 所示。

	mpg	cyl	disp	hp
mpg	1.00	−0.85	−0.85	−0.78
cyl	−0.85	1.00	0.90	0.83
disp	−0.85	0.90	1.00	0.79
hp	−0.78	0.83	0.79	1.00

图 3-28　汽车四个变量间相关关系的值

读者可深入学习每个参数的具体含义并加以实践，从而掌握如何进行相关关系图的绘制。

案例3.11　不同品种鸢尾花的高度和宽度的相关系数

相关系数是用以反映变量之间相关关系密切程度的统计指标。日常生活中常见商场开门迎客的促销活动。从应用示例可知，进店人数作为自变量，销售额作为因变量。虽然进店人数多不能确保每个顾客都会带来营业额，但总体而言，进店人数越多销售额也相应会高一些。相关关系表明自变量和因变量之间有一定的关系，但是又没有一个确定的具体联系。

二维码 3-11

不同品种鸢尾花的高度和宽度的相关系数

3.11.1　任务描述

鸢尾花卉(iris)数据集是R软件中很常用的一个数据集，常用于数据分析和机器学习等。鸢尾花有三个亚属，分别是山鸢尾（iris-setosa）、变色鸢尾（iris-versicolor）和维吉尼亚鸢尾（iris-virginica）。该数据集共包含 150 个样本，其中包含四个特征变量和一个类别变量。其中，研究重点是样本萼片的长、宽和花瓣的长、宽共四个属性。数据分析专员小明针对鸢尾花卉数据集，抽取部分数据，计划绘制鸢尾花卉两个品种的长和宽之间的相关关系图。

数据来源：R 语言自带数据集 - iris 数据集。

案例任务：不同品种鸢尾花的高度和宽度的相关关系。

3.11.2 可视化效果

数据分析专员小明采用统计分析 R 语言编程来绘制相关关系图，可视化效果如图 3-29 所示。

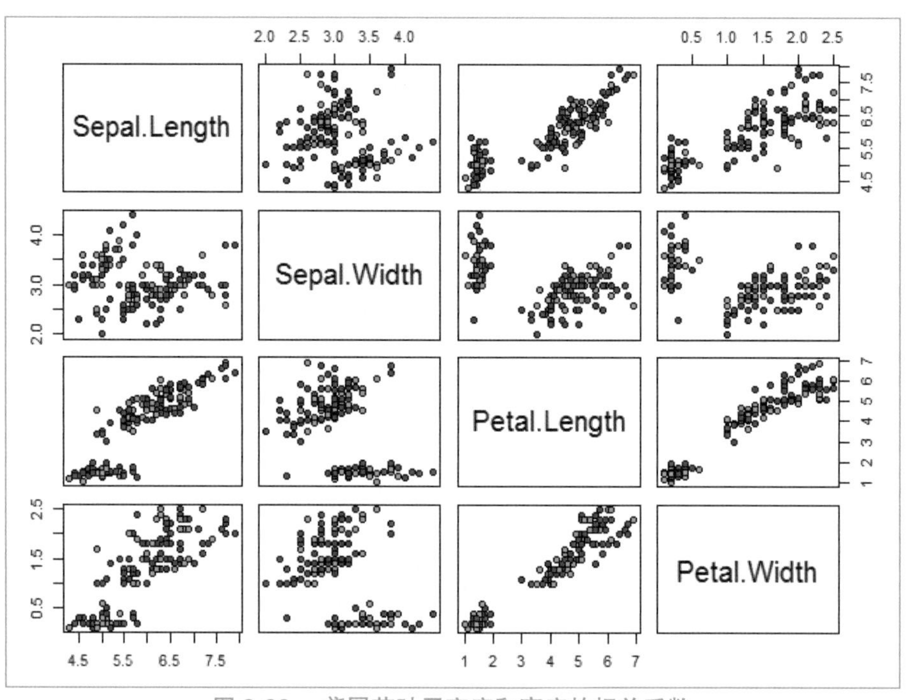

图 3-29 鸢尾花叶子宽度和高度的相关系数

观察图 3-29 可知，样本萼片和花瓣的长宽存在一定的相关关系。整个可视化相关关系图具有如下特点：

（1）能够直观识别属性名称。

（2）能够观察出鸢尾花萼片和花瓣宽度和高度之间的相关关系。

对于 R 语言绘制图表而言，需要读者必须能够熟练运用 R 语言编码，具备一定的自学能力。

3.11.3 设计过程

1. 设计思路

（1）能够解读输入的数据，获取鸢尾花的数据。

（2）截取部分数据，分析鸢尾花长度和宽度间的相关关系。

2. 操作步骤

1）正确读入并解读数据的含义

打开 R studio 编辑器，在命令行中输入如下命令：

```
> iris
```

按【Enter】键会显示鸢尾花数据集，示意如图 3-30 所示。

若想获取鸢尾花的品种名称的集合，可以输入如下命令：

```
> unique(iris$Species)
```

```
> iris
  Sepal.Length Sepal.Width Petal.Length Petal.Width  Species
1          5.1         3.5          1.4         0.2   setosa
2          4.9         3.0          1.4         0.2   setosa
3          4.7         3.2          1.3         0.2   setosa
4          4.6         3.1          1.5         0.2   setosa
5          5.0         3.6          1.4         0.2   setosa
6          5.4         3.9          1.7         0.4   setosa
7          4.6         3.4          1.4         0.3   setosa
8          5.0         3.4          1.5         0.2   setosa
9          4.4         2.9          1.4         0.2   setosa
```

图 3-30　鸢尾花数据集

输入命令后，按【Enter】键会显示鸢尾花的品种共有三类，示意如图 3-31 所示。

```
> unique(iris$Species)
[1] setosa     versicolor virginica
Levels: setosa versicolor virginica
```

图 3–31　鸢尾花数据的品种

2）分析鸢尾花长度和宽度间的相关关系

鉴于 Iris 数据量较大，在案例任务中我们计划选择前五条记录，并将数据的类别属性去除，然后进行鸢尾花长度和宽度之间的相关系数。在 R studio 编辑器的命令行中输入截取数据集并去除品种属性的语句，具体命令如下：

```
> head(iris)                       // 查看下数据集前五行
> irisnew<-iris[,-5]               // 去除第五列品种属性
> corr <- cor(irisnew[1:4])
> corrplot(corr=corr)
```

正确命令输入后按【Enter】键，会显示最简单的相关系数可视化效果，示意如图 3-32 所示。

联合可视化图形和 R 语言代码可知：

（1）圆点相关系数矩阵图中圆点越大，相关系数越强；圆点越小，相关系数越弱。

（2）颜色越蓝表示越呈现正相关性，越靠近 1。

（3）颜色越红越呈现负相关性，越靠近－ 1。

简而言之，相关系数越靠近 0，两个变量越不相关。如果两个变量之间的相关关系越靠近 1 则越呈现正相关，若越靠近－ 1 则越呈现负相关。

社会经济现象本身的复杂性决定了现象间相互联系的复杂性。从不同角度可对相关关系作以下分类。按相关关系的程度不同划分，可划分为完全相关、不完全相关和不相关三类。

（1）完全相关。完全相关是指两个变量之间的关系，若一个变量的数量变化由另一个变量的数量变化所唯一确定，则两个变量为完全相关，即函数关系。从本质上讲，完全相关就是函数关系。因此，函数关系是相关关系的特例。

（2）不完全相关。不完全相关是指两个变量之间的关系介于不相关和完全相关之间。

（3）不相关关系。不相关是指两个变量之间彼此的数量变化互相独立，没有关系。

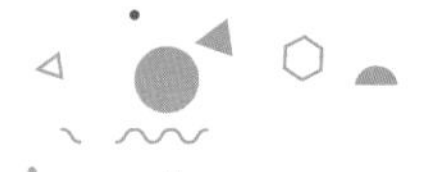

此外，按照按相关关系的变化方向不同，可以分为正相关和负相关两类。

（1）正相关。呈正相关关系的两个变量的变化趋势相同，从散点图可知各点散布位置是从左下角到右上角的区域，即一个变量的值由小变大时，另一个变量的值也由小变大。

（2）负相关。呈负相关关系的两个变量的变化趋势相反，从散点图可知各点散布的位置是从左上角到右下角的区域，即一个变量的值由小变大时，另一个变量的值由大变小。

3）以饼图显示鸢尾花长度和宽度间的相关关系

在上述可视化的基础上，讲解如何将相关关系默认显示的圆形修改为饼图。在 R studio 编辑器的命令行中输入相关命令，如下所示：

```
> corrplot(corr,method = "pie")
```

正确输入命令后按【Enter】键，会显示最简单的相关系数的饼图可视化效果，示意如图 3-33 所示。

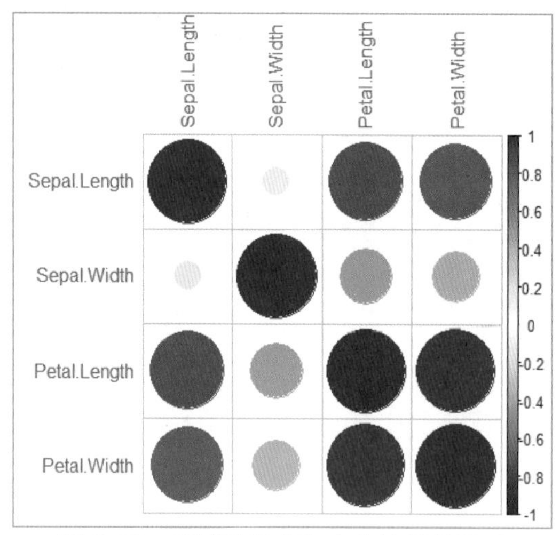

图 3-32　鸢尾花长度和宽度的相关关系

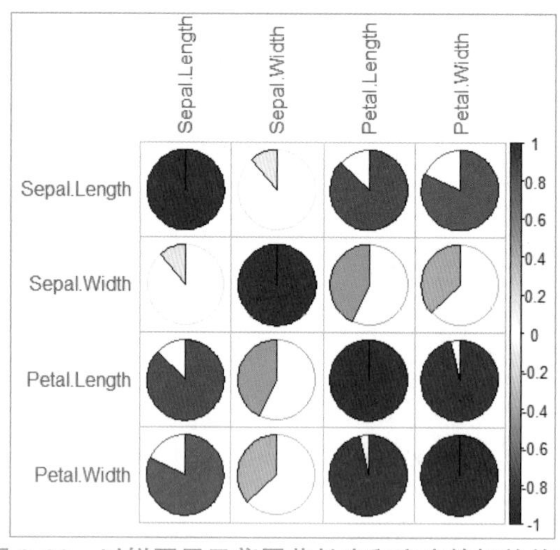

图 3-33　以饼图显示鸢尾花长度和宽度的相关关系

如果想查看所有记录中两个品种鸢尾花叶子宽度和高度之间的相关系数的整体分布，则可以输入如下的代码：

```
> pairs(iris[,1:4],pch=21,bg=c('red','green3','blue'))
```

正确输入命令后按【Enter】键，就能看到鸢尾花数据集中在 Petal.length、Sepal. Length、Petal.Width 和 Sepal.Width 四个变量之间的相关关系，可视化效果如图 3-29 所示。

第 4 章 数据可视化之 ECharts

学习目标

通过本章的学习，掌握运用 ECharts 进行图表绘制的过程及相关知识。ECharts 一直在交互的路上前进，提供了图例、视觉映射、数据区域缩放、tooltip、数据筛选等开箱即用的交互组件。熟悉和了解 ECharts 的可视化交互技术，实现对数据进行多维度数据筛取、视图缩放、展示细节等交互操作。

学习重点和难点

· 学习并掌握基于 ECharts 绘制折线图、柱状图、瀑布图、饼图、散点图、南丁格尔玫瑰图、折柱组合图、条形图、雷达图、K 线图、箱线图、旭日图、漏斗图、面积图、堆叠折线图、曲线图、重叠柱形图。

Apache ECharts 是一个基于 JavaScript 的开源可视化图表库，可以流畅地运行在 PC 和移动设备上，兼容当前绝大部分浏览器（IE9/10/11，Chrome，Firefox，Safari 等），底层依赖矢量图形库 ZRender，提供直观、交互丰富、可高度个性化定制的数据可视化图表。

ECharts 具有丰富的可视化类型，提供了常规的折线图、柱状图、散点图、饼图、K 线图，用于统计的盒形图，用于地理数据可视化的地图、热力图、线图，用于关系数据可视化的关系图、treemap、旭日图，多维数据可视化的平行坐标，漏斗图，仪表盘，并且支持图与图之间的混搭。

二维码 4-0

ECharts 开发框架共享部分

通过学习，读者会发现：只需要掌握方法，并多加练习，掌握 ECharts 进行数据可视化并不是一件难事。读者可深入学习每个参数的具体含义并加以实践，从而掌握如何更好地去绘制、完善和美化各种基本图形及组合图形。

案例4.1 不同类别商品销售额变化

折线图是将排列在工作表的列或行中的数据绘制为折线图。折线图通常可以显示随时间而变化的连续数据，非常适用于显示在相等时间间隔下数据的趋势。

在折线图中，类别数据沿水平轴均匀分布，所有值数据沿垂直轴均匀分布。

二维码 4-1

不同类别商品销售额变化 1

二维码 4-1

不同类别商品销售额变化 2

4.1.1 任务描述

明诚作为一名个体户，经营一家线上线下服务的美宝服装小店。现在，他想了解一下 2019 年不同类目的服装销售额对比情况，以便在不同季节针对性地制订服装进货和销售策略。数据分析专员小芳获取了所有类目的服装销售额数据，计划绘制基于 ECharts 的折线图向明诚汇报。

数据来源：经过加工处理的市场调研数据。

案例任务：不同类目服装销售额的对比情况。

4.1.2 可视化效果

数据分析专员小芳采用 Note Pad ++ 编辑工具，采用 HTML 语言和 JavaScript 脚本编程来绘制折线图，可视化效果如图 4-1 所示。

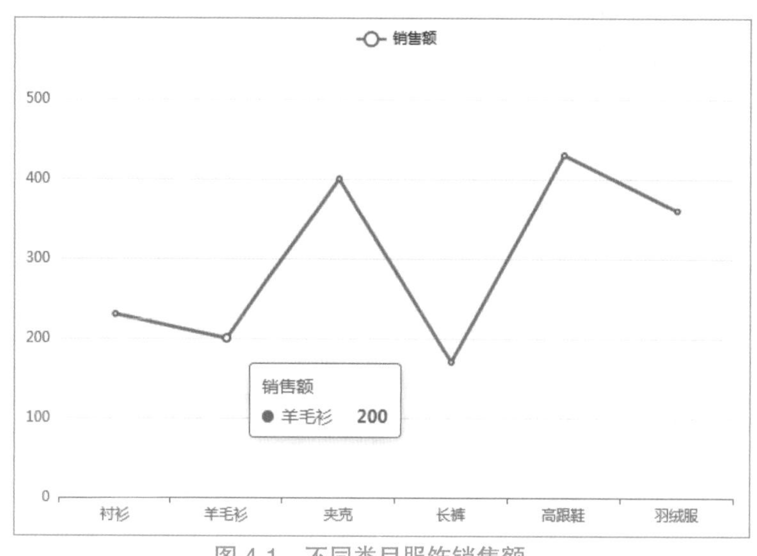

图 4-1　不同类目服饰销售额

观察图 4-1 可知，明诚对服饰的销售额有一个概览印象。整个折线图表具有如下特点：

（1）标题内容简洁明了，让读者能够一眼就明晰该图的分析主题是销售额。

（2）从纵坐标看，让读者能够知晓数值代表的是销售额数值。

（3）从横坐标看，让读者知道有哪些类型服饰。

（4）动态提示则可以让读者快速知晓感兴趣服饰的具体销售额数值。

对于 ECharts 绘制图表而言，需要读者必须掌握 ECharts 数据可视化的开发框架，能够熟练运用 HTML 和 JavaScript 语言编码，能够将开发代码和可视化中的数据一一对应，具备一定的自学能力。

4.1.3 设计过程

1. 设计思路

（1）熟悉 ECharts 开发框架之 HTML 代码结构。

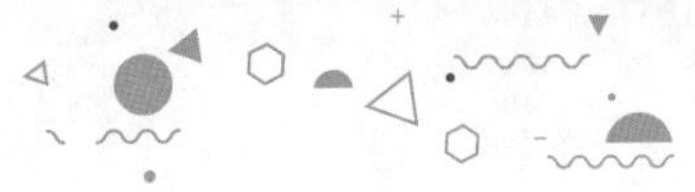

（2）熟悉 ECharts 开发框架之容器设置。

（3）创建并初始化 document 对象。

（4）明确所需准备的数据内容。

① 设置 *X* 轴和 *Y* 轴。

② 设置 series 内容。

③ 设置提示信息 tooltip。

④ 设置图例。

2. 操作步骤

1）熟悉 ECharts 开发框架之 HTML 代码结构

打开 Note Pad++ 编辑器，设定开发语言为 HTML。然后，写入基本的 HTML 代码结构，示意如图 4-2 所示。

2）熟悉 ECharts 开发框架之容器设置

在基本的 HTML 代码结构上，下面需要完善的基本内容有：

（1）在 <head> 部分设置字符编码。

（2）在 <head> 部分设置页面标题。

（3）在 <body> 部分设定容器大小，即进行 <div> 节点的定义。

（4）通过 CSS 行内样式表给 <div> 节点进行宽度和高度进行设定。这样，图表大小就是 <div> 节点的大小。此处，设置容器 <div> 的 id 为 container，高为 450 px，宽为屏幕画布宽度的 60%。

在正确输入上述命令后，代码示意如图 4-3 所示。

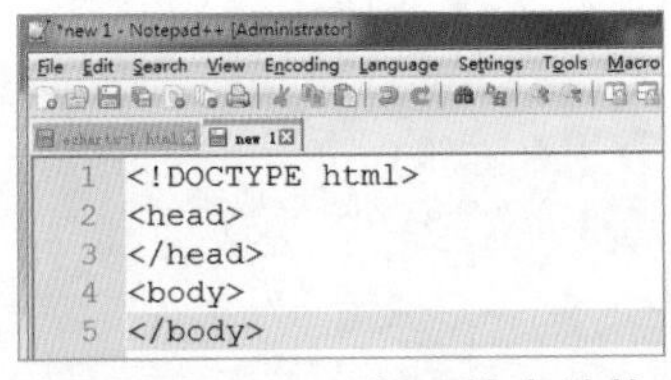


```
<!DOCTYPE html>
<head>
</head>
<body>
</body>
```

图 4-2 HTML 代码基本结构

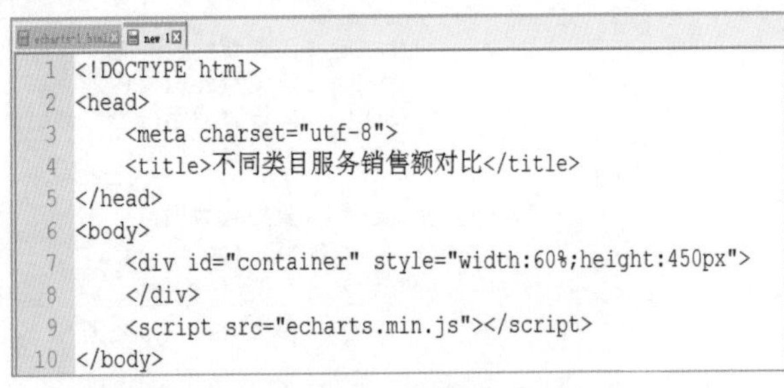

```
1  <!DOCTYPE html>
2  <head>
3      <meta charset="utf-8">
4      <title>不同类目服务销售额对比</title>
5  </head>
6  <body>
7      <div id="container" style="width:60%;height:450px">
8      </div>
9      <script src="echarts.min.js"></script>
10 </body>
```

图 4-3 容器设置

在上述代码中，读者需要关注的是：echarts.min.js 是从官网在线定制并下载的包含最小完整 ECharts 功能的文件，示意如图 4-3 中第 9 行代码所示。

导入该文件，就可以调用 ECharts 提供的功能进行相应的数据可视化工作。

3）创建并初始化 document 对象

基于已有的代码框架，进入数据可视化的代码初始化及应用环节。在已完成的代码基础上，需要完善的基本内容有：

（1）基于准备好的 <div> 进行 document 对象的初始化。

（2）数据的准备。

（3）为 document 对象加载数据。

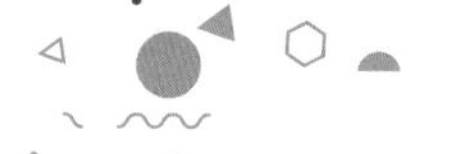

经过上述步骤后，就可以实现最终的数据可视化。若暂时设定数据为空 {}，则当下的代码开发框架示意如图 4-4 所示。

4）明确所需准备的数据内容

要想实现数据可视化，就需要明确所需准备的数据内容。此处，介绍数据部分的代码框架 <option>，进一步明确需要完善的部分有哪些，示意如图 4-5 所示。

```
<!DOCTYPE html>
<head>
    <meta charset="utf-8">
    <title>不同类目服务销售额对比</title>
</head>
<body>
    <!-- 为ECharts准备一个宽-高的Dom -->
    <div id="container" style="width:60%;height:450px">
    </div>
    <!-- ECharts单文件引入 -->
    <script src="echarts.min.js"></script>
    <script type="text/javascript">
        // 基于准备好的dom，初始化echarts图表
        var myChart = echarts.init(document.getElementById('container'));
            ......
            //此处为数据内容部分Section1~SectionN
        //为echarts对象加载数据
        myChart.setOption(option);
    </script>
</body>
```

图 4-4　创建并初始化 document 对象

```
    <script type="text/javascript">
        // 基于准备好的dom，初始化echarts图表
        var myChart = echarts.init(document.getElementById('container'));
        var option = {
            //Section1:设置X轴和Y轴
            //Section2:设置Series内容
            //Section3:设置提示信息tooltip
            //Section4:设置图例
        };
        //为echarts对象加载数据
        myChart.setOption(option);
    </script>
```

图 4-5　明确所需数据内容

接下来，进行所需数据内容的设置，具体操作如下：

（1）设置 X 轴和 Y 轴。根据小店不同类目服务销售额的对比目的出发，X 轴应该设置为不同服装类目，Y 轴应该设置为服装销售额。正确输入如下语句即可完成 X 轴标签和 Y 轴标签的设置，示意如图 4-6 所示。

（2）series 内容的设定。根据小店不同类目服务销售额的对比目的，series 内容应该围绕不同类目服装的具体销售额数值以及可视化的图表类型等。在 Note Pad++ 编辑器的相应位置输入代码，示意如下：

```
//Section2: 设置 series 内容
series : [
            {
                "name":" 销售额 ",
```

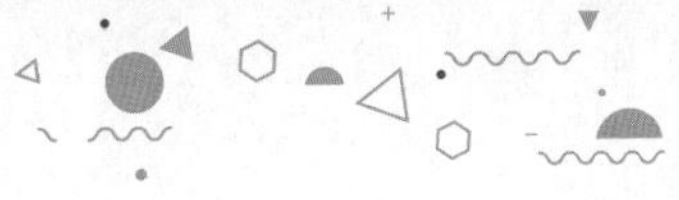


```
            "type":"line",
            "data":[230, 200, 400, 170, 430, 360]
        }
    ],
```

```
        var option = {
            //Section1:设置X轴和Y轴
            xAxis : [
            {
                type : 'category',
                data : ["衬衫","羊毛衫","夹克","长裤","高跟鞋","羽绒服"]
            }
            ],
            yAxis : [
            {
                type : 'value'
            }
            ],
            //Section2:设置Series内容
```

图 4-6　设置的 *X* 轴和 *Y* 轴

（3）提示信息及图例的设定。根据小店的可视化目的，给图表增加相应的提示信息及图例，有助于读者更加直观地解读图表的展示意图。在 Note Pad++ 编辑器的相应位置输入代码，具体添加信息如图 4-7 所示。

```
            //Section2:设置Series内容
            series : [
            {
                "name":"销售额",
                "type":"line",
                "data":[230, 200, 400, 170, 430, 360]
            }
            ],
            //Section3:设置提示信息tooltip
            tooltip: {
              show: true
            },
            //Section4:设置图例
            legend: {
                data:['销售额']
            }
        };
```

图 4-7　提示信息及图例的设置

正确输入命令后，将该文件保存为 html 为后缀的文件，例如 sample01.html。文件保存后，定位到相应的目录以浏览器方式打开该文件，浏览示意结果如图 4-1 所示。在图 4-1 中，当鼠标移动到第二个数据点时，图上会自动出现与该服饰相关的提示信息，告诉读者关于这个数据点的详细信息。

鉴于 ECharts 进行数据可视化是基于代码方式实现的，一旦可视化工作完成，则可以通过修改 series 中显示图形方式 type 的值来实现展示突变的变化。例如，当将可视化类型 type 修改为 bar 柱状图类型，则可视化效果如图 4-8 所示。

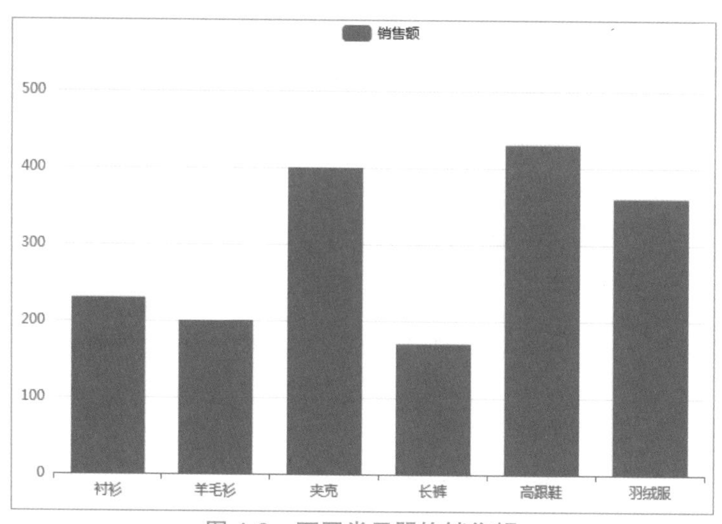

图 4-8　不同类目服饰销售额

案例4.2　某地区一周内降水量对比

二维码 4-2

某地区一周内降水量对比 1

二维码 4-2

某地区一周内降水量对比 2

柱形图，又称长条图、柱状统计图，条行图、条状图、棒形图，是一种以长方形的长度为变量的统计图表。柱形图用来比较只有一个变量且较小的数据集分析。

柱形图亦可横向排列，或用多维方式表达。

4.2.1　任务描述

数据分析专员小芳获取了一个地区一周内每天的降雨量，计划绘制基于 ECharts 的柱形图来呈现该地区一周内每天的降雨量对比。

数据来源：经过加工处理的市场调研数据。

案例任务：某地区每天降雨量的对比情况。

4.2.2　可视化效果

数据分析专员小芳采用 Note Pad ++ 编辑工具，采用 HTML 语言和 JavaScript 脚本编程来绘制折线图，可视化效果如图 4-9 所示。

观察图 4-9 可知，读者对该地区一周的降雨量有一个概览印象。整个柱形图表具有如下特点：

（1）从纵坐标看，让读者能够知晓数值代表的是降雨量。

（2）从横坐标看，让读者知道一周内的时间点。

（3）动态提示则可以让读者快速了解每一个柱形所代表的降雨量的具体数值。

（4）背景色的加入更加凸显柱形图中降雨量的对比效果。

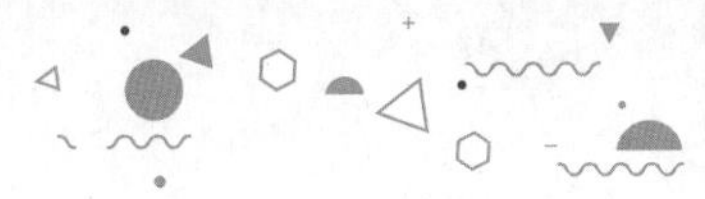

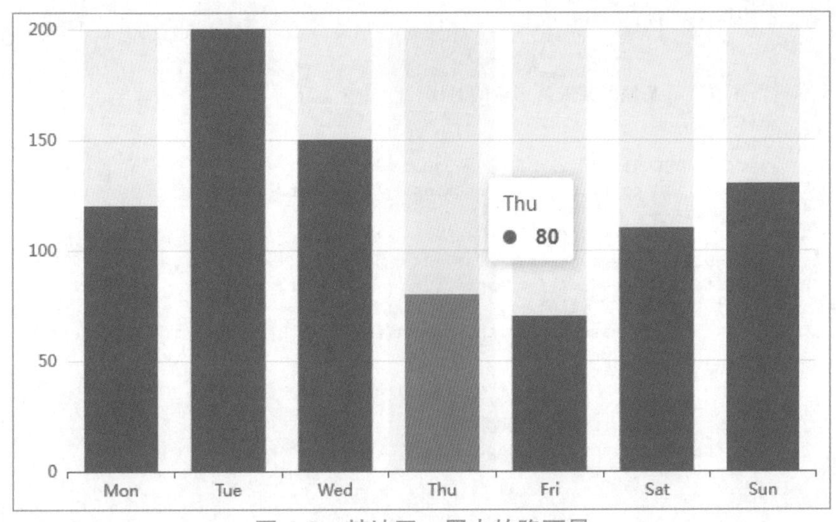

图 4-9　某地区一周内的降雨量

对于 ECharts 绘制图表而言，需要读者必须掌握 ECharts 数据可视化的开发框架，能够熟练运用 HTML 和 JavaScript 语言编码，能够将开发代码和可视化中的数据一一对应，具备一定的自学能力。

4.2.3　设计过程

1. 设计思路

（1）熟悉 ECharts 开发框架。

（2）明确所需准备的数据内容。

① 设置 X 轴和 Y 轴。

② 设置 series 内容。

（3）美化柱形图。

① series 内容的深度化学习。

② 提示信息的设置。

2. 操作步骤

1）熟悉 ECharts 开发框架

打开 Note Pad++ 编辑器，执行如下操作：

（1）设定开发语言为 HTML。

（2）写入基本的 HTML 代码结构。

（3）在 <head> 部分进行字符编码。

（4）在 <head> 部分进行页面标题的设置。

（5）在 <body> 部分进行 <div> 节点的定义，并通过 CSS 行内样式表给该节点进行宽度和高度设定。

（6）创建并初始化 document 对象。

容器高设置为 450 px，宽为屏幕画布宽度的 60%，具体如图 4-10 所示。

```
<!DOCTYPE html>
<head>
    <meta charset="utf-8">
    <title>某地区某天降雨量的对比</title>
</head>
<body>
    <!-- 为ECharts准备一个宽-高的Dom -->
    <div id="container" style="width:60%;height:450px">
    </div>
    <!-- ECharts单文件引入 -->
    <script src="echarts.min.js"></script>
    <script type="text/javascript">
        // 基于准备好的dom，初始化echarts图表
        var myChart = echarts.init(document.getElementById('container'));
        var option = {
            //待完善环节
        };
        //为echarts对象加载数据
        myChart.setOption(option);
    </script>
</body>
```

图 4-10　ECharts 开发框架

2）明确所需准备的数据内容

要想实现数据可视化，就需要明确所需准备的数据内容。此处，介绍数据部分的代码框架 <option>，进一步明确需要完善的部分有哪些。

基于已有的代码框架，进行坐标轴和 series 的设定。在 Note Pad++ 编辑器的相应位置输入代码，具体代码示意如图 4-11 所示。

```
        var option = {
            //Section1:设置X轴和Y轴
            xAxis: [
            {
                type: 'category',
                data: ['Mon', 'Tue', 'Wed', 'Thu', 'Fri', 'Sat', 'Sun']
            }
            ],
            yAxis : [
            {
                type : 'value'
            }
            ],
            //Section2:设置Series内容
            series: [
            {
                data: [120, 200, 150, 80, 70, 110, 130],
                type: 'bar'
            }
            ]
        };
        //为echarts对象加载数据
```

图 4-11　设置坐标轴和 series

保存文件后，定位到相应目录浏览该文件，浏览示意结果如图 4-12 所示。

3）美化柱形

为了使得柱形图的可视化效果更卓越，此处需要执行如下完善操作：

（1）进行背景颜色的美化。

（2）添加动态互动提示信息。

上述步骤的操作示意如图 4-13 所示。

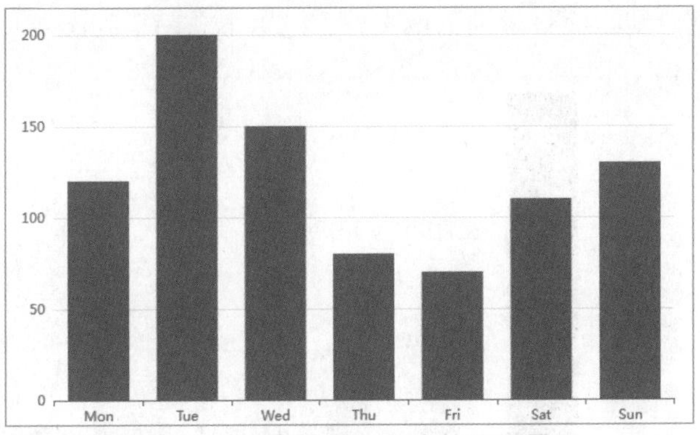

图 4-12　某地区一周内的降雨量

```
            //Section2:设置Series内容
            series: [
            {
                data: [120, 200, 150, 80, 70, 110, 130],
                type: 'bar',
                showBackground: true,
                backgroundStyle: {
                    color: 'rgba(180, 180, 180, 0.2)'
                }

            }
            ],
            //设置提示信息
            tooltip: {
                trigger: 'axis',
                axisPointer: {
                    type: 'shadow'
                }
            }
        };
```

图 4-13　添加背景颜色和设置互动 tooltip

经过上述两步操作后，保存文件并采用浏览器打开文件，可视化效果如图 4-9 所示。

（3）设置凸显效果。观察图表可以看出，周二的降雨量明显高于其他日子的降雨量，而周四和周五的降雨量接近且明显低于其他日子的降雨量。通过修改代码，可以实现极个别柱子颜色的自定义，从而实现可视化效果的凸显对比。具体操作代码示意如图 4-14 所示。

```
            data: [120,
            {
                value: 200,
                itemStyle:{
                    color:'#a90000'
                }
            },
            150, 80,
            {   value: 70,
                itemStyle:{
                    color:'#FF9F7F'
                }
            },
            110, 130],
            type: 'bar',
            showBackground: true,
            backgroundStyle: {
                color: 'rgba(180, 180, 180, 0.2)'
            }
```

图 4-14　设置个别柱形颜色

保存文件后，定位到相应目录浏览该文件，浏览示意结果如图 4-15 所示。

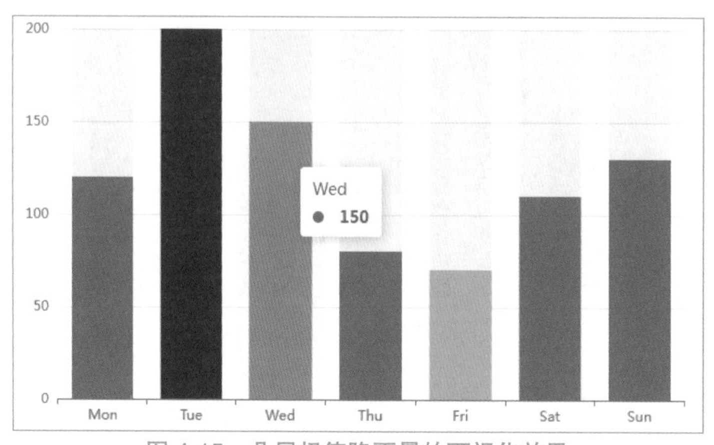

图 4-15　凸显极值降雨量的可视化效果

案例4.3　某地区居民月平均消费金额占比

二维码 4-3

某地区居民月平均消费金额占比 1

瀑布图是由麦肯锡顾问公司所独创的图表类型，因为形似瀑布流水而称之为瀑布图（waterfall plot）。此种图表采用绝对值与相对值结合的方式，适用于表达数个特定数值之间的数量变化关系。

当用户想表达两个数据点之间数量的演变过程时，即可使用瀑布图，例如，期中与期末每月成交件数的消涨变化。

4.3.1　任务描述

二维码 4-3

某地区居民月平均消费金额占比 2

数据分析专员小芳获取了某个地区居民的生活消费水平的相关数据，计划绘制基于 ECharts 的瀑布图来呈现该地区的居民生活消费中不同类目的支出情况。

数据来源：经过加工处理的市场调研数据。

案例任务：某地区居民生活消费支出中不同类目的支出情况。

4.3.2　可视化效果

数据分析专员小芳采用 Note Pad ++ 编辑工具，采用 HTML 语言和 JavaScript 脚本编程来绘制折线图，可视化效果如图 4-16 所示。

观察图 4-16 可知，读者对该地区居民的生活消费支出有一个直观的概览印象。整个瀑布图表具有如下特点：

（1）从纵坐标看，让读者能够知晓该地区居民的月均消费总金额。

（2）从横坐标看，让读者知道居民日常消费的构成类目有哪些。

（3）动态提示则可以让读者快速了解每一类消费类目的支出金额数值。

（4）将光标移动到任一类目时，会动态显示半透明背景色以美化可视化效果。

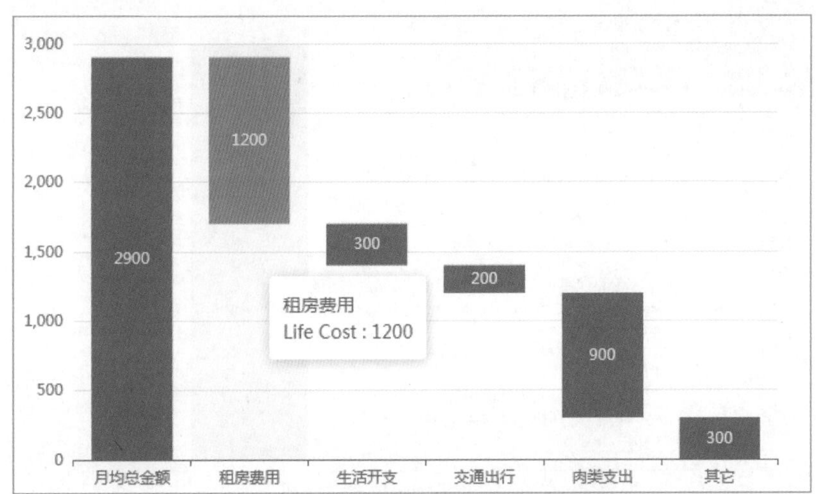

图 4-16　某地区居民的日常支出构成

对于 ECharts 绘制图表而言，需要读者必须掌握 ECharts 数据可视化的开发框架，能够熟练运用 HTML 和 JavaScript 语言编码，能够将开发代码和可视化中的数据一一对应，具备一定的自学能力。

4.3.3　设计过程

1. 设计思路

（1）熟悉 ECharts 开发框架。

（2）明确所需准备的数据内容。

① 设置 *X* 轴和 *Y* 轴。

② 设置 series 内容。

③ 添加图的标题。

④ 提示信息的设置。

2. 操作步骤

1）熟悉 Echarts 开发框架

打开 Note Pad++ 编辑器，执行如下操作：

（1）设定开发语言为 HTML。

（2）写入基本的 HTML 代码结构。

（3）在 <head> 部分进行字符编码。

（4）在 <head> 部分进行页面标题的设置。

（5）在 <body> 部分进行 <div> 节点的定义，并通过 CSS 行内样式表给该节点进行宽度和高度设定。

（6）创建并初始化 document 对象

容器的高设置为 450 px，宽为屏幕画布宽度的 60%，具体如图 4-17 所示。

```
<!DOCTYPE html>
<head>
    <meta charset="utf-8">
    <title>某地区居民平均消费金额占比</title>
</head>
<body>
    <!-- 为ECharts准备一个宽-高的Dom -->
    <div id="container" style="width:60%;height:450px">
    </div>
    <!-- ECharts单文件引入 -->
    <script src="echarts.min.js"></script>
    <script type="text/javascript">
        // 基于准备好的dom，初始化echarts图表
        var myChart = echarts.init(document.getElementById('container'));
        var option = {
            //待完善环节
        };
        //为echarts对象加载数据
        myChart.setOption(option);
    </script>
</body>
```

图 4-17　Echarts 开发框架

2）明确所需准备的数据内容

要想实现数据可视化，就需要明确所需准备的数据内容。此处，介绍数据部分的代码框架 <option>，进一步明确需要完善的部分。

（1）设置坐标轴。基于已有的代码框架，进行坐标轴设定。在 Note Pad++ 编辑器的相应位置输入代码，具体代码示意如图 4-18 所示。

```
        var option = {
            xAxis: {
                type: 'category',
                splitLine: { show: false },
                data: ['月均总金额', '租房费用', '生活开支', '交通出行', '肉类支出', '其它']
            },
            yAxis: {
                type: 'value'
            },
        }
```

图 4-18　坐标轴的设置

（2）设置 series 内容。基于已有的代码框架，进行 series 内容的设定。在 Note Pad++ 编辑器的相应位置输入代码后，具体代码示意如图 4-19 所示。

```
            //Section2:设置Series内容
             series: [
            {
                name: 'Placeholder',
                type: 'bar',
                stack: '月均总金额',
                itemStyle: {
                    borderColor: 'transparent',
                    color: 'transparent'
                },
                data: [0, 1700, 1400, 1200, 300, 0]
            },
            {
                name: 'Life Cost',
                type: 'bar',
                stack: 'Total',
                label: {
                    show: true,
                    position: 'inside'
                },
                data: [2900, 1200, 300, 200, 900, 300]
            }
            ]
```

图 4-19　series 部分的设定

保存文件后，定位到相应目录浏览该文件，浏览示意结果如图 4-20 所示。

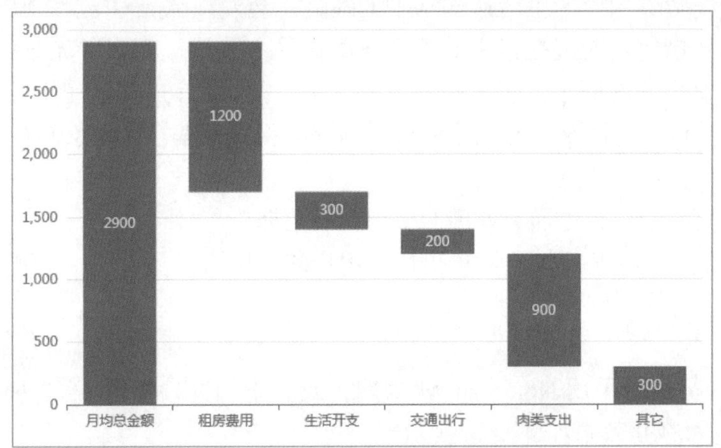

图 4-20　月均消费的初步可视化效果

（3）添加动态信息提示和透明背景色。基于已有的代码框架，给已有的初步可视化效果添加动态信息提示和透明背景色的效果。在 Note Pad++ 编辑器的相应位置输入代码后，具体代码示意如图 4-21 所示。

```
    tooltip: {
        trigger: 'axis',
        axisPointer: {
            type: 'shadow'
        },
        formatter: function (params) {
            var tar = params[1];
            return tar.name + '<br/>' + tar.seriesName + ' : ' + tar.value;
        }
    }
}
```

图 4-21　透明背景色和动态信息提示的设置

保存文件后，定位到相应目录浏览该文件，浏览示意结果如图 4-16 所示。

案例4.4　某店铺不同渠道访问用户的占比情况

饼图英文学名为 sector graph，又名 pie graph，常用于统计学模块。2D 饼图为圆形，仅排列在工作表的一列或一行中的数据可以绘制到饼图中。

二维码 4-4

某店铺不同渠道访问用户的占比情况 1

饼图显示一个数据系列，这些数据源自数据表的行或列。图表中的每个数据系列具有唯一的颜色或图案并且在图表的图例中表示。饼图只有一个数据系列，其数值标识为各项的大小与各项总和的比例。饼图中的数据标记显示为各项占整个饼图的百分比。

4.4.1　任务描述

在电商迅猛发展的时代，经商者的店铺或企业电商网站只有被大量用户点击访问、驻

二维码 4-4

某店铺不同渠道访问用户的占比情况 2

留欣赏等，让用户被网站内容或店铺商品所吸引，才有可能将用户转化为真正的消费者。随着用户的生活认知水平的提升，会发现 App 引流、视频引流、直接访问官网、借用强大的搜索引擎、合作引流等方式均被商家所充分使用。明诚作为一家美食店铺的商家，想了解一下其店铺不同渠道访问用户的占比。数据分析专员小芳获取了店铺某段时期不同渠道访问的相关数据，计划绘制基于 ECharts 的饼图来进行汇报。

数据来源：经过加工处理的市场调研数据。

案例任务：某店铺不同渠道访问用户的占比情况。

4.4.2 可视化效果

数据分析专员小芳采用 Note Pad ++ 编辑工具，采用 HTML 语言和 JavaScript 脚本编程来绘制饼图，可视化效果如图 4-22 所示。

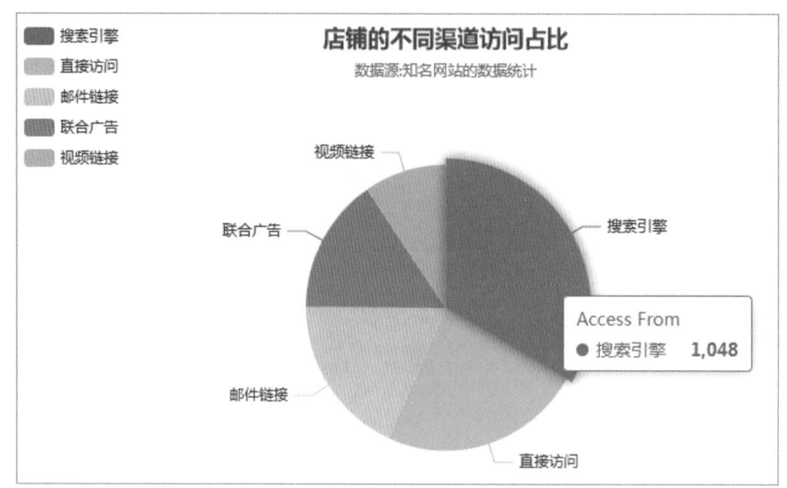

图 4-22 店铺不同渠道访问用户占比

观察图 4-22 可知，读者对该店铺不同渠道访问用户占比有一个直观的概览印象。整个饼图具有如下特点：

（1）从图例来看，能够让读者知晓该店铺的访问渠道有哪几类。

（2）动态提示则可以让读者快速了解每一类渠道访问用户数量的具体数值。

（3）从宏观来看，可以让读者对渠道访问占比大小有一个清晰明了的判断。

对于 ECharts 绘制图表而言，需要读者必须掌握 ECharts 数据可视化的开发框架，能够熟练运用 HTML 和 JavaScript 语言编码，能够将开发代码和可视化中的数据一一对应，具备一定的自学能力。

4.4.3 设计过程

1. 设计思路

（1）熟悉 ECharts 开发框架。

（2）明确所需准备的数据内容。

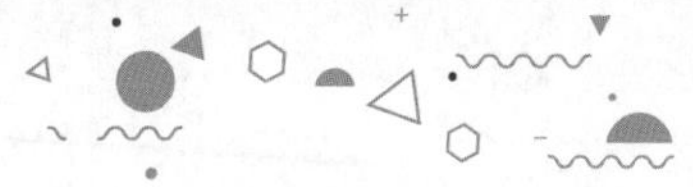

① 设置 series 内容。

② 添加图的标题。

③ 提示信息和图例的设置。

④ 修改代码绘制圆角环形饼图。

⑤ 绘制环形饼图。

2. 操作步骤

1）熟悉 ECharts 开发框架

打开 Note Pad++ 编辑器，执行如下操作：

（1）设定开发语言为 HTML。

（2）写入基本的 HTML 代码结构。

（3）在 <head> 部分进行字符编码。

（4）在 <head> 部分进行页面标题的设置。

（5）在 <body> 部分进行 <div> 节点的定义，并通过 CSS 行内样式表给该节点进行宽度和高度设定。

（6）创建并初始化 document 对象。在设置过程中，容器高设置为 450 px，宽为屏幕画布宽度的 60%，具体示意如图 4-23 所示。

```
<!DOCTYPE html>
<head>
    <meta charset="utf-8">
    <title>店铺不同渠道访问用户的占比情况</title>
</head>
<body>
    <!-- 为ECharts准备一个宽-高的Dom -->
    <div id="container" style="width:60%;height:450px">
    </div>
    <!-- ECharts单文件引入 -->
    <script src="echarts.min.js"></script>
    <script type="text/javascript">
        // 基于准备好的dom，初始化echarts图表
        var myChart = echarts.init(document.getElementById('container'));
        var option = {
            //待完善环节
        };
        //为echarts对象加载数据
        myChart.setOption(option);
    </script>
</body>
```

图 4-23　ECharts 开发框架

2）明确所需准备的数据内容

要想实现数据可视化，就需要明确所需准备的数据内容。此处，介绍数据部分的代码框架 <option>，进一步明确需要完善的部分有哪些。

（1）设置 series 内容。基于已有的代码框架，进行 series 内容的设定。在 Note Pad++ 编辑器的相应位置输入代码后，具体代码示意如图 4-24 所示。

（2）添加图的标题。基于已有的代码框架，进行图形标题的设定。在 Note Pad++ 编辑器的相应位置输入代码后，具体代码示意如图 4-25 所示。

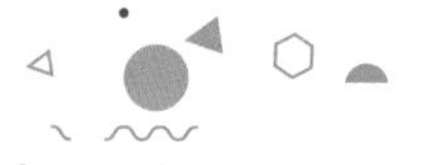


```
        series: [
        {
            name: 'Access From',
            type: 'pie',
            radius: '50%',
            data: [
                { value: 1048, name: '搜索引擎' },
                { value: 735, name: '直接访问' },
                { value: 580, name: '邮件链接' },
                { value: 484, name: '联合广告' },
                { value: 300, name: '视频链接' }
            ],
            emphasis: {
                itemStyle: {
                shadowBlur: 10,
                shadowOffsetX: 0,
                shadowColor: 'rgba(0, 0, 0, 0.5)'
                }
            }
        }
```

图 4-24　series 部分的设定

```
        var option = {
            title: {
                text: '店铺的不同渠道访问占比
                subtext: '知名网站的数据统计
                left: 'center'
            }
        }
```

图 4-25　图标题的设置

保存文件后，定位到相应目录浏览该文件，浏览示意结果如图 4-26 所示。

（3）添加动态信息提示和图例。基于已有的代码框架，给已有的初步可视化效果添加动态信息提示和图例。在 Note Pad++ 编辑器的相应位置输入代码后，具体代码示意如图 4-27 所示。

保存文件后，定位到相应目录浏览该文件，浏览示意结果如图 4-22 所示。

（4）修改代码绘制圆角环形饼图。鉴于 ECharts 进行数据可视化是基于代码方式实现的，一旦可视化工作完成，则可以通过修改部分 series 代码和 legend 代码实现圆角环形饼图。其中，legend 的代码修改如图 4-28 所示。

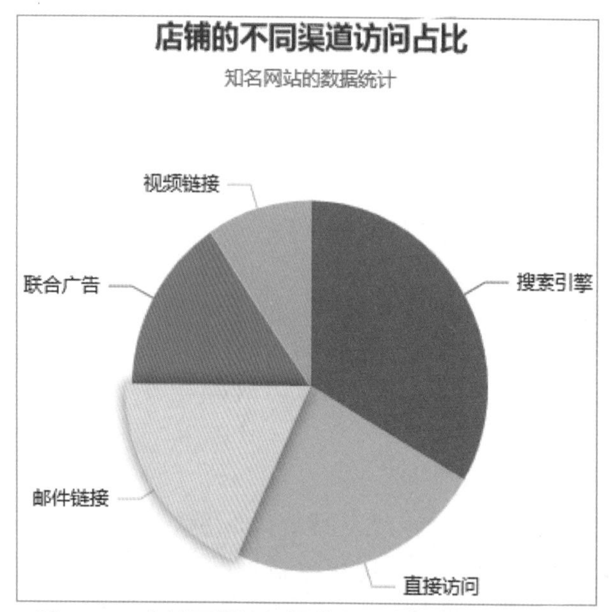

图 4-26　店铺不同访问渠道占比的初步可视化效果

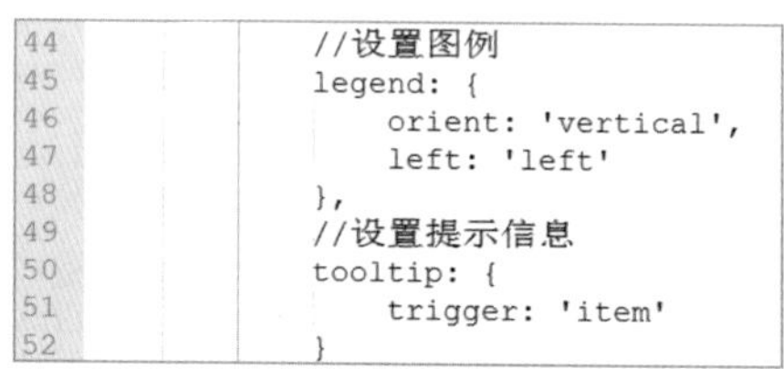

```
            //设置图例
            legend: {
                orient: 'vertical',
                left: 'left'
            },
            //设置提示信息
            tooltip: {
                trigger: 'item'
            }
```

图 4–27　图例和动态信息提示的设置

```
    //Sec-5:设置图例
    legend : {
        top:'10%',
        left: 'center'
    }
```

图 4-28　legend 代码

series 部分代码修改如图 4-29 所示。

正确输入上述修改代码后，文件保存后，定位到相应目录，以浏览器方式打开该文件，可视化效果如图 4-30 所示。

```
23              series: [
24              {
25                  name: 'Access From',
26                  type: 'pie',
27                  radius: ['40%','70%'],
28                  avoidLabelOverlap: false,
29                  itemStyle: {
30                      borderRadius: 10,
31                      borderColor: '#fff',
32                      borderWidth: 2
33                  },
34                  label: {
35                      show: false,
36                      position: 'center'
37                  },
38                  emphasis: {
39                      label: {
40                      show: true,
41                      fontSize: '40',
42                      fontWeight: 'bold'
43                      }
44                  },
45                  labelLine: {
46                      show: false
47                  },
48                  data: [
```

图 4-29　series 部分内容修改示意

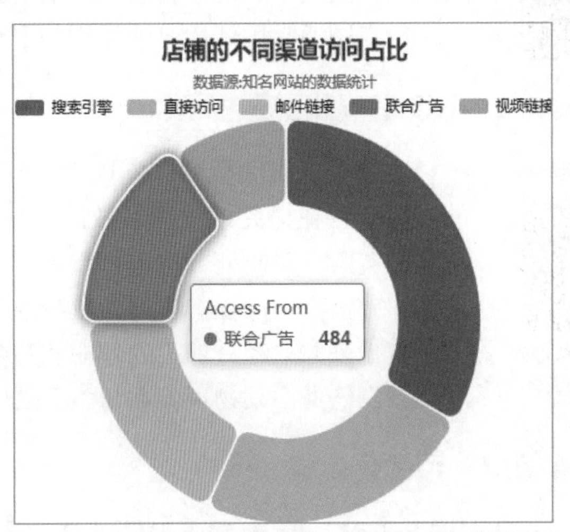

图 4-30　店铺不同访问渠道占比的圆角环形饼图示意

（5）修改代码绘制环形饼图。将圆角环形图中第 29 行至第 33 行的 itemstyle 部分删除，则实现如图 4-31 所示的环形饼图可视化效果。

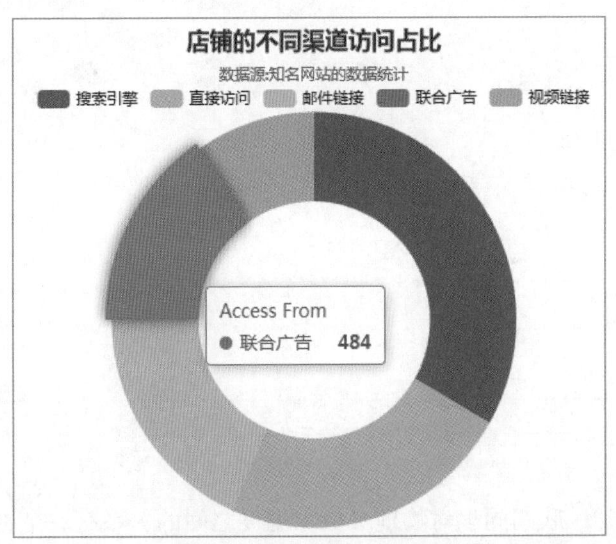

图 4-31　店铺不同访问渠道占比的环形饼图示意

案例4.5　物理参数与温度之间的关系

散点图是指在回归分析中，数据点在直角坐标系平面上的分布图，散点图表示因变量随自变量而变化的大致趋势，据此可以选择合适的函数对数据点进行拟合。

二维码 4-5 初中生身高与体重的关系

在散点图中，用两组数据构成多个坐标点，考察坐标点的分布，判断两变量之间是否存在某种关联或总结坐标点的分布模式。散点图将序列显示为一组点，值由点在图表中的位置表示，类别由图表中的不同标记表示。

散点图通常用于比较跨类别的聚合数据。

4.5.1 任务描述

二维码 4-5 物理参数与温度之间的关系

攻读硕士研究生的欣湖同学，每周都要在实验室进行某物理参数随温度变化的实验，旨在探究该物理参数的值是否与温度存在关系以及存在何种关系。经过大量的实验，对研究数据进行整理后，欣湖同学计划绘制基于 ECharts 的散点图来观察和分析实验过程中物理参数与温度的关系，以便向导师汇报。

数据来源：经过加工处理的实验数据。

案例任务：某物理参数与温度之间的关系。

4.5.2 可视化效果

欣湖同学采用 Note Pad ++ 编辑工具，采用 HTML 语言和 JavaScript 脚本编程来绘制散点图，可视化效果如图 4-32 所示。

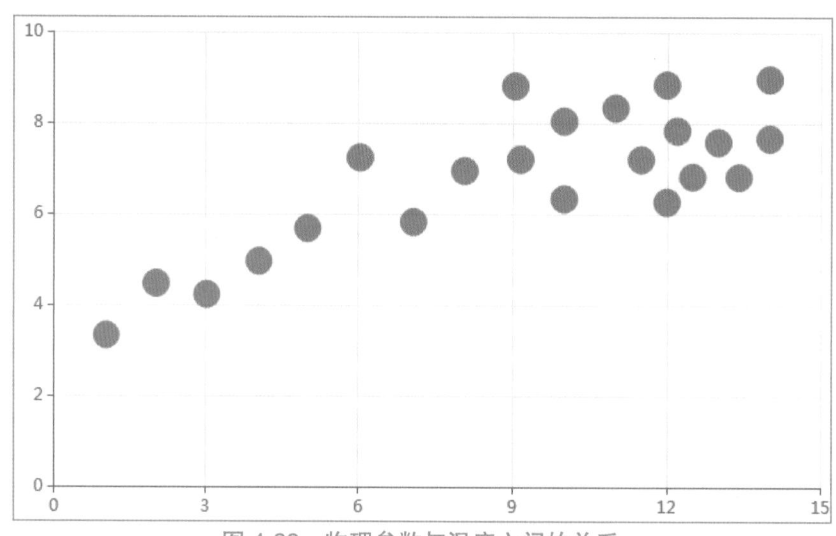

图 4-32 物理参数与温度之间的关系

观察图 4-32 可知，欣湖同学对物理参数与温度之间的关系有一个直观的概览印象。当前的散点图具有如下特点：

（1）从宏观来看，读者仅仅能够获悉数据点的分布。

（2）从细节来看，读者不知道横坐标、纵坐标代表的具体含义。

对于 ECharts 绘制图表而言，需要读者必须掌握 ECharts 数据可视化的开发框架，能够熟练运用 HTML 和 JavaScript 语言编码，将开发代码和可视化中的数据能够一一对应，具备一定的自学能力。

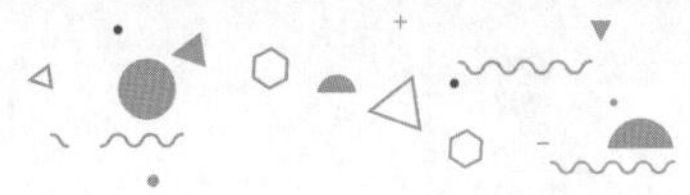

4.5.3 设计过程

1. 设计思路

（1）熟悉 ECharts 开发框架。

（2）明确所需准备的数据内容。

① 设置 X 轴和 Y 轴。

② 设置 series 内容。

③ 绘制散点图。

（3）美化散点图。

2. 操作步骤

1）熟悉 ECharts 开发框架

打开 Note Pad++ 编辑器，执行如下操作：

（1）设定开发语言为 HTML。

（2）写入基本的 HTML 代码结构。

（3）在 <head> 部分进行字符编码。

（4）在 <head> 部分进行页面标题的设置。

（5）在 <body> 部分进行 <div> 节点的定义，并通过 CSS 行内样式表给该节点进行宽度和高度设定。

（6）创建并初始化 document 对象。

在设置过程中，容器的高设置为 450 px，宽为屏幕画布宽度的 60%，示意如图 4-33 所示。

```
<!DOCTYPE html>
<head>
    <meta charset="utf-8">
    <title>物理实验参数随温度变化的情况</title>
</head>
<body>
    <!-- 为ECharts准备一个宽-高的Dom -->
    <div id="container" style="width:60%;height:450px">
    </div>
    <!-- ECharts单文件引入 -->
    <script src="echarts.min.js"></script>
    <script type="text/javascript">
        // 基于准备好的dom，初始化echarts图表
        var myChart = echarts.init(document.getElementById('container'));
        var option = {
          //需要完善的地方
        }
        //为echarts对象加载数据
        myChart.setOption(option);
    </script>
</body>
```

图 4-33　代码初步框架

2）设置 X 轴和 Y 轴

鉴于实验的保密性，任务中忽略了物理参数的具体名称。基于已有的代码框架，此处的 X 轴和 Y 轴暂时设置为空。

3）设置 series 内容部分

基于已有的代码框架，进行 series 内容的设定。在 Note Pad++ 编辑器的相应位置输入

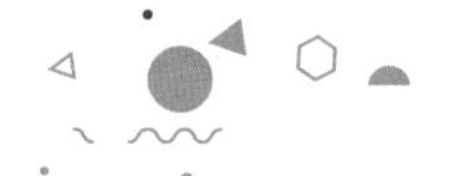

代码后，具体代码示意如图 4-34 所示。

文件保存后，定位到相应目录采用浏览器方式打开该文件，可视化结果如图 4-32 所示。

经过学习，可以知道 ECharts 中绘制散点图相对容易。鉴于实验的保密性，任务中忽略了物理参数的具体名称。

4）美化散点图

基于散点图的基本框架，再进行其他细节的优化，则相对容易。此节将介绍另外一个研究话题——初中生不同性别的身高与体重之间的关系，讲解如何进行标题设置、带十字形状的信息提示、工具箱和图例的设置等。

（1）添加标题。基于已有的代码框架，添加散点图的标题。在 Note Pad++ 编辑器的相应位置输入代码，添加代码示意如图 4-35 所示。

（2）设置坐标轴。基于已有的代码框架，进行坐标轴设定。在 Note Pad++ 编辑器的相应位置输入代码，具体代码示意如图 4-36 所示。

```
//Section2:设置Series内容
series: [
{
    symbolSize: 20,
    data:[
        [10.0, 8.04],
        [8.07, 6.95],
        [13.0, 7.58],
        [9.05, 8.81],
        [11.0, 8.33],
        [14.0, 7.66],
        [13.4, 6.81],
        [10.0, 6.33],
        [14.0, 8.96],
        [12.5, 6.82],
        [9.15, 7.2],
        [11.5, 7.2],
        [3.03, 4.23],
        [12.2, 7.83],
        [2.02, 4.47],
        [1.05, 3.33],
        [4.05, 4.96],
        [6.03, 7.24],
        [12.0, 6.26],
        [12.0, 8.84],
        [7.08, 5.82],
        [5.02, 5.68]
    ],
    type: 'scatter'
}
]
```

图 4-34　series 内容部分的设定

（3）设置 series 内容。基于已有的代码框架，进行 series 内容的设定。在 Note Pad++ 编辑器的相应位置输入代码后，具体代码示意如图 4-37 所示。

```
//Section1:设置标题
title: {
    text: '男生-女生:身高-体重数据分布',
    subtext: '某地区2015年初中生体质测评数据',
    left:'left'
},
```

图 4-35　标题的设置

```
//Section2:设置X轴和Y轴
xAxis: [
{
    type: 'value',
    scale: true,
    axisLabel: {
        formatter: '{value} cm'
    }
}
],
yAxis: [
{
    type: 'value',
    scale: true,
    axisLabel: {
        formatter: '{value} kg'
    },
    splitLine: {
        show: false
    }
}
],
```

图 4-36　坐标轴的设置

```
//Section2:设置Series内容
series: [
//下面为女生的数据
{
    name: 'Female',
    type: 'scatter',
    emphasis: {
        focus: 'series'
    },
    data: [
        [161.2, 51.6], [167.5, 59.0], [159.5, 49.2], [157.0, 63.0], [155.8, 53.6],
        [170.0, 59.0], [159.1, 47.6], [166.0, 69.8], [176.2, 66.8], [160.2, 75.2],
        [172.5, 55.2], [170.9, 54.2], [172.9, 62.5], [153.4, 42.0], [160.0, 50.0],
        [147.2, 49.8], [168.2, 49.2], [175.0, 73.2], [157.0, 47.8], [167.6, 68.8],
        [159.5, 50.6], [175.0, 82.5], [166.8, 57.2], [176.5, 87.8], [170.2, 72.8],
        [174.0, 54.5], [173.0, 59.8], [179.9, 67.3], [170.5, 67.8], [160.0, 47.0],
        [154.4, 46.2], [162.0, 55.0], [176.5, 83.0], [160.0, 54.4], [152.0, 45.8],
        [162.1, 53.6], [170.0, 73.2], [160.2, 52.1], [161.3, 67.9], [166.4, 56.6],
        [168.9, 62.3], [163.8, 58.5], [167.6, 54.5], [160.0, 50.2], [161.3, 60.3]
    ]
},
//下面为男生的数据
{
    name: 'Male',
    type: 'scatter',
    emphasis: {
        focus: 'series'
    },
    data: [
        [174.0, 65.6], [175.3, 71.8], [193.5, 80.7], [186.5, 72.6], [187.2, 78.8],
        [181.5, 74.8], [184.0, 86.4], [184.5, 78.4], [175.0, 62.0], [184.0, 81.6],
        [180.0, 76.6], [177.8, 83.6], [192.0, 90.0], [176.0, 74.6], [174.0, 71.0],
        [184.0, 79.6], [192.7, 93.8], [171.5, 70.0], [173.0, 72.4], [176.0, 85.9],
        [176.0, 78.8], [180.5, 77.8], [172.7, 66.2], [176.0, 86.4], [173.5, 81.8],
        [178.0, 89.6], [180.3, 82.8], [180.3, 76.4], [164.5, 63.2], [173.0, 60.9],
        [183.5, 74.8], [175.5, 70.0], [188.0, 72.4], [189.2, 84.1], [172.8, 69.1],
        [170.0, 59.5], [182.0, 67.2], [170.0, 61.3], [177.8, 68.6], [184.2, 80.1],
        [186.7, 87.8], [171.4, 84.7], [172.7, 73.4], [175.3, 72.1], [180.3, 82.6],
    ]
}
]
```

图 4-37 series 部分内容的添加

正确输入上述修改代码后，保存文件，定位到相应目录，以浏览器方式打开该文件，可视化效果如图 4-38 所示。

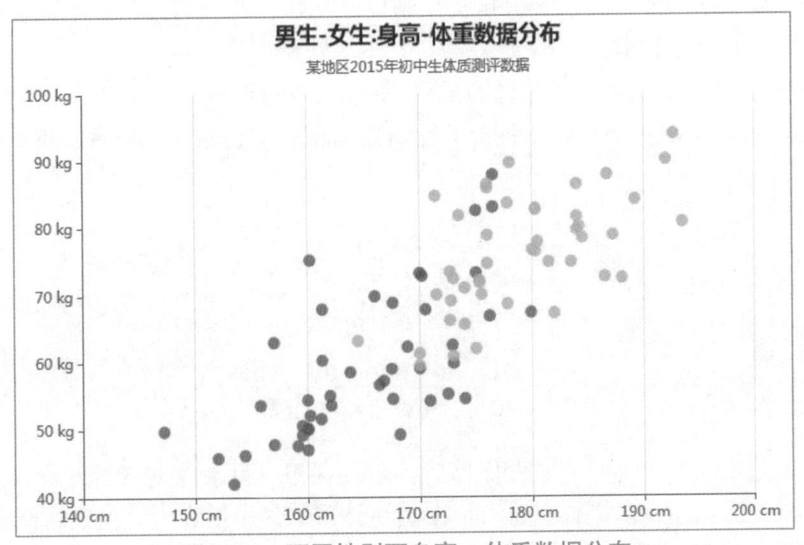

图 4-38 不同性别下身高 – 体重数据分布

观察图 4-38 可知，不同性别下身高与体重数据的区域差别。整个散点图具有如下特点：

（1）从宏观来看，男生的平均身高高于女生的平均身高。

（2）从宏观而言，男生的平均体重高于女生的平均体重。

（3）从细节来看，女生的身高与体重之间的关系，仍需进一步研究。

（4）从细节来看，男生的身高与体重之间的关系，仍需进一步研究。

（5）悬停效果，由于男生和女生的数据是分开存放的，所以当鼠标放在男生数据上方悬停时，女生的数据就会隐藏以凸显当前的悬停数据。反之，当鼠标放在女生数据上方悬停时，男生的数据就会隐藏以凸显当前的悬停数据。示意效果如图 4-39 所示。

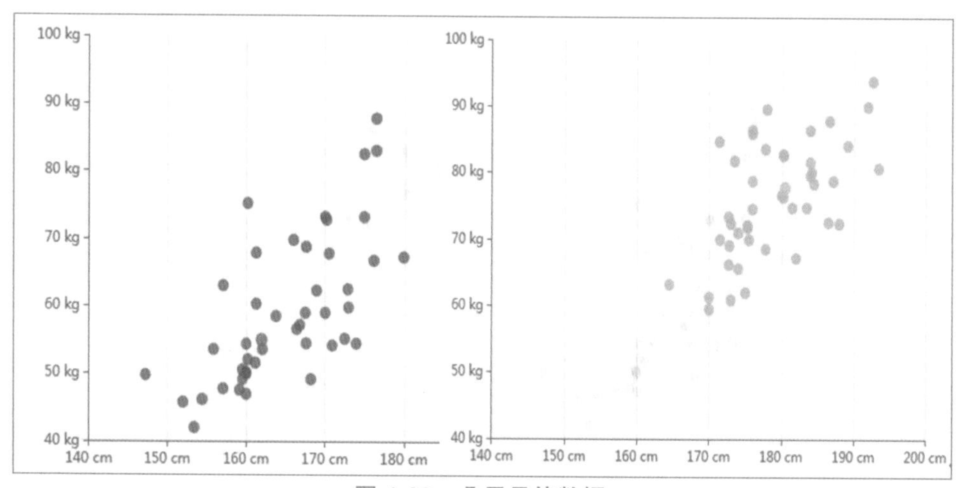

图 4-39　凸显悬停数据

鉴于 ECharts 进行数据可视化是基于代码方式实现的，此处仍可以进行相应代码修改来增强数据可视化的功能，为后续分析提供帮助。例如，此处修改代码增加文本标签来凸显女生身高的最大值和最小值。

（1）增加标签凸显最值。基于已有的代码框架，进行 series 内容部分的女生相关数据中凸显极值点内容的添加。在 Note Pad++ 编辑器的相应位置输入代码后，添加代码示意如图 4-40 所示。

```
markPoint: {
    data: [
        { type: 'max', name: 'Max' },
        { type: 'min', name: 'Min' }
    ]
},
```

图 4-40　凸显最值代码的添加

正确输入上述修改代码后，文件保存后，定位到相应目录以浏览器方式打开该文件，可视化效果如图 4-41 所示。同样，也可以对男生体重的最小值和最大值进行凸显标注。

（2）凸显女生体重数据的平均水平。基于已有的代码框架，添加代码实现 series 部分中女生体重数据的平均水平。在 Note Pad++ 编辑器的相应位置输入代码后，添加代码示意如图 4-42 所示。

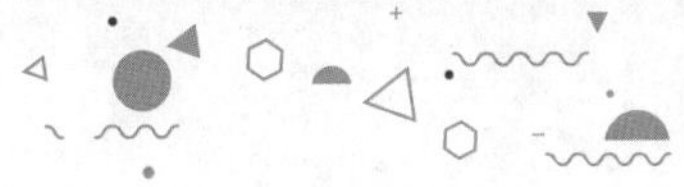

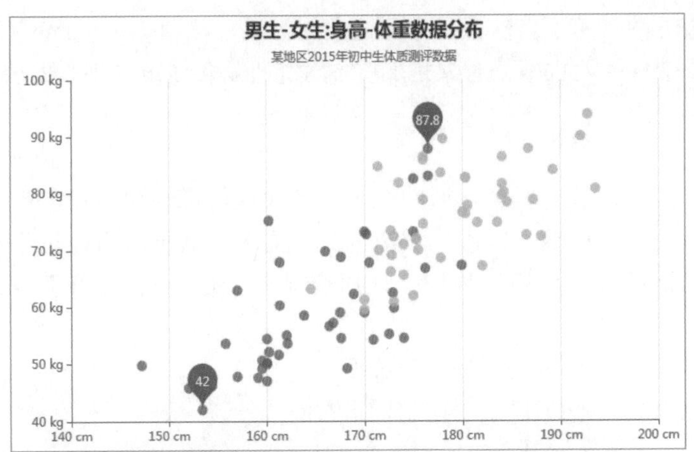

图 4-41　显著显示女生体重数据的最大值和最小值

```
            markLine: {
                lineStyle: {
                    type: 'solid'
                },
                data: [
                {
                    type: 'average',
                    name: 'AVG'
                },
                ]
            }
```

图 4-42　显示体重平均水平线代码的添加

正确输入上述修改代码后，保存文件，定位到相应目录以浏览器方式打开该文件，可视化效果如图 4-43 所示。同样，也可以对男生体重数据的平均水平添加相应的平均基线。

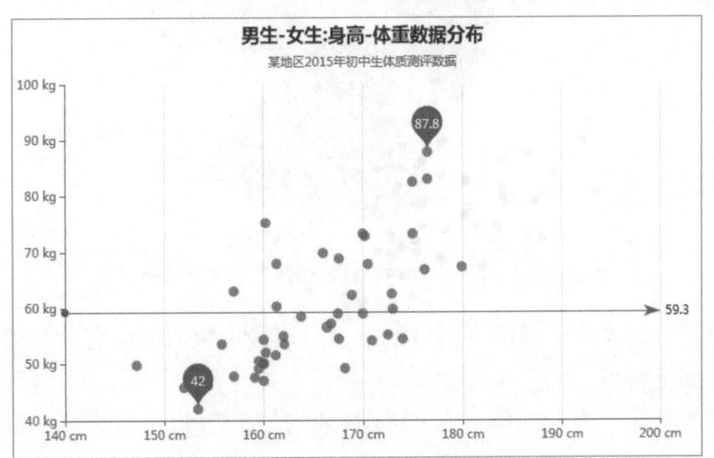

图 4-43　显示女生平均体重的基线

案例4.6　城市租房价格的南丁格尔玫瑰图

南丁格尔玫瑰图是弗罗伦斯•南丁格尔发明的。南丁格尔玫瑰图又称极区图，是一种

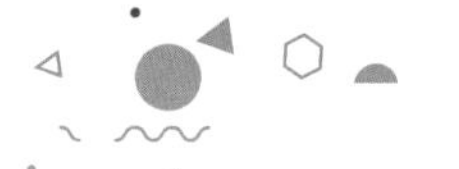

二维码 4-6

城市租房价格的南丁格尔玫瑰图

圆形的直方图。南丁格尔自己常称这类图为鸡冠花图（coxcomb），并且用以表达军医院季节性的死亡率，对象是那些不太能理解传统统计报表的公务人员。

4.6.1 任务描述

在人才引进促进城市发展的今天，各大城市都在想方设法引入高水平人才来充实城市的新鲜血液，以推动城市的高速发展。数据分析专员小芳搜集了某个城市不同城区的二手房租赁数据，计划绘制基于 ECharts 的南丁格尔玫瑰图来进行汇报。

数据来源：经过加工处理的市场调研数据。

案例任务：某城市不同城区二手房租赁指数的统计。

4.6.2 可视化效果

数据分析专员小芳采用 Note Pad ++ 编辑工具，采用 HTML 语言和 JavaScript 脚本编程来绘制散点图，可视化效果如图 4-44 示。

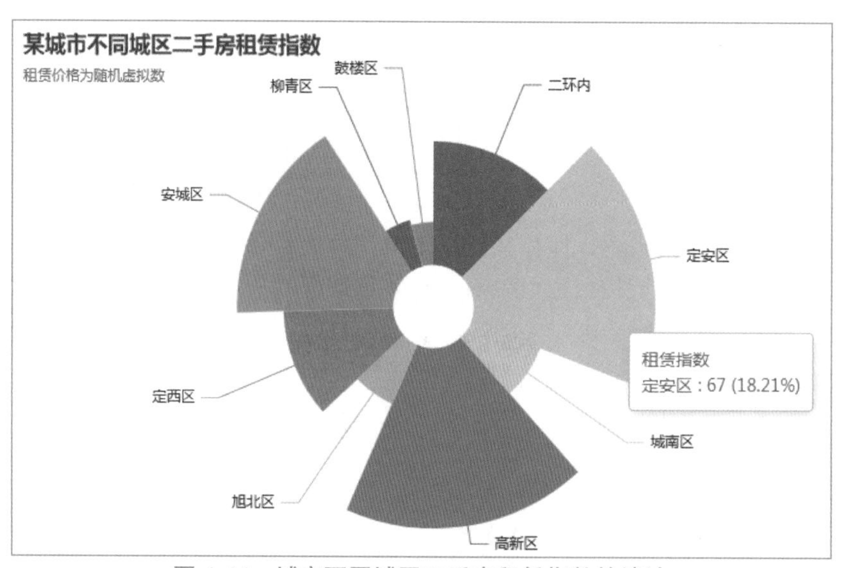

图 4-44　城市不同城区二手房租赁指数的统计

观察图 4-44 可知，读者对城市不同城区二手房租赁指数的统计有一个直观的概览印象。整个散点图具有如下特点：

（1）从宏观来看，读者能够知晓哪些城区的二手房租赁价格高，哪些城区租赁价格低。

（2）从细节来看，动态提示标签可以让读者快速了解感兴趣城区的二手房租赁价格。

对于 ECharts 绘制图表而言，需要读者必须掌握 ECharts 数据可视化的开发框架，能够熟练运用 HTML 和 JavaScript 语言编码，能够将开发代码和可视化中的数据一一对应，具备一定的自学能力。

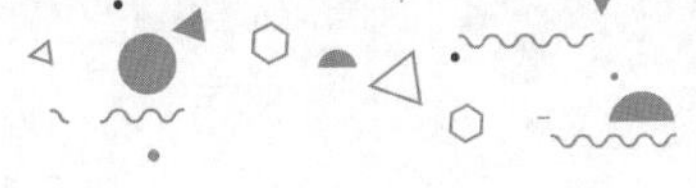

4.6.3　设计过程

1. 设计思路

（1）熟悉 ECharts 开发框架。

（2）明确所需准备的数据内容。

① 设置标题。

② 设置 series 内容。

③ 提示信息的设置。

（3）美化散点图。

2. 操作步骤

1）熟悉 ECharts 开发框架

打开 Note Pad++ 编辑器，执行如下操作：

（1）设定开发语言为 HTML。

（2）写入基本的 HTML 代码结构。

（3）在 <head> 部分进行字符编码。

（4）在 <head> 部分进行页面标题的设置。

（5）在 <body> 部分进行 <div> 节点的定义，并通过 CSS 行内样式表对该节点进行宽度和高度设定。

（6）创建并初始化 document 对象。在设置过程中，容器的高设置为 450 px，宽为屏幕画布宽度的 60%，示意如图 4-45 所示。

```
<!DOCTYPE html>
<head>
    <meta charset="utf-8">
    <title>部分城市租房价格的南丁格尔图</title>
</head>
<body>
    <!-- 为ECharts准备一个宽-高的Dom -->
    <div id="container" style="width:60%;height:450px">
    </div>
    <!-- ECharts单文件引入 -->
    <script src="echarts.min.js"></script>
    <script type="text/javascript">
        // 基于准备好的dom，初始化echarts图表
        var myChart = echarts.init(document.getElementById('container'));
        var option = {
            //需要完善的地方
        }
        //为echarts对象加载数据
        myChart.setOption(option);
    </script>
</body>
```

图 4-45　代码初步框架

2）设置标题

基于已有的代码框架进行标题的设定。在 Note Pad++ 编辑器的相应位置输入代码后，具体代码示意如图 4-46 所示。

```
        var option = {
            title: {
                text: '某城市不同城区二手房租赁指数',
                subtext: '租赁指数根据模型计算而得',
                left: 'left'
            },
```

图 4-46　标题的设置

3）设置 series 内容部分

基于已有的代码框架，进行 series 内容的设定。在 Note Pad++ 编辑器的相应位置输入代码后，具体代码示意如图 4-47 所示。

4）设置动态提示信息

基于已有的代码框架，给已有的初步可视化效果添加动态信息提示。在 Note Pad++ 编辑器的相应位置输入代码后，具体代码示意如图 4-48 所示。

```
        series: [
        {
            name: '租赁指数',
            type: 'pie',
            radius: ['15%', '80%'],  //内圆半径和外圆半径
            center: ['50%', '50%'],  //图表中心位置
            roseType: 'radius',      // area
          data: [
            { value: 46, name: '二环内' },
            { value: 67, name: '定安区' },
            { value: 28, name: '城南区' },
            { value: 67, name: '高新区' },
            { value: 24, name: '旭北区' },
            { value: 42, name: '定西区' },
            { value: 60, name: '安城区' },
            { value: 18, name: '柳青区' },
            { value: 16, name: '鼓楼区' }
          ]
        }
        ]
```

图 4-47 series 部分的设定

```
        tooltip: {
            trigger: 'item',
            formatter: '{a} <br/>{b} : {c} ({d}%)'
        },
```

图 4-48 动态提示信息的设置

基于已有的代码框架，对提示信息的构成介绍如下：

（1）a 代表 series 部分中的 name 变量。

（2）b 代表 series 部分中 data 中的 name 变量。

（3）c 代表 series 部分中 data 中的 value 变量。

（4）d 代表通过计算而得出来的二手房租赁指数百分比。

保存文件后，定位到相应目录采用浏览器方式打开该文件，可视化结果如图 4-44 所示。

案例4.7 平均气温和降水量之间的趋势关系

折柱组合图就是柱形图和折线图的组合，将两者的优点相结合，提供了更为丰富的信息。

4.7.1 任务描述

中国气象局官网数据统计表明，某年全国的降雨量普遍高于往年，全国降水量远大于

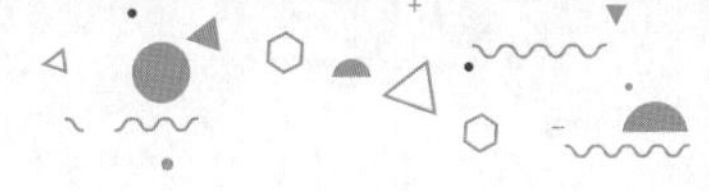

常年同期。数据分析专员小芳现在搜集了某国家 A 城市某年 12 个月的气温和降雨量数据，计划绘制基于 ECharts 的折柱组合图来进行汇报。

二维码 4-7

平均气温和降水量之间的趋势关系

数据来源：经过加工处理的市场调研数据。

案例任务：某国家 A 城市平均气温和降水量之间趋势关系。

4.7.2 可视化效果

数据分析专员小芳采用 Note Pad ++ 编辑工具，采用 HTML 语言和 JavaScript 脚本编程来绘制折柱组合图，可视化效果如图 4-49 所示。

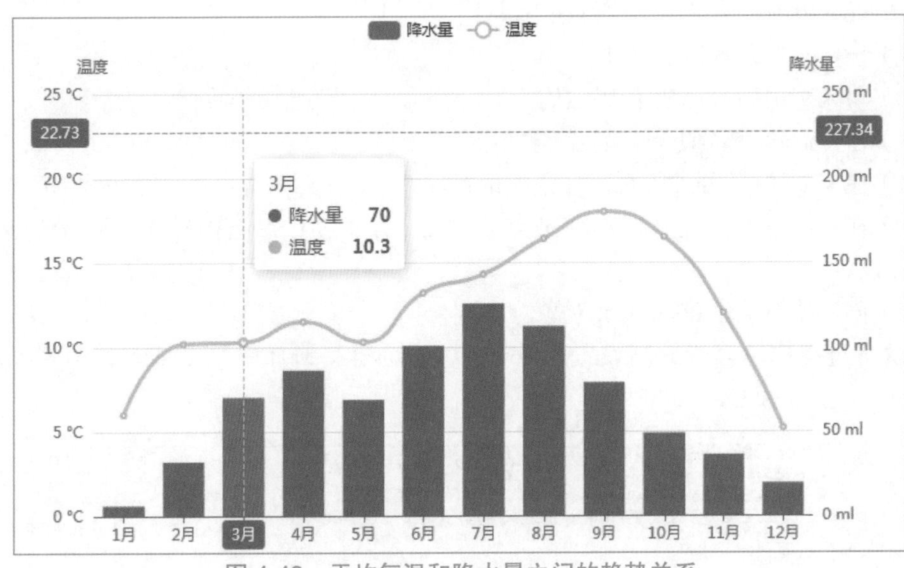

图 4-49 平均气温和降水量之间的趋势关系

观察图 4-49 可知，读者对平均气温和降水量之间的趋势关系有一个直观的概览印象。整个折柱组合图具有如下特点：

（1）从宏观来看，读者可以观察到随着季节的变化，降水量与温度之间的关系不是正比例关系。

（2）从细节来看，读者知道横坐标代表的月份，主纵坐标轴代表的是温度，且用折线标识。

（3）从细节来看，读者知道横坐标代表的月份，次纵坐标轴代表的是降水量，且用柱形图标识。

对于 ECharts 绘制图表而言，需要读者必须掌握 ECharts 数据可视化的开发框架，能够熟练运用 HTML 和 JavaScript 语言编码，能够将开发代码和可视化中的数据一一对应，具备一定的自学能力。

4.7.3 设计过程

1. 设计思路

（1）熟悉 ECharts 开发框架。

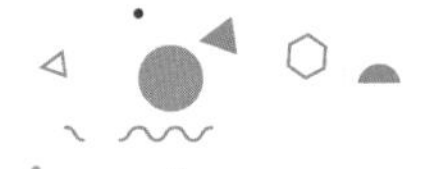

（2）明确所需准备的数据内容。

① 设置标题。

② 设置 series 内容。

③ 标题的设置。

④ 提示信息的设置。

（3）美化折柱组合图。

2. 操作步骤

1）熟悉 ECharts 开发框架

打开 Note Pad++ 编辑器，执行如下操作：

（1）设定开发语言为 HTML。

（2）写入基本的 HTML 代码结构。

（3）在 <head> 部分进行字符编码。

（4）在 <head> 部分进行页面标题的设置。

（5）在 <body> 部分进行 <div> 节点的定义，并通过 CSS 行内样式表给该节点进行宽度和高度设定。

（6）创建并初始化 document 对象。

在设置过程中，容器的高设置为 450 px，宽为屏幕画布宽度的 60%，示意如图 4-50 所示。

```
<!DOCTYPE html>
<head>
    <meta charset="utf-8">
    <title>平均气温和降水量之间趋势关系</title>
</head>
<body>
    <!-- 为ECharts准备一个宽-高的Dom -->
    <div id="container" style="width:60%;height:450px">
    </div>
    <!-- ECharts单文件引入 -->
    <script src="echarts.min.js"></script>
    <script type="text/javascript">
        // 基于准备好的dom，初始化echarts图表
        var myChart = echarts.init(document.getElementById('container'));
        var option = {
            //需要完善的地方
        }
        //为echarts对象加载数据
        myChart.setOption(option);
    </script>
</body>
```

图 4-50　代码初步框架

2）设置 *X* 轴和 *Y* 轴

基于已有的代码框架，进行坐标轴的设定。在 Note Pad++ 编辑器的相应位置输入代码后，具体代码示意如图 4-51 所示。

3）设置 series 内容部分

基于已有的代码框架，进行 series 内容的设定。在 Note Pad++ 编辑器的相应位置输入代码后，具体代码示意如图 4-52 所示。

查看添加代码可知，主要是给出温度和降水量的数据，并且这两类数据是分别独立的，

一个与主纵坐标轴相关，一个与次纵坐标轴相关。

4）提示信息和图例的设置

基于已有的代码框架，进行提示信息和图例的设定。在 Note Pad++ 编辑器的相应位置输入代码后，具体代码示意如图 4-53 所示。

```
xAxis: [
{
    type: 'category',
    axisTick: {
        alignWithLabel: true
    },
    data: [
        '1月',
        '2月',
        '3月',
        '4月',
        '5月',
        '6月',
        '7月',
        '8月',
        '9月',
        '10月',
        '11月',
        '12月'
    ]
}
],
```

```
    yAxis: [
    {
        type: 'value',
        name: '降水量',
        min: 0,
        max: 250,
        position: 'right',
        axisLabel: {
            formatter: '{value} ml'
        }
    },
    {
        type: 'value',
        name: '温度',
        min: 0,
        max: 25,
        position: 'left',
        axisLabel: {
            formatter: '{value} °C'
        }
    }
    ],
```

图 4-51　坐标轴的设置

```
//Section2: series部分的内容
series: [
{
  name: '降水量',
  type: 'bar',
  yAxisIndex: 0,
  data: [  6,   32,   70,   86, 68.7, 100.7,
        125.6,112.2, 78.7, 48.8, 36.0, 19.3 ]
},
{
  name: '温度',
  type: 'line',
  smooth: true,
  yAxisIndex: 1,
  data: [
     6.0,   10.2,   10.3,   11.5,   10.3,   13.2,
    14.3,   16.4,   18.0,   16.5,   12.0,    5.2
  ]
}
]
```

图 4-52　series 部分的设定

```
//Section3: 提示信息和图例的设置
tooltip: {
    trigger: 'axis',
    axisPointer: { type: 'cross' }
},
legend: {}
```

图 4-53　提示信息和图例的设定

文件保存后，定位到相应目录，采用浏览器方式打开该文件，可视化结果如图 4-49 所示。

案例4.8 单位辖管二级单位职工人数对比

二维码 4-8

单位辖管二级单位职工人数对比

条形图（bar chart）是用宽度相同的条形的高度或长短来表示数据多少的图形。条形图可以横置或纵置，纵置时也称为柱形图（column chart）。

4.8.1 任务描述

数据分析专员小芳就职于某事业单位的信息统计部门，现在接到要求统计该单位辖管二级单位职工人数的统计工作，以便为来年的经费下拨提供数据依据。现在数据分析专员小芳搜集了该单位辖管的所有二级单位职工的相关数据，计划绘制基于 ECharts 的条形图来向上级进行汇报。

数据来源：经过加工处理的市场调研数据。

案例任务：某单位辖管二级单位职工人数的汇总对比。

4.8.2 可视化效果

数据分析专员小芳采用 Note Pad ++ 编辑工具，采用 HTML 语言和 JavaScript 脚本编程来绘制折线图，可视化效果如图 4-54 所示。

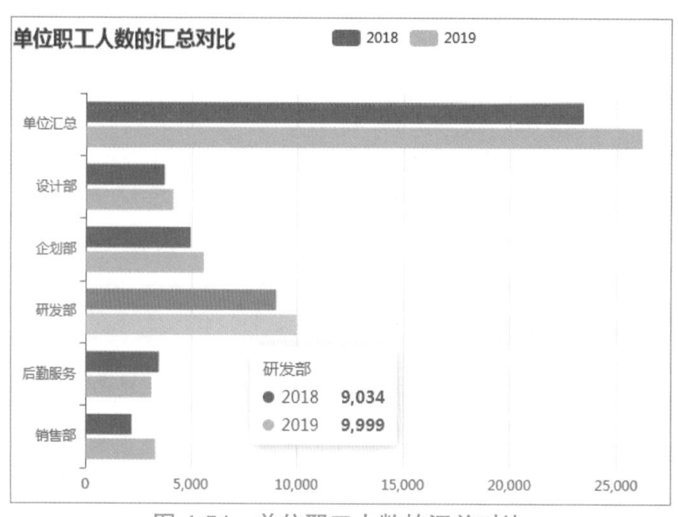

图 4-54 单位职工人数的汇总对比

观察图 4-54 可知，读者对该单位不同部门的员工数量有一个直观的概览印象。整个条形图具有如下特点：

（1）从横坐标看，让读者能够知晓该单位的员工总规模。

（2）从横坐标看，让读者知道研发部门的员工人数最多。

（3）从横坐标看，让读者快速知道一个部门在两年之间的员工数量是增加还是减少。

（4）动态提示则可以让读者快速了解每个部门的员工人数的具体数量。

对于 ECharts 绘制图表而言，需要读者必须掌握 ECharts 数据可视化的开发框架，能

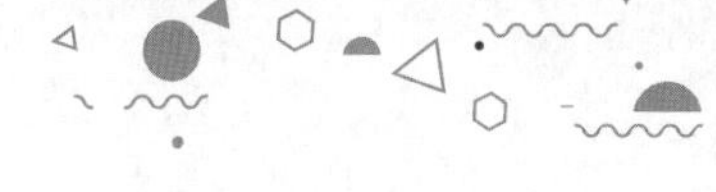

够熟练运用 HTML 和 JavaScript 语言编码，能够将开发代码和可视化中的数据一一对应，具备一定的自学能力。

4.8.3 设计过程

1. 设计思路

（1）熟悉 ECharts 开发框架。

（2）明确所需准备的数据内容。

① 设置 X 轴和 Y 轴。

② 设置 series 内容。

③ 添加图的标题。

④ 提示信息的设置。

2. 操作步骤

1）熟悉 ECharts 开发框架

打开 Note Pad++ 编辑器，执行如下操作：

（1）设定开发语言为 HTML。

（2）写入基本的 HTML 代码结构。

（3）在 <head> 部分进行字符编码。

（4）在 <head> 部分进行页面标题的设置。

（5）在 <body> 部分进行 <div> 节点的定义，并通过 CSS 行内样式表对该节点进行宽度和高度设定。

（6）创建并初始化 document 对象。在设置过程中，容器的高设置为 450 px，宽为屏幕画布宽度的 60%，具体示意如图 4-55 所示。

2）设置坐标轴

基于已有的代码框架进行坐标轴设定。在 Note Pad++ 编辑器的相应位置输入代码，具体代码示意如图 4-56 所示。

3）设置 series 内容部分

基于已有的代码框架进行 series 内容的设定。在 Note Pad++ 编辑器的相应位置输入代码后，具体代码示意如图 4-57 所示。

查看添加代码可知，主要是给出该单位相邻两年的职工人数统计数据。

4）提示信息和图例的设置

基于已有的代码框架，进行提示信息和图例的设定。在 Note Pad++ 编辑器的相应位置输入代码后，具体代码示意如图 4-58 所示。

保存文件后，定位到相应目录采用浏览器方式打开该文件，可视化结果如图 4-54 所示。

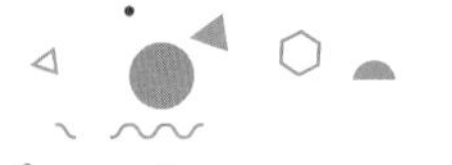


```
<!DOCTYPE html>
<head>
    <meta charset="utf-8">
    <title>单位职工人数的汇总对比</title>
</head>
<body>
    <!-- 为ECharts准备一个宽-高的Dom -->
    <div id="container" style="width:60%;height:450px">
    </div>
    <!-- ECharts单文件引入 -->
    <script src="echarts.min.js"></script>
    <script type="text/javascript">
        // 基于准备好的dom，初始化echarts图表
        var myChart = echarts.init(document.getElementById('container'));
        var option = {
            //需要完善的地方
        }
        //为echarts对象加载数据
        myChart.setOption(option);
    </script>
</body>
```

图 4-55　ECharts 开发框架

```
        //Section2:坐标轴的设置
        xAxis: {
            type: 'value',
            boundaryGap: [0, 0.01]
        },
        yAxis: {
            type: 'category',
            data: ['销售部', '后勤服务', '研发部', '企划部', '设计部', '单位汇总']
        },
```

图 4-56　坐标轴的设置

```
        //Section3:series部分
        series: [
        {
          name: '2018',
          type: 'bar',
          data: [2203, 3489, 9034, 4970, 3744, 23440]
        },
        {
          name: '2019',
          type: 'bar',
          data: [3325, 3138, 9999, 5594, 4141, 26197]
        }
        ],
```

图 4-57　series 部分的设置

```
        //Section4:提示信息和图例的设置
        tooltip: {
            trigger: 'axis',
            axisPointer: {
                type: 'shadow'
            }
        },
        legend: {}
```

图 4-58　提示信息和图例的设定

案例4.9　创业素养指标的综合评定

二维码 4-9

创业素养指标的综合评定 1

雷达图是以从同一点开始的轴上表示的三个或多个定量变量的二维图表的形式显示多变量数据的图形方法。在雷达图中，轴的相对位置和角度通常是无信息的。

雷达图也称网络图、蜘蛛图、星图、蜘蛛网图、不规则多边形、极坐标图或 Kiviat 图。雷达图相当于平行坐标图，轴径向排列。

雷达图主要应用于企业经营状况的收益性、生产性、流动性、安全性和成长性的评价，上述指标的分布组合在一起的形状与雷达相似，因此而得名。

二维码 4-9

创业素养指标的综合评定 2

4.9.1　任务描述

张教授作为一名研究机构的高级创业导师，在指导学生团队进行创新创业大赛中，需要对多支学生团队的创业素养进行测试并比较。通常，张教授会采用身心健康、冒险精神、创业动机、互联网思维、学习能力、知识储备和团队精神这几个衡量指标来对学生团队进行综合评测。数据分析专员小芳现在已经收集了两支队伍的相关数据，计划绘制基于 ECharts 的雷达图来向张教授进行汇报。

数据来源：经过加工处理的参赛队伍数据。

案例任务：学生团队创业素养的综合评定。

4.9.2　可视化效果

数据分析专员小芳采用 Note Pad ++ 编辑工具，采用 HTML 语言和 JavaScript 脚本编程来绘制折线图，可视化效果如图 4-59 所示。

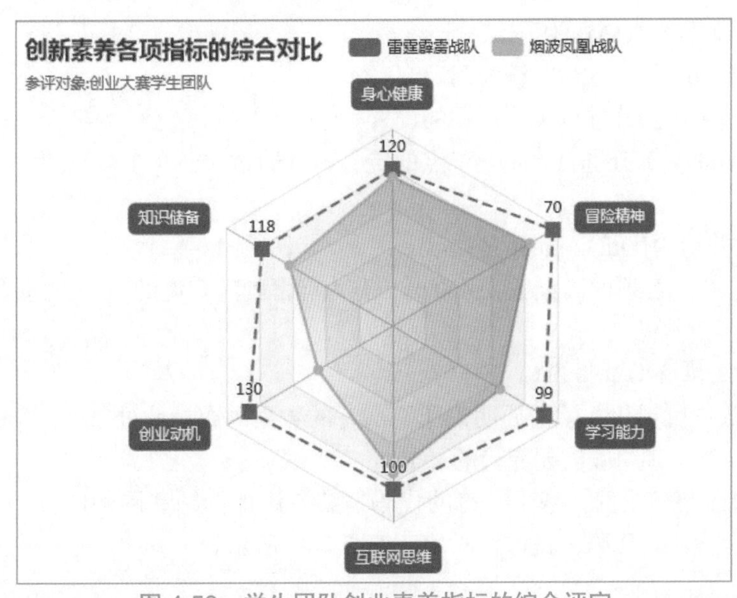

图 4-59　学生团队创业素养指标的综合评定

观察图 4-59 可知，读者对学生团队创业素养的指标综合评定有一个直观的概览印象。

整个雷达图具有如下特点：

（1）从雷达图的标题看，让读者能够知晓雷达图的主旨是为了对比两支战队的创新素养。

（2）从雷达图的范围看，让读者知道创新素养共包含六大指标。

（3）从雷达图的图例看，让读者快速知道团队及其对应的创新素养得分的优劣。

（4）从雷达图的单个指标来看，让读者快速知道该创新素养指标下哪支团队胜出。

（5）从雷达图的标签来看，让读者知道每个创新素养下的最高得分及其归属战队。

对于 ECharts 绘制图表而言，需要读者必须掌握 ECharts 数据可视化的开发框架，能够熟练运用 HTML 和 JavaScript 语言编码，能够将开发代码和可视化中的数据一一对应，具备一定的自学能力。

4.9.3 设计过程

1. 设计思路

（1）熟悉 ECharts 开发框架。

（2）明确所需准备的数据内容。

① 添加标题和图例。

② 设置 series 内容。

③ 设置 radar 部分。

2. 操作步骤

1）熟悉 ECharts 开发框架

打开 Note Pad++ 编辑器，执行如下操作：

（1）设定开发语言为 HTML。

（2）写入基本的 HTML 代码结构。

（3）在 <head> 部分进行字符编码。

（4）在 <head> 部分进行页面标题的设置。

（5）在 <body> 部分进行 <div> 节点的定义，并通过 CSS 行内样式表对该节点进行宽度和高度设定。

（6）创建并初始化 document 对象。

在设置过程中，容器的高设置为 450 px，宽为屏幕画布宽度的 60%，具体示意如图 4-60 所示。

2）明确所需准备的数据内容

要想实现数据可视化，就需要明确所需准备的数据内容。此处，介绍数据部分的代码框架 <option>，进一步明确需要完善的部分。

（1）添加标题和图例。基于已有的代码框架，添加标题和图例部分。在 Note Pad++ 编辑器的相应位置输入代码，具体代码示意如图 4-61 所示。

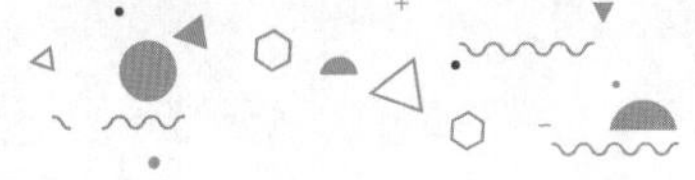


```
<!DOCTYPE html>
<head>
    <meta charset="utf-8">
    <title>学生团队创新素养指标的综合评定</title>
</head>
<body>
    <!-- 为ECharts准备一个宽-高的Dom -->
    <div id="container" style="width:60%;height:450px">
    </div>
    <!-- ECharts单文件引入 -->
    <script src="echarts.min.js"></script>
    <script type="text/javascript">
        // 基于准备好的dom，初始化echarts图表
        var myChart = echarts.init(document.getElementById('container'));
        var option = {
            //Section1:设置不同的颜色
            color: ['#67F9D8', '#FFE434', '#56A3F1', '#FF917C'],
           //需要完善的地方
        }
        //为echarts对象加载数据
        myChart.setOption(option);
    </script>
</body>
```

图 4-60 ECharts 开发框架

```
            //Section1: 设置标题和图例
             title: {
                 text: '创新素养各项指标的综合对比',
                 subtext: '参评对象:创业大赛学生团队',
                 left: 'left'
             },
             legend: {
                 left:'center'
             },
```

图 4-61 标题和图例的置置

（2）设置 series 部分。基于已有的代码框架，进行 series 内容的设定。在 Note Pad++ 编辑器的相应位置输入代码后，具体代码示意如图 4-62 所示。

```
            //Section3: series部分的内容
            series: [
            {
                name: 'Budget vs spending',
                type: 'radar',
                data: [
                {
                    value: [120, 118, 130, 100, 99, 70],
                    name: '雷霆霹雳战队',
                    symbol: 'rect',    //方块标记
                    symbolSize: 12,
                    lineStyle: {
                        type: 'dashed'
                    },
                    label: {
                        show: true,
                        formatter: function (params) {
                            return params.value;
                        }
                    }
                },
                {
                    value: [114, 93, 67, 90, 70, 60],
                    name: '烟波凤凰战队',
                    areaStyle: {
                        color: new echarts.graphic.RadialGradient(0.1, 0.6, 1, [
                        {
                            color: 'rgba(255, 145, 124, 0.1)',
                            offset: 0
                        },
                        {
                            color: 'rgba(255, 145, 124, 0.9)',
                            offset: 1
                        }
                        ])
                    }
                }
                ]
            }
            ]
```

图 4-62 series 部分的设置

（3）设置 radar 部分。基于已有的代码框架，进行 radar 内容的设定。在 Note Pad++ 编辑器的相应位置输入代码后，具体代码示意如图 4-63 所示。

文件保存后，定位到相应目录采用浏览器方式打开该文件，可视化结果如图 4-59 所示。

```
            //Section2: radar的设置
            radar: {
                indicator: [
                    { text: '身心健康', max: 150 },
                    { text: '知识储备', max: 150 },
                    { text: '创业动机', max: 150 },
                    { text: '互联网思维', max: 120 },
                    { text: '学习能力', max: 108 },
                    { text: '冒险精神', max: 72 }
                ],
                center: ['40%', '50%'],
                radius: 150,
                axisName: {
                    color: '#fff',
                    backgroundColor: '#666',
                    borderRadius: 5,
                    padding: [6, 8]
                }
            },
```

图 4-63　radar 部分的设置

案例4.10 股票价格波动的K线图

二维码 4-10

股票价格波动的 K 线图

K 线图这种图表源自日本德川幕府时代，被当时日本米市的商人用来记录米市的行情与价格波动，后因其细腻独到的标画方式而被引入股市及期货市场。股市及期货市场中的 K 线图的画法包含四个数据，即开盘价、最高价、最低价、收盘价，所有的 K 线都是围绕这四个数据展开，反映大势的状况和价格信息。如果把每日的 K 线图放在一张纸上，就能得到日 K 线图，同样也可画出周 K 线图、月 K 线图。

目前，这种图表分析法在我国以至整个东南亚地区均尤为流行。由于用这种方法绘制出来的图表形状颇似一根根蜡烛，加上这些蜡烛有黑白之分，因而也叫阴阳线图表。

通过 K 线图，我们能够把每日或某一周期的市况表现完全记录下来，股价经过一段时间的盘档后，在图上即形成一种特殊区域或形态，不同的形态显示出不同意义。我们可以从这些形态的变化中摸索出一些规律。

4.10.1 任务描述

随着生活水平的不断提高和知识储备的加深，部分居民加入了基金理财、炒股等大军行列。正在攻读金融学的张同学，钻研了一只股票连续几日的数据。数据分析专员小芳获得该同学提供的数据后，计划绘制基于 ECharts 的 K 线图以反馈给该同学。

数据来源：某股票连续几日的波动数据。

案例任务：绘制一只股票价格波动的 K 线图。

4.10.2 可视化效果

数据分析专员小芳采用 Note Pad ++ 编辑工具，采用 HTML 语言和 JavaScript 脚本编

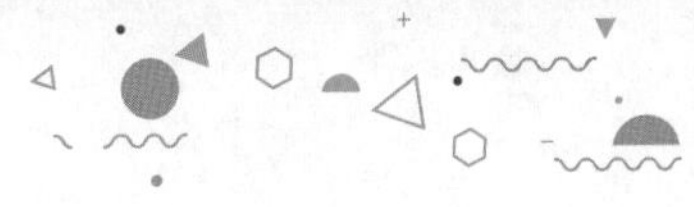

程来绘制折线图，可视化效果如图 4-64 所示。

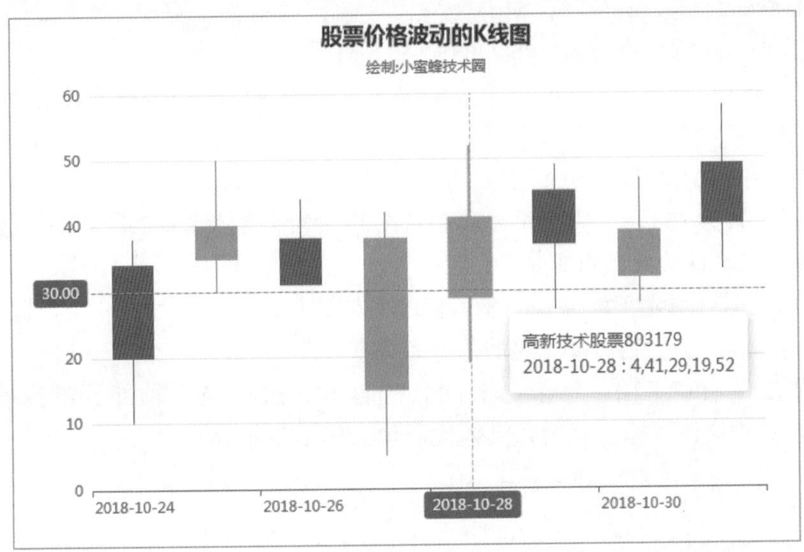

图 4-64　股票价格波动的 K 线图

观察图 4-64 可知，读者对股票价格波动的 K 线图有一个直观的概览印象。整个 K 线图具有如下特点：

（1）从 K 线图的标题看，让读者能够知晓图的主旨是关于股票价格变动的 K 线图。

（2）从横坐标看，让读者知道股票价格变动所在日期。

（3）从纵坐标看，让读者快速知道股票价格的开盘价、最高价、最低价、收盘价。

（4）动态提示信息则让读者快速知道股票的名称、日期和具体价格详情。

（5）能够直观地看到股票的日最低价和日最高价。

对于 ECharts 绘制图表而言，需要读者必须掌握 ECharts 数据可视化的开发框架，能够熟练运用 HTML 和 JavaScript 语言编码，能够将开发代码和可视化中的数据一一对应，具备一定的自学能力。

4.10.3　设计过程

1. 设计思路

（1）熟悉 ECharts 开发框架。

（2）明确所需准备的数据内容。

① 设置 *X* 轴和 *Y* 轴。

② 设置 series 内容。

③ 添加信息提示和标题。

2. 操作步骤

1）熟悉 ECharts 开发框架

打开 Note Pad++ 编辑器，执行如下操作：

（1）设定开发语言为 HTML。

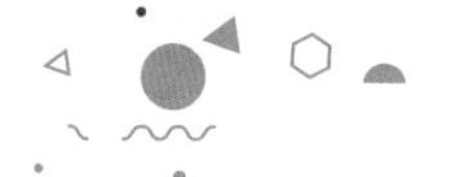

（2）写入基本的 HTML 代码结构。

（3）在 <head> 部分进行字符编码。

（4）在 <head> 部分进行页面标题的设置。

（5）在 <body> 部分进行 <div> 节点的定义，并通过 CSS 行内样式表对该节点进行宽度和高度设定。

（6）创建并初始化 document 对象。

容器的高设置为 450 px，宽为屏幕画布宽度的 60%，具体示意如图 4-65 所示。

2）明确所需准备的数据内容

要想实现数据可视化，就需要明确所需准备的数据内容。此处，介绍数据部分的代码框架 <option>，进一步明确需要完善的部分有哪些。

（1）设置 X 轴和 Y 轴。基于已有的代码框架，进行坐标轴部分的设置。在 Note Pad++ 编辑器的相应位置输入代码，具体代码示意如图 4-66 所示。

```
<!DOCTYPE html>
<head>
    <meta charset="utf-8">
    <title>股票价格波动的K线图</title>
</head>
<body>
    <!-- 为ECharts准备一个宽-高的Dom -->
    <div id="container" style="width:60%;height:450px">
    </div>
    <!-- ECharts单文件引入 -->
    <script src="echarts.min.js"></script>
    <script type="text/javascript">
        // 基于准备好的dom，初始化echarts图表
        var myChart = echarts.init(document.getElementById('container'));
        var option = {
            //需要完善的地方
        }
        //为echarts对象加载数据
        myChart.setOption(option);
    </script>
</body>
```

图 4-65　ECharts 开发框架

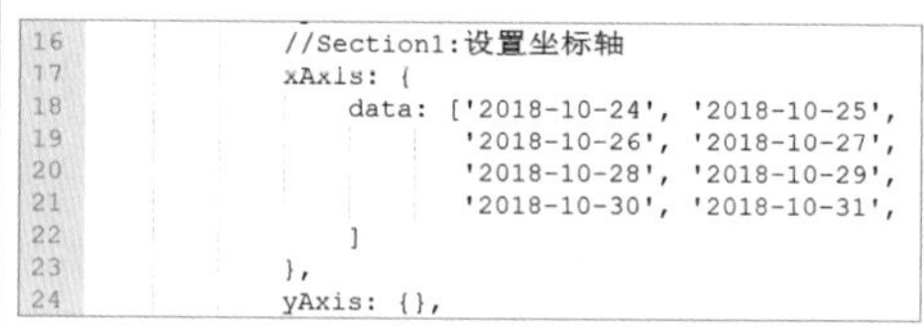

```
            //Section1:设置坐标轴
            xAxis: {
                data: ['2018-10-24', '2018-10-25',
                       '2018-10-26', '2018-10-27',
                       '2018-10-28', '2018-10-29',
                       '2018-10-30', '2018-10-31',
                ]
            },
            yAxis: {},
```

图 4-66　坐标轴的设置

（2）设置 series 部分。基于已有的代码框架，进行 series 内容的设定。在 Note Pad++ 编辑器的相应位置输入代码后，具体代码示意如图 4-67 所示。

（3）添加信息提示和标题。基于已有的代码框架，添加信息提示和标题。在 Note Pad++ 编辑器的相应位置输入代码后，具体代码示意如图 4-68 所示。

```
            //Section2:series部分的内容
            series: [
            {
                name: '高新技术股票803179',
                type: 'candlestick',
                data: [
                    [20, 34, 10, 38],[40, 35, 30, 50],
                    [31, 38, 33, 44],[38, 15, 5, 42],
                    [41, 29, 19, 52],[37, 45, 27, 49],
                    [39, 32, 28, 47],[40, 49, 33, 58]
                ]
            }
            ],
```

图 4-67　series 部分的设置

```
            //Section3:设置信息提示
            tooltip: {
                trigger: 'axis',
                axisPointer: {
                    type: 'cross'
                },
                formatter: '{a} <br/>{b} : {c}'
            },
            //Section4:设置标题
            title: {
                text: '股票价格波动的K线图',
                subtext: '绘制:小蜜蜂技术圈',
                left:'center'
            }
```

图 4-68　radar 部分的设置

文件保存后，定位到相应目录采用浏览器方式打开该文件，可视化结果如图 4-64 所示。

案例4.11　迈克尔逊－莫雷实验

二维码 4-11

迈克尔逊—莫雷实验 1

箱线图(box-plot)于 1977 年由美国著名统计学家约翰•图基(John Tukey)发明。箱线图又称为盒须图、盒式图或箱形图，是一种用作显示一组数据分散情况资料的统计图。箱形图在各种领域也经常被使用，常见于品质管理，因其形状如箱子而得名。

箱线图能显示出一组数据的最大值、最小值、中位数及上下四分位数。箱形图主要用于反映原始数据分布的特征，还可以进行多组数据分布特征的比较。箱线图的绘制方法是：

二维码 4-11

迈克尔逊—莫雷实验 2

（1）先找出一组数据的上边缘、下边缘、中位数和两个四分位数。

（2）然后连接两个四分位数画出箱体。

（3）再将上边缘和下边缘与箱体相连接，中位数在箱体中间。

4.11.1　任务描述

迈克尔逊 - 莫雷实验 (Michelson-Morley experiment) 是 1887 年迈克尔逊和莫雷在美国克利夫兰做的用迈克尔逊干涉仪测量两垂直光的光速差值的一项著名的物理实验。实验结果证明光速在不同惯性系和不同方向上都是相同的，由此否认了以太绝对静止参考系的存在，成为近代物理学的一个开端，在物理学发展史上占有十分重要的地位。

数据分析专员小芳现在已经获取部分实验数据，计划绘制基于 ECharts 的箱线图来对实验结果进行分析和深入研究。

数据来源：迈克尔逊 - 莫雷实验数据。

案例任务：绘制基于迈克尔逊 - 莫雷实验数据的箱线图。

4.11.2　可视化效果

数据分析专员小芳采用 Note Pad ++ 编辑工具，采用 HTML 语言和 JavaScript 脚本编程来绘制折线图，可视化效果如图 4-69 所示。

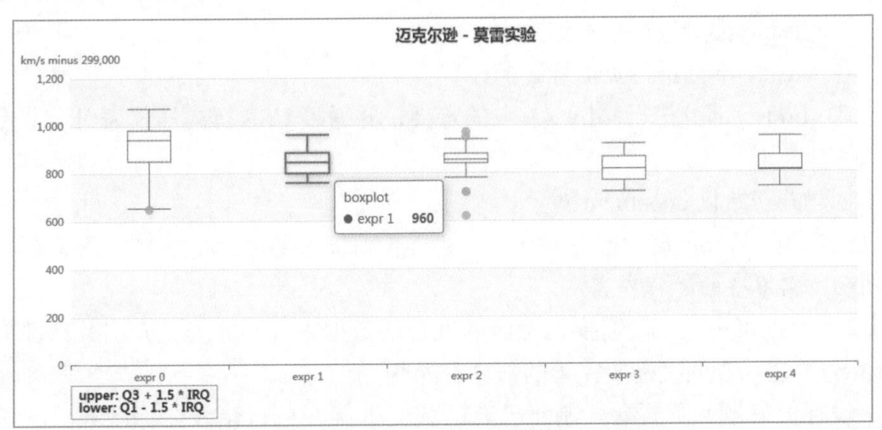

图 4-69　迈克尔逊 – 莫雷实验数据的箱线图

观察图 4-69 可知，读者对迈克尔逊 - 莫雷实验数据的箱线图有一个直观的概览印象。整个箱线图具有如下特点：

（1）从图的标题看，让读者能够知道图的分析数据来源是迈克尔逊 - 莫雷实验。

（2）从横坐标看，让读者知道数据来源于多次实验的实验数据以及数据的数值分布情况。

（3）从纵坐标看，让读者快速知道每次实验数据的上边缘、下边缘、中位数和两个四分位数。

（4）动态提示信息则让读者快速知道实验名称以及中位数的具体数值。

（5）底部标题则告诉读者，四分位数的计算公式，以便让读者可以引用与处理实验数据。其中，IRQ 代表四分位极差，也称为四分位间距。

对于 ECharts 绘制图表而言，需要读者必须掌握 ECharts 数据可视化的开发框架，能够熟练运用 HTML 和 JavaScript 语言编码，能够将开发代码和可视化中的数据一一对应，具备一定的自学能力。

4.11.3 设计过程

1. 设计思路

（1）熟悉 ECharts 开发框架。

（2）明确所需准备的数据内容。

① 设置标题及计算公式。

② 设置数据集部分。

③ 添加信息提示和绘图边缘间距。

④ 设置 *X* 轴和 *Y* 轴。

⑤ 设置 series 内容。

2. 操作步骤

1）熟悉 ECharts 开发框架

打开 Note Pad++ 编辑器，执行如下操作：

（1）设定开发语言为 HTML。

（2）写入基本的 HTML 代码结构。

（3）在 <head> 部分进行字符编码。

（4）在 <head> 部分进行页面标题的设置。

（5）在 <body> 部分进行 <div> 节点的定义，并通过 CSS 行内样式表对该节点进行宽度和高度设定。

（6）创建并初始化 document 对象。

在设置过程中，容器的高设置为 450 px，宽为屏幕画布宽度的 60%，具体示意如图 4-70 所示。

2）明确所需准备的数据内容

要想实现数据可视化，就需要明确所需准备的数据内容。此处，介绍数据部分的代码框架 <option>，进一步明确需要完善的部分有哪些。

（1）设置上标题和下标题。基于已有的代码框架，进行箱线图标题部分的设置。在 Note Pad++ 编辑器的相应位置输入代码，具体代码示意如图 4-71 所示。

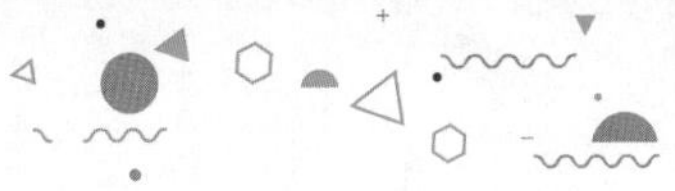

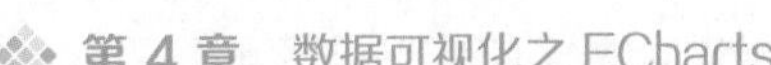

（2）设置实验数据集。基于已有的代码框架，进行实验数据集的设置。在 Note Pad++ 编辑器的相应位置输入代码，具体代码示意如图 4-72 所示。

```
<!DOCTYPE html>
<head>
    <meta charset="utf-8">
    <title>迈克尔逊一莫雷实验</title>
</head>
<body>
    <!-- 为ECharts准备一个宽-高的Dom -->
    <div id="container" style="width:60%;height:450px">
    </div>
    <!-- ECharts单文件引入 -->
    <script src="echarts.min.js"></script>
    <script type="text/javascript">
        // 基于准备好的dom，初始化echarts图表
        var myChart = echarts.init(document.getElementById('container'));
        var option = {
           //需要完善的地方
        }
        //为echarts对象加载数据
        myChart.setOption(option);
    </script>
</body>
```

图 4-70　ECharts 开发框架

```
            //Section1:上标题和下标题的设定
            title: [
            {
              text: '迈克尔逊一莫雷实验',
              left: 'center'
            },
            {
              text: ' upper: Q3 + 1.5 * IRQ \n lower: Q1 - 1.5 * IRQ',
              borderColor: '#999',
              borderWidth: 1,
              textStyle: {
                fontSize: 14
              },
              left: '10%',
              top: '90%'
            }
            ],
```

图 4-71　标题的设置

```
            //Section2:数据集的设定
            dataset: [
            {
                // prettier-ignore
                source: [
                    [850, 740, 900, 1070, 930, 850, 950, 980, 980, 880,
                    1000, 980, 930, 650, 760, 810, 1000, 1000, 960, 960],
                    [960, 940, 960,  940, 880, 800, 850, 880, 900, 840,
                    830, 790, 810, 880, 880, 830,  800,  790, 760, 800],
                    [880, 880, 880,  860, 720, 720, 620, 860, 970, 950,
                    880, 910, 850, 870, 840, 840,  850,  840, 840, 840],
                    [890, 810, 810,  820, 800, 770, 760, 740, 750, 760,
                    910, 920, 890, 860, 880, 720,  840,  850, 850, 780],
                    [890, 840, 780,  810, 760, 810, 790, 810, 820, 850,
                    870, 870, 810, 740, 810, 940,  950,  800, 810, 870]
                ]
            },
            {
              transform: {
                type: 'boxplot',
                config: {
                  <!-- config: { itemNameFormatter: 'expr {value}' } -->
                  itemNameFormatter: function (params) {
                    return 'expr ' + params.value;
                  }
                }
              }
            },
            {
              fromDatasetIndex: 1,
              fromTransformResult: 1
            }
            ],
```

图 4-72　实验数据集的设置

（3）设置信息提示和绘图边缘间距。基于已有的代码框架，添加信息提示和绘图边缘间距。在 Note Pad++ 编辑器的相应位置输入代码后，具体代码示意如图 4-73 所示。

（4）设置坐标轴部分。基于已有的代码框架，进行坐标轴的设定。在 Note Pad++ 编辑器的相应位置输入代码后，具体代码示意如图 4-74 所示。

（5）设置 series 部分。基于已有的代码框架，进行 series 内容的设定。在 Note Pad++ 编辑器的相应位置输入代码后，具体代码示意如图 4-75 所示。

```
            //Section3:信息提示的设定
            tooltip: {
                trigger: 'item',
                axisPointer: {
                  type: 'shadow'
                }
            },
            grid: {
                left: '10%',
                right: '10%',
                bottom: '15%'
            },
```

图 4-73　设置信息提示和绘图边缘间距

```
            //Section4:坐标轴的设定
            xAxis: {
                type: 'category',
                boundaryGap: true,
                nameGap: 30,
                splitArea: {
                  show: false
                },
                splitLine: {
                  show: false
                }
            },
            yAxis: {
                type: 'value',
                name: 'km/s minus 299,000',
                splitArea: {
                  show: true
                }
              },
```

图 4-74　坐标轴的设置

```
            //Section5:series部分的内容
            series: [
            {
              name: 'boxplot',
              type: 'boxplot',
              datasetIndex: 1
            },
            {
              name: 'outlier',
              type: 'scatter',
              datasetIndex: 2
            }
            ]
```

图 4-75　series 部分的设置

文件保存后，定位到相应目录，采用浏览器方式打开该文件，可视化结果如图 4-69 所示。

案例4.12　家族图谱中的代际关系

二维码 4-12

家族图谱中的代际关系 1

旭日图（sunburst chart）是一种现代饼图，由多层环形图组成。旭日图在数据结构上，内圈是外圈的父节点，以父子层次结构来显示数据构成情况，能表达清晰的层级和归属关系。旭日图也称太阳图，是一种圆环镶接图，超越传统的饼图和环图。

在旭日图中，离原点越近表示级别越高，相邻两层中是内层包含外层的关系。旭日图中每个级别的数据通过一个圆环表示，离原点越近代表圆环级别越高，最内层的圆表示层次结构的顶级，然后一层一层去看数据的占比情况。越往外，级别越低，且分类越细。

从性状表现来看，旭日图相当于多个饼图的组合。实际上，旭日图的本质是树状关系，因此也被称为极坐标下的矩形树图。因此，旭日图既能像饼图一样表现局部和整体的占比，

又能像矩形树图一样表现层级关系。

二维码 4-12 家族图谱中的代际关系 2

就普通的饼图而言，只能体现一层数据的比例情况。而旭日图不仅可以体现数据比例，还能体现数据层级之间的关系。旭日图可以在承载大量数据的同时，清晰地显示数据间的结构关系。对于旭日图和树状图而言，二者也有一定的区别：

（1）树状图更适合类别少、层级少的比例数据关系。

（2）旭日图更适合层级多的比例数据关系。

4.12.1 任务描述

二维码 4-12

家族图谱中的代际关系 3

任何一个家族，不论大小，都可以用旭日图绘制出整个家族之间的继承及同辈之间的关系，能够快速了解整个家族。数据分析专员小芳现在已经获取了 Me 的家族数据，计划绘制基于 ECharts 的旭日图来呈现其家族关系。

数据来源：Me 的家族关系图谱数据。

案例任务：用旭日图绘制家族图谱中的代际关系。

4.12.2 可视化效果

数据分析专员小芳采用 Note Pad ++ 编辑工具，采用 HTML 语言和 JavaScript 脚本编程来绘制折线图，可视化效果如图 4-76 所示。

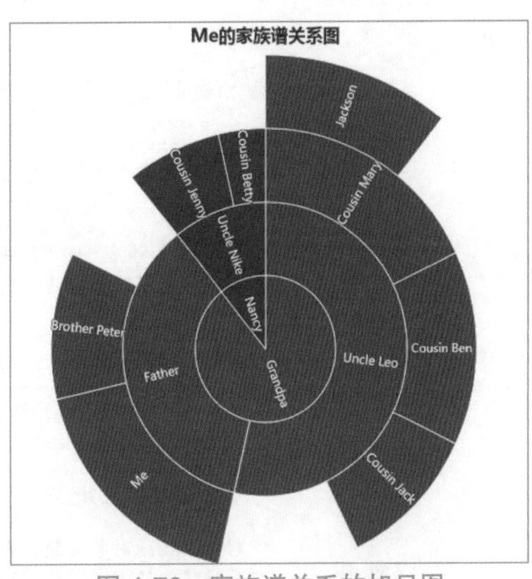

图 4-76 家族谱关系的旭日图

观察图 4-76 可知，读者对家族谱关系的旭日图有一个直观的概览印象。整个旭日图具有如下特点：

（1）从旭日图的层级看，让读者能够知晓图的分析是关于家族谱的层级关系。

（2）能够直观地看到家族中任一血脉的继承关系。从 Me 的位置看，让读者知道 Me 处于第三层，其上层是 Father，可知 Father 级别更高。

（3）能够直观地看到家族中任一代的同辈情况。从 Me 的位置看，让读者知道和 Me 是同辈的成员有 Cousin Jack、Ben 等。

（4）颜色的区分来看，让读者知道可以设置个性化颜色以凸显家族的某一分支。

对于 ECharts 绘制图表而言，需要读者必须掌握 ECharts 数据可视化的开发框架，能够熟练运用 HTML 和 JavaScript 语言编码，能够将开发代码和可视化中的数据一一对应，具备一定的自学能力。

4.12.3 设计过程

1. 设计思路

（1）熟悉 ECharts 开发框架。

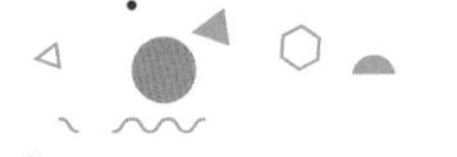

（2）明确所需准备的数据内容。

① 设置标题及绘图边缘间距。

② 设置 series 内容。

③ 设置数据集部分。

2. 操作步骤

1）熟悉 ECharts 开发框架

打开 Note Pad++ 编辑器，执行如下操作：

（1）设定开发语言为 HTML。

（2）写入基本的 HTML 代码结构。

（3）在 <head> 部分进行字符编码。

（4）在 <head> 部分进行页面标题的设置。

（5）在 <body> 部分进行 <div> 节点的定义，并通过 CSS 行内样式表对该节点进行宽度和高度设定。

（6）创建并初始化 document 对象。

在设置过程中，容器的高设置为 450 px，宽为屏幕画布宽度的 60%，具体示意如图 4-77 所示。

```
<!DOCTYPE html>
<head>
    <meta charset="utf-8">
    <title>家族图谱中代际关系</title>
</head>
<body>
    <!-- 为ECharts准备一个宽-高的Dom -->
    <div id="container" style="width:60%;height:450px">
    </div>
    <!-- ECharts单文件引入 -->
    <script src="echarts.min.js"></script>
    <script type="text/javascript">
        // 基于准备好的dom，初始化echarts图表
        var myChart = echarts.init(document.getElementById('container'));
        var option = {
            //需要完善的地方
        }
        //为echarts对象加载数据
        myChart.setOption(option);
    </script>
</body>
```

图 4-77　ECharts 开发框架

2）明确所需准备的数据内容

要想实现数据可视化，就需要明确所需准备的数据内容。此处，介绍数据部分的代码框架 <option>，进一步明确需要完善的部分有哪些。

（1）设置标题和绘图边缘间距。基于已有的代码框架，进行标题和绘图边缘间距的设置。在 Note Pad++ 编辑器的相应位置输入代码，具体代码示意如图 4-78 所示。

（2）设置 series 部分。基于已有的代码框架，进行 series 内容的设定。在 Note Pad++ 编辑器的相应位置输入代码后，具体代码示意如图 4-79 所示。

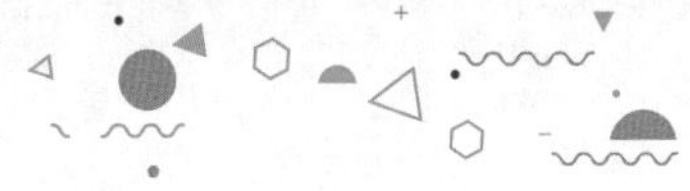


```
//Section2.1 设置标题和边缘间距
title:{
    text:'Me的家族谱关系图',
    left:'center'
},
grid:{
    top:'10%',
    left:'10%'
},
```

图 4-78　标题和绘图边缘间距的设置

```
//Section2.2 Series部分的内容
series: {
    type: 'sunburst',
    data: data,
    radius: [0, '90%'],
    label: {
      rotate: 'radial'
    }
}
```

图 4-79　series 部分的设置

（3）设置实验数据集。基于已有的代码框架，进行实验数据集的设置。在 Note Pad++ 编辑器的相应位置输入代码，具体代码示意如图 4-80 所示。

```
//Section1: 层次结构的家族关系数据
var data = [
{
    name: 'Grandpa',
    //第一个孩子结点
    children: [
    {
        name: 'Uncle Leo',
        value: 15,
        children: [
            {
                name: 'Cousin Jack',
                value: 3
            },
            {
                name: 'Cousin Mary',
                value: 5,
                children: [
                    {
                        name: 'Jackson',
                        value: 3
                    }
                ]
            },
            {
                name: 'Cousin Ben',
                value: 4
            }
    ]
    },
    //第二个孩子结点
    {
        name: 'Father',
        value: 10,
        children: [
            {
                name: 'Me',
                value: 5
            },
            {
                name: 'Brother Peter',
                value: 3
            }
        ]
    }
    ]  // end of children
},
// 同辈结点
{
    name: 'Nancy',
    children: [
    {
        name: 'Uncle Nike',
        children: [
        {
            name: 'Cousin Betty',
            value: 1
        },
        {
            name: 'Cousin Jenny',
            value: 2
        }
        ] // end of children
    }
    ]
}
];
```

图 4-80　数据集的设置

文件保存后，定位到相应目录，采用浏览器方式打开该文件，可视化结果如图 4-76 所示。

案例4.13 //// 引流用户在营销渠道中的转化率

漏斗图（funnel chart）是一个简单的散点图，反映研究在一定样本量或精确性下单个研究的干预效应估计值。漏斗图最常见的是横轴为各研究效应估计值，纵轴为研究样本量。

漏斗图在不同的数据分析报告中，有的称为目标和渠道，也有的称为场景分析，或称为产品转换漏斗。虽然漏斗图称呼不一样，但都可用来衡量网站中业务流程表现，适用于

二维码 4-13

引流用户在营销渠道中的转化率 1

二维码 4-13

引流用户在营销渠道中的转化率 2

二维码 4-13

引流用户在营销渠道中的转化率 3

业务流程比较规范、周期长、环节多的单流程单向分析。最常见的分析场景有：

（1）电商网站：通过转化率比较能充分展示用户从进入网站到实现购买的最终转化率。

（2）营销推广：反映搜索营销的各个环节的转化，从展现、点击、访问、咨询，直到生成订单过程中的客户数量及流失。

（3）客户关系管理：客户销售漏斗图用来展示各阶段客户各个阶段的转化比较。

漏斗图从上到下，有逻辑上的顺序关系，表现了随着业务流程的推进，业务目标完成的情况。通过漏斗各环节业务数据的比较能够直观地发现和说明问题所在的环节，找到业务流程中的问题所在，进而做出决策。漏斗图用梯形面积表示某个环节业务量与上一个环节之间的差异。使用漏斗图的意义在于：

（1）快速发现问题，及时调整运营策略。漏斗图是对业务流程最直观的一种表现形式，通过漏斗图可以很快地发现流程中存在的问题，通过相应的方式进行优化，漏斗图又可以很直观地展现流程的优化效果。

（2）直观展示两端数据，了解目标数据。漏斗图能直观地展示网站分析中的两个重要端点：流量导入端和产生收益端，有多少访客访问了网站，有多少人给网站带来了收益。当我们通过各种推广和营销方式把用户拉到网站后，如何尽可能让更多访客产生收益才是最重要的，而漏斗图的作用就是描绘网站中后一端的数据情况。

（3）提高业务营销推广的转化率。漏斗图直观地暴露问题后，可以在不增加现有营销投入的情况下，通过优化业务流程来提高访客购买率，进而提高访客的价值，并且这种提高效果非常明显。

4.13.1 任务描述

在电商迅猛发展的时代，经商者的店铺或企业电商网站只要被大量用户的点击访问、驻留欣赏等，让用户被网站内容或店铺商品所吸引，才有可能将用户转化为真正的消费者。为了能够进一步完善店铺的引流并将用户转化为真正的顾客，明诚作为一家美食店铺的商家，想了解一下其店铺用户引流以及在不同转化阶段的情况。数据分析专员小芳现在已经获取了美食店铺的相关数据，计划绘制基于 ECharts 的漏斗图来呈现其引流转化情况。

数据来源：美食店铺的引流数据。

案例任务：可视化引流用户在营销渠道中的转化率。

4.13.2 可视化效果

数据分析专员小芳采用 Note Pad ++ 编辑工具，采用 HTML 语言和 JavaScript 脚本编程来绘制折线图，可视化效果如图 4-81 所示。

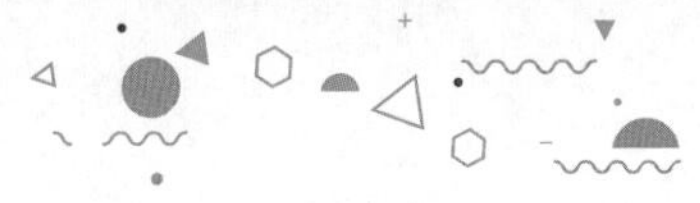

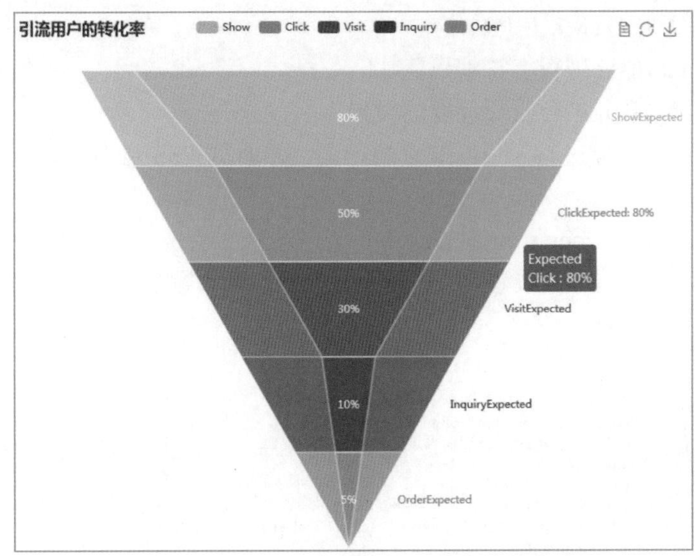

图 4-81　引流用户在营销渠道中的转化率

观察图 4-81 可知，读者对引流用户在营销渠道中的转化率有一个直观的概览印象。整个漏斗图具有如下特点：

（1）从漏斗图的标题来看，让读者知道图形分析主题为引流用户的分析。

（2）从漏斗图的图例来看，让读者知道引流的环节分别有哪些。

（3）从漏斗图的层级看，让读者能够知晓漏斗图表现引流用户转化过程中的层级关系。

（4）从水平方向来看，让读者能够区分同一引流环节中的期望转化率和实际转化率。

（5）从垂直方向来看，让读者能够清晰地看到不同营销环节中的转化率对比。

对于 ECharts 绘制图表而言，需要读者必须掌握 ECharts 数据可视化的开发框架，能够熟练运用 HTML 和 JavaScript 语言编码，能够将开发代码和可视化中的数据一一对应，具备一定的自学能力。

4.13.3　设计过程

1. 设计思路

（1）熟悉 ECharts 开发框架。

（2）明确所需准备的数据内容。

① 设置标题及动态信息提示。

② 设置 series 内容。

③ 添加工具箱和图例。

2. 操作步骤

1）熟悉 ECharts 开发框架

打开 Note Pad++ 编辑器，执行如下操作：

（1）设定开发语言为 HTML。

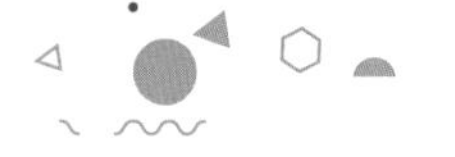

（2）写入基本的 HTML 代码结构。

（3）在 <head> 部分进行字符编码。

（4）在 <head> 部分进行页面标题的设置。

（5）在 <body> 部分进行 <div> 节点的定义，并通过 CSS 行内样式表对该节点进行宽度和高度设定。

（6）创建并初始化 document 对象。

在设置过程中，容器的高设置为 450 px，宽为屏幕画布宽度的 60 %，具体示意如图 4-82 所示。

```
<!DOCTYPE html>
<head>
    <meta charset="utf-8">
    <title>引流用户在营销渠道中的转化率</title>
</head>
<body>
    <!-- 为ECharts准备一个宽-高的Dom -->
    <div id="container" style="width:60%;height:450px">
    </div>
    <!-- ECharts单文件引入 -->
    <script src="echarts.min.js"></script>
    <script type="text/javascript">
        // 基于准备好的dom，初始化echarts图表
        var myChart = echarts.init(document.getElementById('container'));
        var option = {
            //需要完善的地方
        }
        //为echarts对象加载数据
        myChart.setOption(option);
    </script>
</body>
```

图 4-82　ECharts 开发框架

2）明确所需准备的数据内容

要想实现数据可视化，就需要明确所需准备的数据内容。此处，介绍数据部分的代码框架 <option>，进一步明确需要完善的部分有哪些。

（1）设置标题和动态信息提示。基于已有的代码框架，进行标题和动态信息提示的设置。在 Note Pad++ 编辑器的相应位置输入代码，具体代码示意如图 4-83 所示。

```
        //Section1: 添加标题和信息提示
        title: {
            text: '引流用户的转化率'
        },
        tooltip: {
            trigger: 'item',
            formatter: '{a} <br/>{b} : {c}%'
        },
```

图 4-83　标题和动态信息提示的设置

在动态信息提示部分，不同字母所代表的含义分别是：

① 字母 a 代表期望值 / 实际值。

② 字母 b 代表具体的引流环节。

③ 字母 c 代表引流用户转化率。

（2）设置 series 部分。基于已有的代码框架，进行 series 内容的设定。在 Note Pad++ 编辑器的相应位置输入代码后，具体代码示意如图 4-84 所示。

（3）添加工具箱和图例。基于已有的代码框架，进行工具箱和图例的设置。在 Note Pad++ 编辑器的相应位置输入代码，具体代码示意如图 4-85 所示。

```
//Section3: Series部分的内容
series: [
{
    name: 'Expected',
    type: 'funnel',
    left: '10%',
    width: '80%',
    label: {
        formatter: '{b}Expected'
    },
    labelLine: {
        show: false
    },
    itemStyle: {
        opacity: 0.7
    },
    emphasis: {
        label: {
            position: 'inside',
            formatter: '{b}Expected: {c}%'
        }
    },
    data: [
        { value: 60, name: 'Visit' },
        { value: 40, name: 'Inquiry' },
        { value: 20, name: 'Order' },
        { value: 80, name: 'Click' },
        { value: 100, name: 'Show' }
    ]
},
{
    name: 'Actual',
    type: 'funnel',
    left: '10%',
    width: '80%',
    maxSize: '80%',
    label: {
        position: 'inside',
        formatter: '{c}%',
        color: '#fff'
    },
    itemStyle: {
        opacity: 0.5,
        borderColor: '#fff',
        borderWidth: 2
    },
    emphasis: {
        label: {
            position: 'inside',
            formatter: '{b}Actual: {c}%'
        }
    },
    data: [
        { value: 30, name: 'Visit' },
        { value: 10, name: 'Inquiry' },
        { value: 5, name: 'Order' },
        { value: 50, name: 'Click' },
        { value: 80, name: 'Show' }
    ],
    // 确保悬停时外部不覆盖内部区域
    z: 100
}
]
```

图 4-84　series 部分的设置

```
//Section2: 添加工具箱和图例
toolbox: {
    feature: {
      dataView: { readOnly: false },
      restore: {},
      saveAsImage: {}
    }
},
legend: {
    data: ['Show', 'Click', 'Visit', 'Inquiry', 'Order']
},
```

图 4-85　工具箱和图例的设置

文件保存后，定位到相应目录采用浏览器方式打开该文件，可视化结果如图 4-81 所示。从工具箱的代码以及最终的运行示例，可以知道其中每一个的具体含义：

① dataView 就是与漏斗图密切关联的转化率数据，并且该数据是只读的。

② restore 指还原。

③ saveAsImage 指将图片另存下载。

从图例中可以清晰地看到，用户引流渠道分为 5 个环节，分别是：

① 展示阶段 show。

② 用户点击阶段 Click。

③ 用户驻留页面访问阶段 Visit。

④ 用户对商品或服务感兴趣后的咨询阶段 Inquiry。

⑤ 用户真正地进入订单支付环节 Order。

案例4.14 //// 某地区未来一周最高温度和最低温度走势

堆叠折线图是折线图的一种。堆叠折线图用于显示考核变量的数值所占大小随时间或

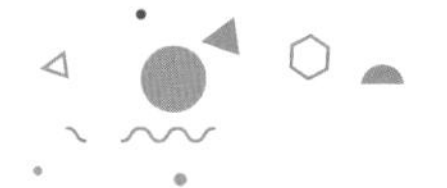

二维码 4-14

某地区未来一周最高温度和最低温度走势 1

二维码 4-14

某地区未来一周最高温度和最低温度走势 2

二维码 4-14

某地区未来一周最高温度和最低温度走势 3

有序类别而变化的趋势，可能显示数据点以表示单个数据值，也可能不显示这些数据点。

在堆叠折线图中，类别数据沿水平轴均匀分布，所有值数据沿垂直轴均匀分布。数据是递增还是递减、增减的速率、增减的规律（周期性、螺旋性等）、峰值等特征都可以清晰地反映出来。所以，堆叠折线图可用来分析数据随时间的变化趋势，也可用来分析多组数据随时间变化的相互作用和相互影响。

堆叠折线图展示多组数据的变动情况，适合展示有序的变量，如时间变量等，可用于展示随着某个变量变化而变动多组数据的趋势。例如可以分析按照时间变化而变化的不同城市降水量的趋势，可以分析同一个地区的降水量和蒸发量随时间变化的趋势。

堆叠折线图选择的数据组不宜太多，否则容易堆叠在一起，难以辨认数据。

4.14.1 任务描述

某地气象局在实地调查过程中，需要向当地民众介绍一下地区未来一周的温度趋势。数据分析专员小芳现在已经获取了该地区未来一周的最高温度和最低温度的相关数据，计划绘制基于 ECharts 的堆叠折线图来可视化当地未来一周的温度变化趋势。

数据来源：未来一周每天的温度数据。

案例任务：可视化某地区未来一周的温度变化趋势。

4.14.2 可视化效果

数据分析专员小芳采用 Note Pad ++ 编辑工具，采用 HTML 语言和 JavaScript 脚本编程来绘制折线图，可视化效果如图 4-86 所示。

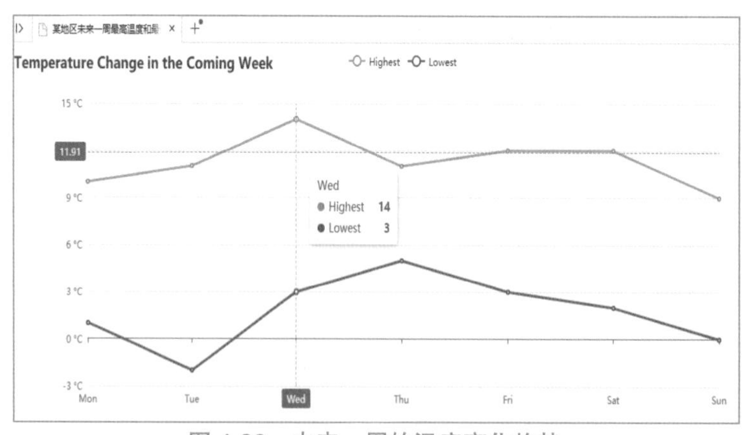

图 4-86 未来一周的温度变化趋势

观察图 4-86 可知，读者对该地区的最高温度和最低温度有一个直观的概览印象。整个堆叠折线图具有如下特点：

（1）从折线图的标题来看，让读者知晓图形主题为未来一周的温度变化趋势。

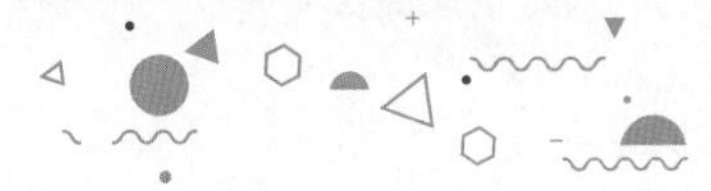

（2）从折线的图例来看，让读者知道两条折线代表的含义是地区的最高温度和最低温度。

（3）从堆叠折线图的纵坐标来看，让读者能够大致知晓该地区最高温度的区间。

（4）从堆叠折线图的纵坐标来看，让读者能够大致知晓该地区最低温度的区间。

（5）从堆叠折线图的横坐标来看，让读者能够大致知晓该地区未来一周内每天的具体温度。

对于 ECharts 绘制图表而言，需要读者必须掌握 ECharts 数据可视化的开发框架，能够熟练运用 HTML 和 JavaScript 语言编码，能够将开发代码和可视化中的数据一一对应，具备一定的自学能力。

4.14.3　设计过程

1. 设计思路

（1）熟悉 ECharts 开发框架。

（2）明确所需准备的数据内容。

① 设置坐标轴。

② 设置 series 内容。

③ 添加标题和插入图例。

④ 添加动态提示和设置颜色。

⑤ 添加工具箱。

⑥ 添加最大值、最小值和平均线的标识。

2. 操作步骤

1）熟悉 ECharts 开发框架

打开 Note Pad++ 编辑器，执行如下操作：

（1）设定开发语言为 HTML。

（2）写入基本的 HTML 代码结构。

（3）在 <head> 部分进行字符编码。

（4）在 <head> 部分进行页面标题的设置。

（5）在 <body> 部分进行 <div> 节点的定义，并通过 CSS 行内样式表对该节点进行宽度和高度设定。

（6）创建并初始化 document 对象。

在设置过程中，容器的高设置为 450 px，宽为屏幕画布宽度的 60%，具体示意如图 4-87 所示。

2）明确所需准备的数据内容

要想实现数据可视化，就需要明确所需准备的数据内容。此处，介绍数据部分的代码框架 <option>，进一步明确需要完善的部分。

（1）设置坐标轴。基于已有的代码框架，进行 *X* 轴和 *Y* 轴的设置。在 Note Pad++ 编辑器的相应位置输入代码，具体代码示意如图 4-88 所示。

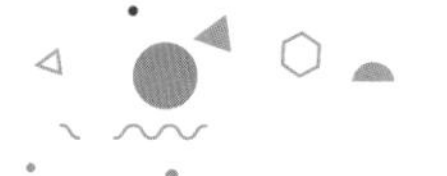


```
<!DOCTYPE html>
<head>
    <meta charset="utf-8">
    <title>某地区未来一周最高温度和最低温度走势</title>
</head>
<body>
    <!-- 为ECharts准备一个宽-高的Dom -->
    <div id="container" style="width:60%;height:450px">
    </div>
    <!-- ECharts单文件引入 -->
    <script src="echarts.min.js"></script>
    <script type="text/javascript">
        // 基于准备好的dom，初始化echarts图表
        var myChart = echarts.init(document.getElementById('container'));
        var option = {
            //需要完善的地方
        }
        //为echarts对象加载数据
        myChart.setOption(option);
    </script>
</body>
```

图 4-87　ECharts 开发框架

```
var option = {
    //第一部分：设置坐标轴
    xAxis: {
        type: 'category',   //xAxis.type横坐标值类型
        boundaryGap: false,
        data: ['Mon', 'Tue', 'Wed', 'Thu', 'Fri', 'Sat', 'Sun']  //xAxis.data横坐标轴
    },
    yAxis: {
        type: 'value',  //yAxis.type纵坐标值类型
         axisLabel: {
            formatter: '{value} °C'
        }
    },
}
```

图 4-88　坐标轴的设置

（2）设置 series 部分。基于已有的代码框架，进行 series 内容的设定。在 Note Pad++ 编辑器的相应位置输入代码后，具体代码示意如图 4-89 所示。

```
var option = {
    //第一部分：设置坐标轴
    xAxis: {
    yAxis: {
    //第二部分：设置Series内容
    series: [
    {
        name: 'Highest',
        type: 'line',
        data: [10, 11, 14, 11, 12, 12, 9],
    }
    ,
    {
        name: 'Lowest',
        type: 'line',
        data: [1, -2, 3, 5, 3, 2, 0],
    }
    ]
}
```

图 4-89　series 部分的设置

（3）设置标题并插入图例。基于已有的代码框架，进行标题和图例的设置。在 Note Pad++ 编辑器的相应位置输入代码，具体代码示意如图 4-90 所示。

（4）添加动态提示和设置颜色。基于已有的代码框架，进行动态提示和颜色的设置。在 Note Pad++ 编辑器的相应位置输入代码，具体代码示意如图 4-91 所示。

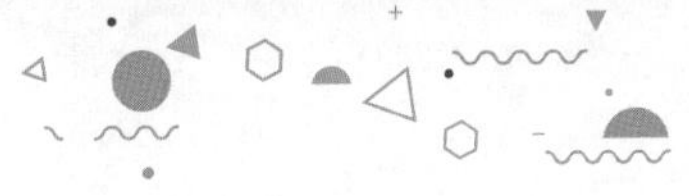


```
//设置标题并插入图例
title: {
    text: 'Temperature Change in the Coming Week'
},
legend: {                                   //图例
    data: ['Highest', 'Lowest']
},
```

图 4-90　设置标题并插入图例

```
//第四部分：添加动态提示和设置颜色
color: [ '#4cabce', '#e5323e'],      //颜色
tooltip: {                           //提示框
    trigger: 'axis',
    axisPointer: {
        type: 'cross',
        label: {
            backgroundColor: '#6a7985'
        }
    }
}
```

图 4-91　动态提示和颜色的设置

文件保存后，定位到相应目录，采用浏览器方式打开该文件，可视化结果如图 4-86 所示。在该可视化堆叠折线图中，单击上方的“Highest”标签或“Lowest”标签，可以隐藏对应的折线。例如，当单击“Highest”标签时该标签会被隐藏，其含义是将最高温度曲线隐藏，可视化效果如图 4-92 所示。

图 4-92　动态标签的应用

（5）添加工具箱。基于已有的代码框架，进行工具箱的设置。在 Note Pad++ 编辑器的相应位置输入代码，具体代码示意如图 4-93 所示。

（6）添加最大值、最小值和平均线的标识。基于已有的代码框架，进行工具箱的设置。在 Note Pad++ 编辑器的相应位置输入代码，具体代码示意如图 4-94 所示。

保存文件后，定位到相应目录，采用浏览器方式打开该文件，可视化结果如图 4-95 所示。从可视化堆叠折线图中，可以直接获悉如下结果：

① 该地区最高温度的平均值。

② 该地区最低温度的平均值。

③ 该地区未来一周中每天最高温度的最大值和最小值。

④ 该地区未来一周中每天最低温度的最大值和最小值。

待完成所有设置后，读者可以单击工具箱的各个图标，结合可视化结果来更好地理解每个工具的含义。

```
//第五部分:添加工具箱
toolbox: {
    show: true,
    feature: {
      dataZoom: {
        yAxisIndex: 'none'
      },
    dataView: { readOnly: false },
    magicType: { type: ['line', 'bar'] },
    restore: {},
    saveAsImage: {}
    }
  }
```

图 4-93　添加工具箱

```
//第二部分: 设置series内容
series: [
{
    name: 'Highest',
    type: 'line',
    data: [10, 11, 14, 11, 12, 12, 9],
    markLine: {
        data: [{ type: 'average', name: 'Avg' }]
    },
    markPoint: {
        data: [
            { type: 'max', name: 'Max' },
            { type: 'min', name: 'Min' }
        ]
    }
}
,
{
    name: 'Lowest',
    type: 'line',
    data: [1, -2, 3, 5, 3, 2, 0],
    markPoint: {
        //data: [{ name: '周最低', value: -2, xAxis: 1, yAxis: -1.5 }]
        //可以指定显示的数值的位置偏移--更为灵活
        data: [
            { type: 'max', name: 'Max' },
            { type: 'min', name: 'Min' }
        ]
    },
    markLine: {
        data: [{ type: 'average', name: 'Avg' }]
    }
}
],
```

图 4-94　添加最大值、最小值和平均线的标识

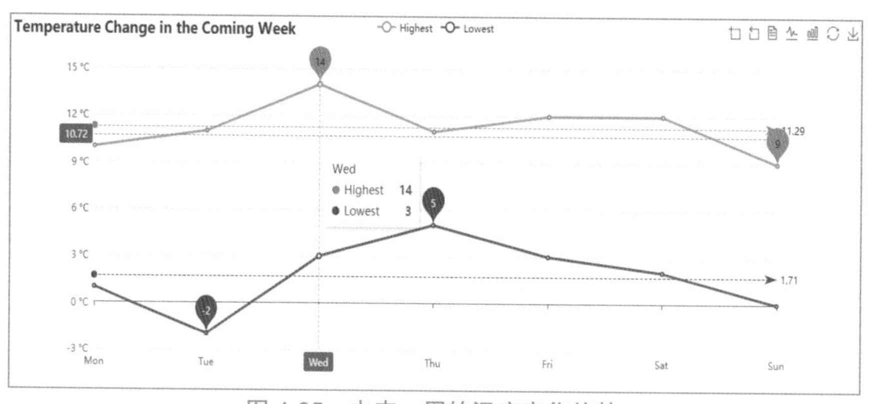

图 4-95　未来一周的温度变化趋势

案例4.15 家常菜馆两种菜品的销量对比

二维码 4-15

家常菜馆两种菜品的销量对比 1

面积图强调数量随时间而变化的程度，也可用于引起人们对总值趋势的注意。例如，表示随时间而变化的利润的数据可以绘制在面积图中以强调总利润。

本案例讲解折线图与面积图相组合的折线面积组合图。

4.15.1　任务描述

某社区新开了一家服务社区居民的家常菜馆，运营了一段时间，菜馆老板想了解一下菜馆新推出的两款菜品（金汤酸菜鱼饭和鱼香茄子煲饭）的受欢迎程度。数据分析专员小芳现在已经获取了该社区家常菜馆两款菜品的销量数据，计划绘制基于 ECharts

的折线 - 面积组合图来可视化两种菜品的销量对比。

数据来源：某社区家常菜馆两种菜品的销量数据。

案例任务：可视化小区居民用电量的高峰时刻。

4.15.2　可视化效果

数据分析专员小芳采用 Note Pad ++ 编辑工具，采用 HTML 语言和 JavaScript 脚本编程来绘制折线图，可视化效果如图 4-96 所示。

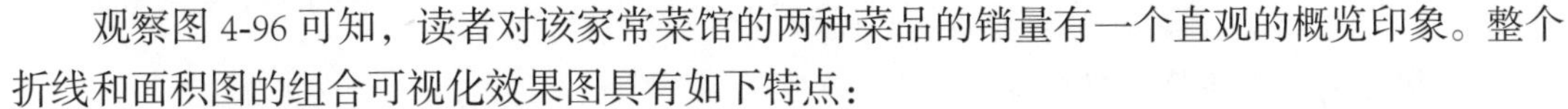

观察图 4-96 可知，读者对该家常菜馆的两种菜品的销量有一个直观的概览印象。整个折线和面积图的组合可视化效果图具有如下特点：

（1）从组合图的标题来看，让读者知道图形主题为某家常菜馆两种菜品的销量对比。

（2）从组合的图例来看，让读者知道比较的两种菜品为金汤酸菜鱼饭和鱼香茄子煲饭。

（3）从组合图的纵坐标来看，让读者知晓每一种菜品一天的销量。

（4）从组合图的横坐标来看，让读者知晓在某一天内两种菜品的销量对比。

（5）从组合图的宏观来看，让读者知晓金汤酸菜鱼饭更受居民的欢迎。

对于 ECharts 绘制图表而言，需要读者必须掌握 ECharts 数据可视化的开发框架，能够熟练运用 HTML 和 JavaScript 语言编码，能够将开发代码和可视化中的数据一一对应，具备一定的自学能力。

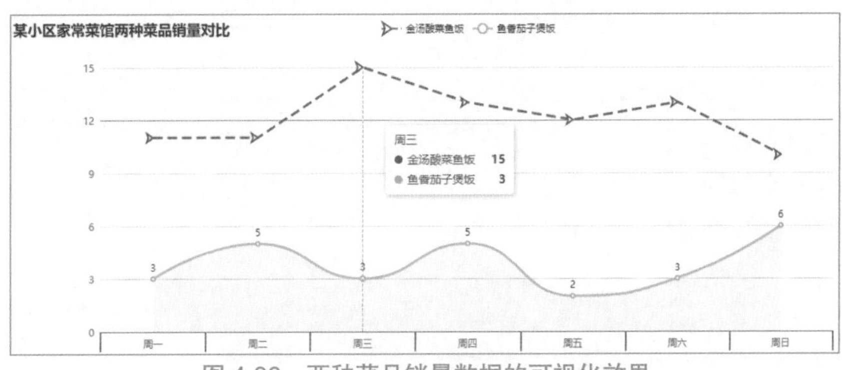

图 4-96　两种菜品销量数据的可视化效果

4.15.3　设计过程

1. 设计思路

（1）熟悉 ECharts 开发框架。

（2）明确所需准备的数据内容。

① 设置坐标轴。

② 设置 series 内容。

③ 添加标题、图例和提示信息。

2. 操作步骤

1）熟悉 ECharts 开发框架

打开 Note Pad++ 编辑器，执行如下操作：

（1）设定开发语言为 HTML。

（2）写入基本的 HTML 代码结构。

（3）在 <head> 部分进行字符编码。

（4）在 <head> 部分进行页面标题的设置。

（5）在 <body> 部分进行 <div> 节点的定义，并通过 CSS 行内样式表对该节点进行宽度和高度设定。

（6）创建并初始化 document 对象。在设置过程中，容器的高设置为 450 px，宽为屏幕画布宽度的 60%，具体示意如图 4-97 所示。

2）明确所需准备的数据内容

要想实现数据可视化，就需要明确所需准备的数据内容。此处，介绍数据部分的代码框架 <option>，进一步明确需要完善的部分有哪些。

```
<!DOCTYPE html>
<head>
    <meta charset="utf-8">
    <title>两种菜品的销量对比</title>
</head>
<body>
    <!-- 为ECharts准备一个宽-高的Dom -->
    <div id="container" style="width:60%;height:450px">
    </div>
    <!-- ECharts单文件引入 -->
    <script src="echarts.min.js"></script>
    <script type="text/javascript">
        // 基于准备好的dom，初始化echarts图表
        var myChart = echarts.init(document.getElementById('container'));
        var option = {
        //为echarts对象加载数据
        myChart.setOption(option);
    </script>
</body>
```

图 4-97　ECharts 开发框架

（1）设置坐标轴。基于已有的代码框架，进行 X 轴和 Y 轴的设置。在 Note Pad++ 编辑器的相应位置输入代码，具体代码示意如图 4-98 所示。

```
xAxis : [
    {
        type : 'category',
        boundaryGap : true,
        splitLine:{show:false},
        axisTick:{
            length:24,
            lineStyle:{
                color:'#48b',
                width:2
            }
        },
        data : ['周一','周二','周三','周四','周五','周六','周日']
    }
],
yAxis : [
    {
        type : 'value',
        axisLine: {show:false},
        splitNumdber:5,
        splitLine:{
        lineStyle:{
            type: 'dotted',
                color:[
                    'rgba(0,0,0,0)',
                    'orange',
                    '#ccc', '#ccc',
                    'blue', '#ccc'
                ]
            }
        }
    }
],
```

图 4-98　坐标轴的设置

（2）设置 series 部分。基于已有的代码框架，进行 series 内容的设定。在 Note Pad++ 编辑器的相应位置输入代码后，具体代码示意如图 4-99 所示。

（3）设置标题、图例和提示信息。基于已有的代码框架，进行标题、图例和提示信息的设置。在 Note Pad++ 编辑器的相应位置输入代码，具体代码示意如图 4-100 所示。

文件保存后，定位到相应目录，采用浏览器方式打开该文件，可视化结果如图 4-96 所示。如之前所学，读者可以单击“金汤酸菜鱼饭”图例标签或“鱼香茄子煲饭”图例标签来实现相应菜品曲线的隐藏。

```
//Section2:设置series内容
series : [
    {
        name:'金汤酸菜鱼饭',
        type:'line',
        symbol: 'emptyArrow',
        symbolRotate: -90,
        symbolSize:8,
        data:[
          11, 11,15,13, 12, 13, 10
        ],
        itemStyle:{
            normal:{
                lineStyle:{
                    type:'dashed'
                }
            }
        }
    },
    {
        name:'鱼香茄子煲饭',
        type:'line',
        data:[3, 5, 3, 5, 2, 3, 6],
        smooth:true,
        symbol: 'emptyCircle',
        symbolSize:5,
        itemStyle: {
            normal:{
                areaStyle: {
                    color: 'rgba(255, 200, 100, 0.2)'
                },
                label:{
                    show:true
                }
            }
        }
    }
],
```

图 4-99　series 部分的设置

```
//Section3:设置标题、图例和tooltip
title : {
    text: '某小区家常菜馆两种菜品销量对比',
},
tooltip : {
    trigger: 'axis'
},
legend: {
    data:['金汤酸菜鱼饭','鱼香茄子煲饭']
},
grid:{
    borderWidth:0
}
```

图 4-100　设置标题、图例和提示信息

案例4.16 一天内居民用电量的高峰时刻

曲线图也称线状图，可用于技术分析，是最简单的图形之一。

4.16.1 任务描述

节约用电，在满足生产、生活所必需的用电条件下，减少电能的消耗，提高用户的电能利用率和减少供电网络的电能损耗。为了对某小区居民的用电量进行数据分析，特选择了某小区做了抽样调查。数据分析专员小芳现在已经获取了该小区居民的用电量抽样数据，计划绘制基于 ECharts 的曲线图来可视化小区居民用电量的高峰时刻。

二维码 4-16

一天内居民用电量的高峰时刻

数据来源：某小区居民用电量抽样数据 data_electricity.txt。

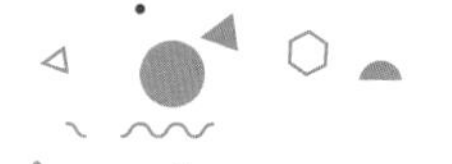

案例任务：可视化小区居民用电量的高峰时刻。

4.16.2 可视化效果

数据分析专员小芳采用 Note Pad ++ 编辑工具，采用 HTML 语言和 JavaScript 脚本编程来绘制曲线图，可视化效果如图 4-101 所示。

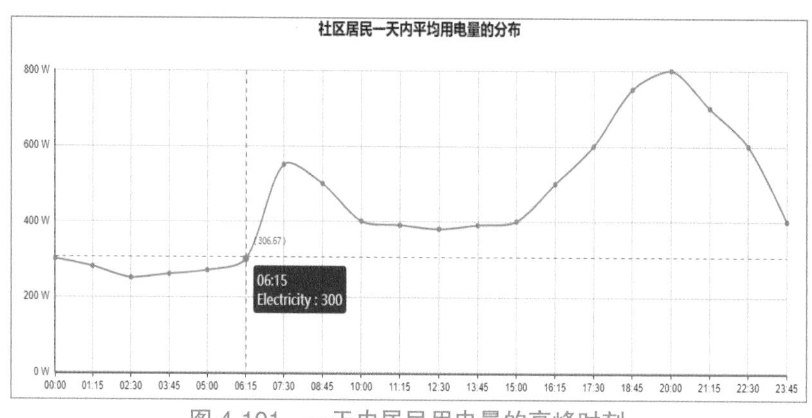

图 4-101 一天内居民用电量的高峰时刻

观察图 4-101 可知，读者对该小区居民一天内的用电量分布有了一个直观的概览印象。整个折线和面积图的组合可视化图具有如下特点：

（1）从图的标题来看，让读者知晓图形主题为某小区居民一天内的用电量。

（2）从图的纵坐标来看，让读者能够知晓平均用电量的数值。

（3）从图的横坐标来看，让读者能够知晓在某小区居民在每个时刻的用电量。

（4）从图的宏观来看，让读者能够知道某小区居民的用电早高峰处于 [7:30,8:45] 区间。

（5）从图的宏观来看，让读者能够知道某小区居民的用电晚高峰处于 [18:45,21:15] 区间。

对于 ECharts 绘制图表而言，需要读者必须掌握 ECharts 数据可视化的开发框架，能够熟练运用 HTML 和 JavaScript 语言编码，能够将开发代码和可视化中的数据一一对应，具备一定的自学能力。

4.16.3 设计过程

1. 设计思路

（1）熟悉 ECharts 开发框架。

（2）明确所需准备的数据内容。

① 设置坐标轴。

② 设置 series 内容。

③ 添加标题和提示信息。

2. 操作步骤

1）熟悉 ECharts 开发框架

打开 Note Pad++ 编辑器，执行如下操作：

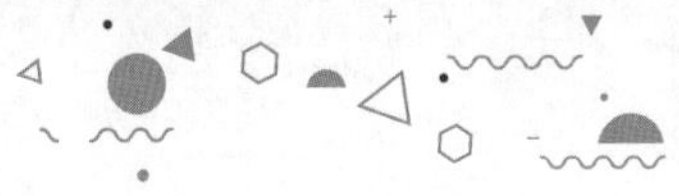

（1）设定开发语言为 HTML。

（2）写入基本的 HTML 代码结构。

（3）在 <head> 部分进行字符编码。

（4）在 <head> 部分进行页面标题的设置。

（5）在 <body> 部分进行 <div> 节点的定义，并通过 CSS 行内样式表对该节点进行宽度和高度设定。在此处，容器的高设置为 450 px，宽为屏幕画布宽度的 60%。

（6）创建并初始化 document 对象。

正确编写上述代码，即可完成 ECharts 开发框架。

2）明确所需准备的数据内容

要想实现数据可视化，就需要明确所需准备的数据内容。此处，介绍数据部分的代码框架 <option>，进一步明确需要完善的部分。

（1）设置坐标轴。基于已有的代码框架，进行 *X* 轴和 *Y* 轴的设置。在 Note Pad++ 编辑器的相应位置输入代码，具体代码示意如图 4-102 所示。

```
// 基于准备好的dom，初始化echarts图表
var myChart = echarts.init(document.getElementById('container'));
var option = {
    //Section1:设置X轴和Y轴
    xAxis: {
        type: 'category',
        boundaryGap: false,
        data: ['00:00', '01:15', '02:30', '03:45', '05:00', '06:15', '07:30',
               '08:45', '10:00', '11:15', '12:30', '13:45', '15:00', '16:15',
               '17:30', '18:45', '20:00', '21:15', '22:30', '23:45']
    },
    yAxis: {
        type: 'value',
        axisLabel: {
          formatter: '{value} W'
        },
        axisPointer: {
          snap: true
        }
    },
```

图 4-102　坐标轴的设置

（2）设置 series 部分。基于已有的代码框架，进行 series 内容的设定。在 Note Pad++ 编辑器的相应位置输入代码后，具体代码示意如图 4-103 所示。

```
//Section2:设置Series内容
series: [
{
    name: 'Electricity',
    type: 'line',
    smooth: true,
    data: [300, 280, 250, 260, 270, 300, 550, 500, 400, 390,
           380, 390, 400, 500, 600, 750, 800, 700, 600, 400],
    markArea: {
        itemStyle: {
          color: 'rgba(255, 173, 177, 0.4)'
        },
        data: [
          [
            {
              name: 'Morning Peak',
              xAxis: '07:30'
            },
            {
              xAxis: '10:00'
            }
          ],
          [
            {
              name: 'Evening Peak',
              xAxis: '17:30'
            },
            {
              xAxis: '21:15'
            }
          ]
        ]
    }
}
]
```

图 4-103　series 部分的设置

（3）设置标题和提示信息。基于已有的代码框架，进行标题和提示信息的设置。在 Note Pad++ 编辑器的相应位置输入代码，具体代码示意如图 4-104 所示。

```
//Section3:设置提示信息tooltip
title: {
  text: '社区居民一天内平均用电量的分布',
},
tooltip: {
  trigger: 'axis',
  axisPointer: {
    type: 'cross'
  }
},
```

图 4-104　设置标题和提示信息

文件保存后，定位到相应目录采用浏览器方式打开该文件，可视化结果如图 4-101 所示。

此外，建议有编程兴趣和自学能力的同学，自主学习 visualMap 来设置早高峰用电时段和晚高峰用电时段，从而以更为直观的方式凸显早高峰用电时段和晚高峰用电时段，最终可视化效果如图 4-105 所示。

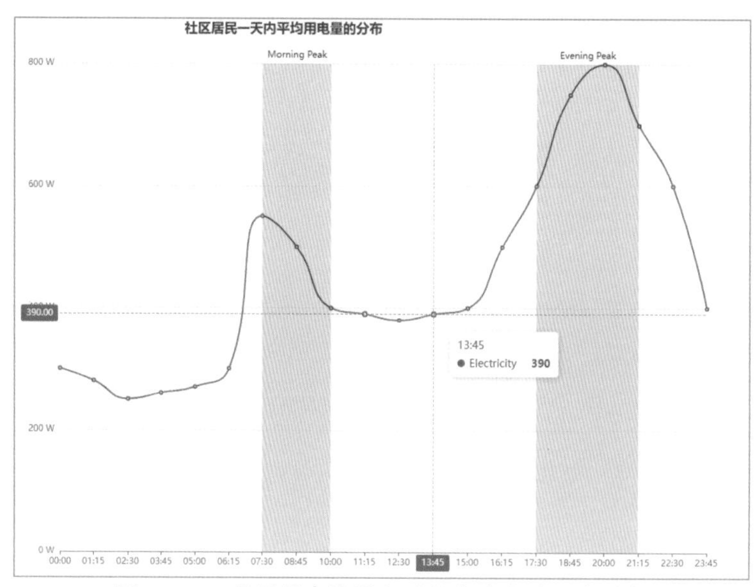

图 4-105　凸显早高峰用电时段和晚高峰用电时段

案例4.17 新推产品的预期销售量与实际销售量

二维码 4-17

新推产品的预期销售量与实际销售量 1

重叠柱形图是柱形图的一种美化效果图。

4.17.1　任务描述

某化妆品公司新推出一款婴幼儿的护肤用品，经过一段时间的市场推广，负责该产品的市场总监想了解一下计划销售量与实际销售量之间的关系。数据分析专员小芳现在已经获取了新推产品的实际销售量和计划销售量的相关数据，计划绘制基于 ECharts 的柱状图来可视化新推产品的实际销售量和计划销售量的完成度。

数据来源：新推护肤用品的销售量数据 data_sale.xlsx。

案例任务：可视化新推产品的实际销售量和计划销售量的完成度。

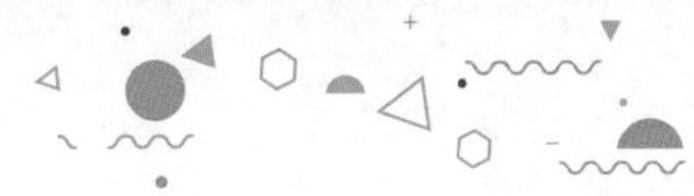

4.17.2 可视化效果

数据分析专员小芳采用 Note Pad ++ 编辑工具，采用 HTML 语言和 JavaScript 脚本编程来绘制美化柱形图，可视化效果如图 4-106 所示。

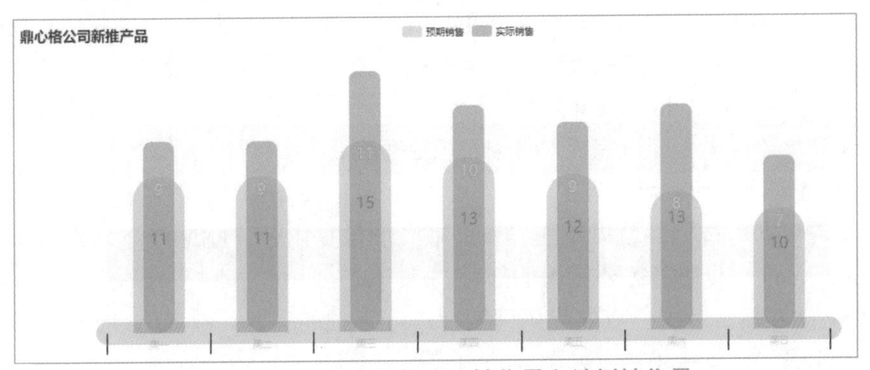

图 4-106　新推产品的实际销售量和计划销售量

观察图 4-106 可知，读者对新推产品的实际销售量和计划销售量有一个直观的概览印象。整个可视化图具有如下特点：

（1）从图的标题来看，让读者知道图形主题为某公司新推产品的预期销售和实际销售量对比。

（2）从图的纵坐标来看，该数值被隐含地置于柱形的内部。

（3）结合图例可知，淡蓝色的为预期销售量，其数值置于柱形的顶部。绿色的为实际销售量，其数值置于柱形的中部。

（4）从图的横坐标来看，让读者能够知道对应的比较日期。

（5）从图的宏观来看，让读者能够判断实际销售量的完成程度。

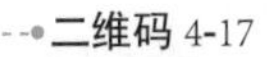

新推产品的预期销售量与实际销售量 2

对于 ECharts 绘制图表而言，需要读者必须掌握 ECharts 数据可视化的开发框架，能够熟练运用 HTML 和 JavaScript 语言编码，能够将开发代码和可视化中的数据一一对应，具备一定的自学能力。

4.17.3 设计过程

1. 设计思路

（1）熟悉 ECharts 开发框架。

（2）明确所需准备的数据内容。

① 设置 X 坐标轴。

② 设置 Y 坐标轴。

③ 设置 series 内容。

④ 添加标题和图例。

2. 操作步骤

1）熟悉 ECharts 开发框架

打开 Note Pad++ 编辑器，执行如下操作：

（1）设定开发语言为 HTML。

（2）写入基本的 HTML 代码结构。

（3）在 <head> 部分进行字符编码。

（4）在 <head> 部分进行页面标题的设置。

（5）在 <body> 部分进行 <div> 节点的定义，并通过 CSS 行内样式表对该节点进行宽度和高度设定。在此处，容器的高设置为 450 px，宽为屏幕画布宽度的 60%。

（6）创建并初始化 document 对象。

正确编写上述代码，即可完成 ECharts 开发框架。

2）明确所需准备的数据内容

要想实现数据可视化，就需要明确所需准备的数据内容。此处，介绍数据部分的代码框架 <option>，进一步明确需要完善的部分。

（1）设置 *X* 轴。基于已有的代码框架，进行 *X* 轴的设置。在 Note Pad++ 编辑器的相应位置输入代码，具体代码示意如图 4-107 所示。

```
//Section1:设置X轴
xAxis : [
        {
            type : 'category',
            axisLine: {
                lineStyle: {
                    width: 28,
                    color:'rgba(0,150,255,0.3)'
                }
            },
            splitLine:{
                show:false
            },
            axisTick:{
                length: 26,
                lineStyle: {
                    width: 2,
                    color: '#8ff'
                }
            },
            data : ['周一','周二','周三','周四','周五','周六','周日']
        },
        {
            type : 'category',
            show: false,
            data : ['周一','周二','周三','周四','周五','周六','周日']
        }
    ],
```

图 4-107　*X* 轴的设置

（2）设置 *Y* 轴。基于已有的代码框架，进行 *Y* 轴的设置。在 Note Pad++ 编辑器的相应位置输入代码，具体代码示意如图 4-108 所示。

```
//Section2:设置Y轴
yAxis : [
    {
        type : 'value',
        axisLine: {show:false},
        axisLabel: {show:false},
        splitLine: {show:false},
        splitArea:{
            show: true,
            areaStyle:{
                color: [
                    'rgba(0,0,0,0)',
                    'rgba(150,200,250,0.1)'
                ]
            }
        }
    }
],
```

图 4-108　*Y* 轴的设置

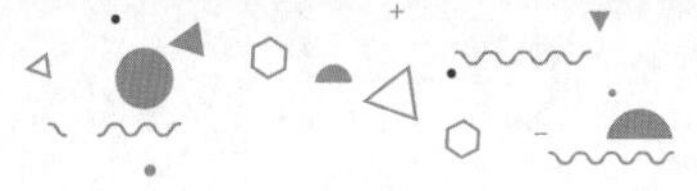

（3）设置 series 部分。基于已有的代码框架，进行 series 内容的设定。在 Note Pad++ 编辑器的相应位置输入代码后，具体代码示意如图 4-109 所示。

```
//Section3:设置series内容
series : [
    {
        name:'预期销售',
        type:'bar',
        barCategoryGap:'50%',
        itemStyle:{
            normal:{
                color:'rgba(0,150,255,0.3)',
                barBorderRadius: [30, 30 ,0, 0],
                label:{
                    show: true,
                    position: 'insideTop',
                    textStyle: {
                        fontSize: 20
                    }
                }
            },
            emphasis: {
                color:'rgba(0,150,255,0.1)',
                barBorderRadius: [30, 30 ,0, 0]
            }
        },
        data:[9, 9, 11, 10, 9, 8, 7]
    },
    {
        name:'实际销售',
        type:'bar',
        xAxisIndex:1,
        barCategoryGap:'70%',
        itemStyle:{
            normal:{
                color:'rgba(00,200,100,0.5)',
                barBorderRadius: [10, 10 ,30, 30],
                label:{
                    show: true,
                    textStyle: {
                        fontSize: 20,
                        color: '#999'
                    }
                }
            },
            emphasis: {
                color:'rgba(00,200,100,0.1)',
                barBorderRadius: [10, 10 ,30, 30]
            }
        },
        data:[11, 11, 15, 13, 12, 13, 10]
    }
]
```

图 4-109 series 部分的设置

（4）设置标题和添加图例。基于已有的代码框架，进行 series 内容的设定。在 Note Pad++ 编辑器的相应位置输入代码后，具体代码示意如图 4-110 所示。

```
//Section4:设置标题和图例
    title : {
    text: '鼎心格公司新推产品',
},
legend: {
    data:['预期销售','实际销售']
},
grid: {
    borderWidth:0
}
```

图 4-110 设置标题和图例

保存文件后，定位到相应目录，采用浏览器方式打开该文件，可视化结果如图 4-106 所示。

第5章 数据可视化之 Tableau

学习目标

通过本章的学习，掌握运用 Tableau 软件进行可视化图表绘制的过程及相关知识，培养学生熟练运用 Tableau 软件进行数据可视化的相关技能。

学习重点和难点

• 学习并掌握基于 Tableau 绘制气泡图、瀑布图、树状图、甘特图、区域图、条形图、统计直方图、人口金字塔图、帕累托图、凹凸图。

熟悉数据分析的专业人士都知道这款软件。Tableau 公司将数据运算与美观的图表完美地嫁接在一起，Tableau Software 致力于帮助人们查看并理解数据。Tableau 的程序很容易上手，各公司可以用它将大量数据拖放到数字“画布”上，转眼间就能创建好各种图表。

Tableau 帮助任何人快速分析、可视化并分享信息。这一软件的理念是，界面上的数据越容易操控，公司对自己在所在业务领域里的所作所为到底是正确还是错误，就能了解得越透彻。超过 42 000 家客户通过使用 Tableau 在办公室或随时随地快速获得结果。数以万计的用户使用 Tableau Public 网站分享数据。

案例5.1 不同运输模式下不同品类商品的销售对比

二维码 5-1

不同运输模式下不同品类商品的销售对比

气泡图是什么呢？顾名思义，即以气泡形状为主绘制的展示信息的可视化图。

气泡图最基本的用法是使用（x，y，z）三个值来确定每个数据序列。和散点图一样，气泡图中将两个维度的数据值分别映射为笛卡尔坐标系上的坐标点。其中，x 轴和 y 轴分别代表不同的两个维度的数据，功能是用于定位气泡的位置，第三个数值用于计算气泡的尺寸或大小。

气泡图其实是在散点图的基础上进行升级改造的，在原有的以横纵坐标为变量的基础上引入第三个变量，并用气泡的大小来表示第三个变量的值，因此被称为气泡图。由此可知：气泡图是 X 变量 -Y 变量散点图的拓展，是一种展示三个变量之间关系的数据图表，是散点图的变体。

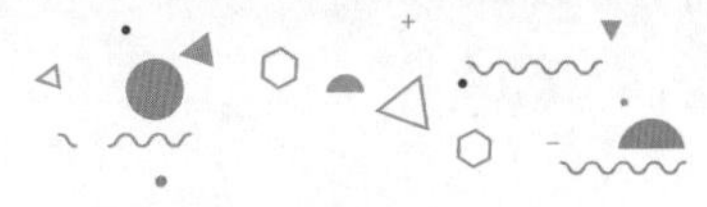

不同于散点图的是，气泡图的每个气泡都有分类信息。另外，还可以使用不同的颜色来区分分类数据或者其他的数值数据，或者使用亮度或透明度。在表示时间维度的数据时，可以将时间维度作为直角坐标系中的维度，或者结合动画来表现数据随着时间的变化情况。

5.1.1 任务描述

大家经常去物美、美廉美、天客隆、京客隆等大型超市，知道超市内部商品琳琅满目。到了年底，超市经理明诚想了解下超市中不同品类商品的销售情况。数据分析专员小芳获取了超市的销售明细表，计划绘制基于 Tableau 的气泡图向经理汇报。

数据来源：Tableau 自带数据源：Superstore。

案例任务：分析并可视化不同运输模式下不同品类商品的销售对比。

5.1.2 可视化效果

数据分析专员小芳采用 Tableau 软件来绘制气泡图，可视化效果如图 5-1 所示。

观察图 5-1 可知，不同运输模式下不同品类商品的销售存在显著差异。整个气泡图具有如下特点：

（1）动态提示信息能够让读者一目了然地知晓气泡所代表的具体含义。

（2）气泡位置、大小以及标签能够直观清晰地呈现销售额和运输模式。

（3）通过气泡颜色深浅程度不同来标识销售额的大小。其中，色彩越深销售额越大。

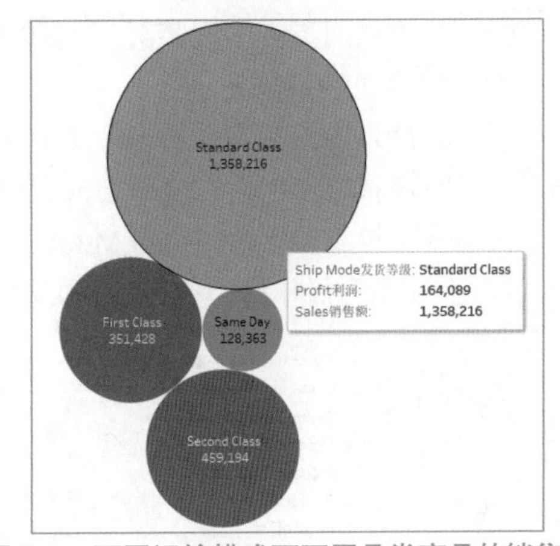

图 5-1　不同运输模式下不同品类商品的销售量

对于 Tableau 软件绘制图表而言，需要读者具备一定的自学能力，熟悉软件各个模块的功能。

5.1.3 设计过程

1. 设计思路

（1）能够正确导入要分析的数据源。

（2）确定数据表。

（3）绘制气泡图。

2. 操作步骤

1）正确导入数据源

打开 Tableau 软件，单击“打开”菜单项，导入数据“Superstore.xlsx”，准备分析超市整个销售额中不同类别商品销售额的贡献量，在 Tableau 左侧的连接区域会出现数据源信息。正确导入后，导入数据示意如图 5-2 所示。

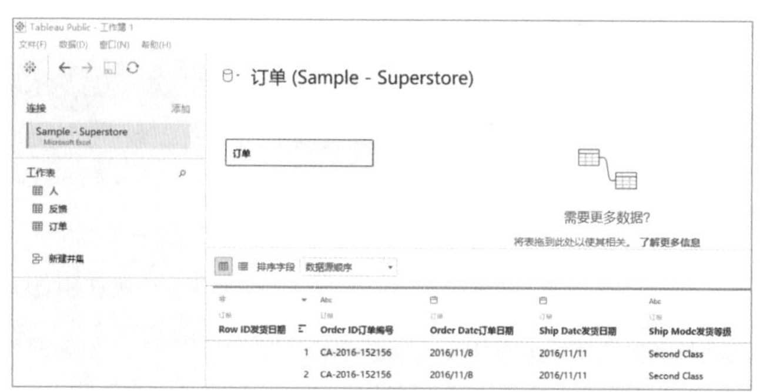

图 5-2　数据导入初步示意图

2）确定数据表

在分析超市整个销售额中不同类别商品各自的销售情况之前，需要确定数据表。在图 5-2 所示页面中，执行如下系列操作：

（1）单击页面下方的标签页 “订单表”。

（2）切换到“工作表 1”。

（3）将度量字段利润“Profit”拖放到“标记”区域的“大小”窗格。

（4）将考核维度字段“Ship Mode 发货等级”拖放到“标记”区域的“标签”窗格。

（5）将考核维度字段“Ship Mode 发货等级”拖放到“标记”区域的“颜色”窗格。

经过上述系列操作后，执行示意如图 5-3 所示。

图 5-3　确定数据表的操作结果

3）添加气泡图的标签

经过上述一系列操作后可知：

（1）“Profit 利润”是用于度量化气泡的大小。

（2）“Ship Mode 发货等级”不仅作为气泡上显示的标签，还是气泡颜色的依据。

在操作界面中，继续将度量字段销售额“Sales”拖放到“标记”区域的“标签”窗格，就可以显示不同商品销售额的值。经过操作后，气泡上就显示了 Ship Mode 和销售额两种标签。操作执行结果如图 5-1 所示。

若想呈现统一度量颜色的气泡，也可以将度量字段销售额“Sales”拖放到“标记”区域的“颜色”窗格中，操作执行结果如图 5-4 所示。通常情况下，颜色最深最暗的标识最大尺寸的气泡，而颜色最浅的标识最小尺寸。

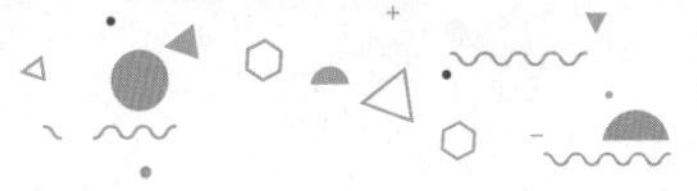

4）气泡图的考核

经过上述的学习，依然基于 Tableau 自带的“SuperStore.xlsx”数据，自行动手可以绘制出如下可视化气泡图，可视化效果如图 5-5 所示。

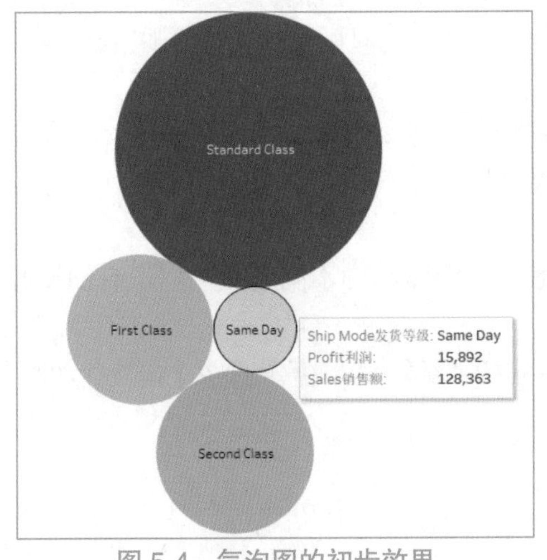

图 5-4　气泡图的初步效果

图 5-5　气泡图考核示意图

观察图 5-5 可知，操作步骤已经隐藏在图中相应位置。

通过学习可以知道，气泡图能够直观地可视化数据信息，外观简洁、美丽、舒适，应用领域广且能够启发思维与想象，是整理思维的好助手。

读者可深入学习 Tableau 软件并加以实践，从而掌握如何更好地绘制气泡图。

案例5.2　超市总销售额中各类商品销售额的贡献

瀑布图是由麦肯锡顾问公司所独创的图表类型，是用一系列正负值的形式表现数个数值累计及变化的情况，因其形似瀑布流水而得名。瀑布图采用绝对值与相对值结合的方式，适用于表达数个特定数值之间的数量变化关系，常用于经营分析和财务分析。

二维码 5-2

超市总销售额中的各类商品销售额的贡献

图如其名，瀑布图是指通过巧妙的设置，使图表中数据点的排列形状看似瀑布悬空。这种效果的图形能够反映数据在不同时期或受不同因素影响的程度及结果，还可以直观地反映出数据的增减变化，在工作表中非常有实用价值。

5.2.1　任务描述

超市销售总额与不同商品的销售额度紧密相关，那么如何直观地看出不同商品销售额度的动态变化量呢？数据分析专员小明在已知超市销售总额和不同类目商品销售额的基础上，计划绘制基于 Tableau 的瀑布图，向超市经理明诚进行汇报。

数据来源：Tableau 自带数据源 Superstore。

案例任务：分析并可视化超市总销售额中不同类别商品销售额的贡献。

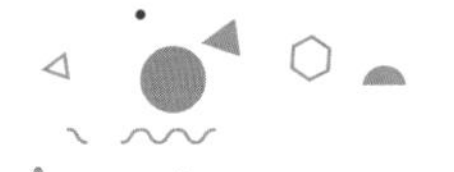

5.2.2 可视化效果

数据分析专员小芳采用 Tableau 软件来绘制瀑布图，可视化效果如图 5-6 所示。

观察图 5-6 可知，不同品类商品的销售额存在显著差异。整个瀑布图具有如下特点：

（1）能够直观地反映数据的增减变化，反映数据在不同时间点或受不同因素影响时的变化情况。

（2）能够清晰地看到不同类别商品销售额的增加 / 减少，能够有效地看出相对增 / 减量。瀑布图显示一个类目商品销售额的开始、结束和增量多少，使读者能够看到连续数据点之间的变化量，以及不同类目之间销售额的差距。

（3）能够有效地显示连续正值 / 负值的累积效应。深浅程度不同的颜色标识有助于凸显相邻两个类目商品的销售额的比较。

对于Tableau软件绘制图表而言，需要读者具备一定的自学能力，熟悉软件各个模块的功能。

5.2.3 设计过程

1. 设计思路

（1）能够正确导入要分析的数据源。

（2）拖动数据表，查看数据信息。

（3）设置待观察变量。

（4）按照比较原则将比较数据进行排序。

（5）设置商品总销售额 running total。

（6）将柱形图修改为甘特图。

（7）创建计算字段。

（8）修改瀑布颜色。

2. 操作步骤

1）正确导入数据源

打开 Tableau 软件，导入数据 “Superstore.xlsx” 。正确导入后，导入数据示意如图 5-7 所示。

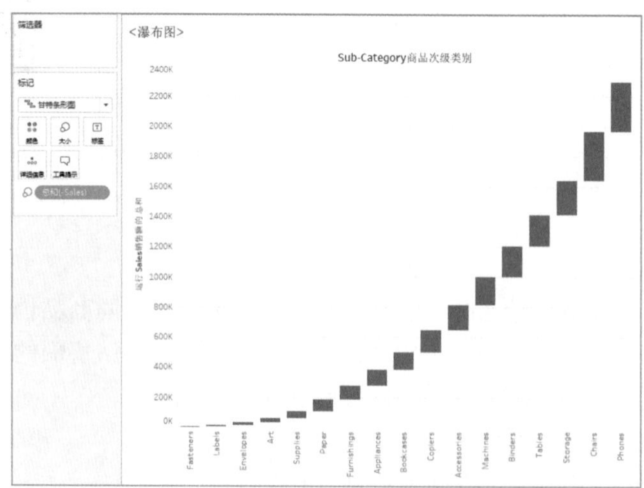

图 5-6　不同类目商品销售额的累积效应

图 5-7　导入数据源

2）拖动数据表

在显示页面下方的标签页，将“工作表”区域的“订单”数据表拖动到右侧区域，可以看到“订单”数据表的详细信息，如图 5-8 所示。

图 5-8　拖动数据表

3）设置分析变量

在显示页面中，单击“订单表”并切换到“工作表 1”，然后将 “Sub-Category 商品次级类别”维度字段拖动到列框架中，将 “Sales 销售额”度量字段拖动到行框架内，示意如图 5-9 所示。

4）按照商品销售额升序排序

在显示页面中，单击工具栏中的“升序”按钮，将默认显示的柱状图按“Sales 销售额”升序排序，操作示意如图 5-10 所示。

单击“排序”按钮后，不同类目商品的销售额按照从小到大的升序排列，默认显示为柱状图，显示如图 5-11 所示。

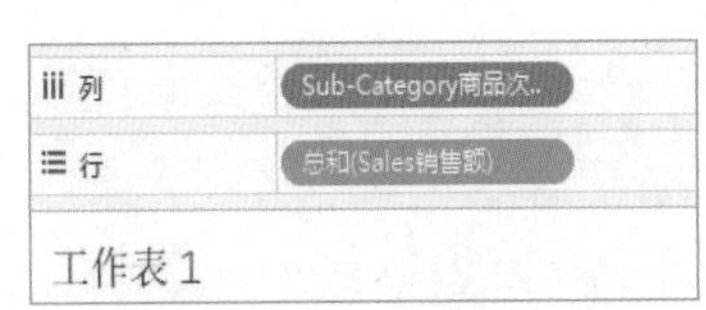

图 5–9　设置分析变量

图 5-10　按照销售额升序排序

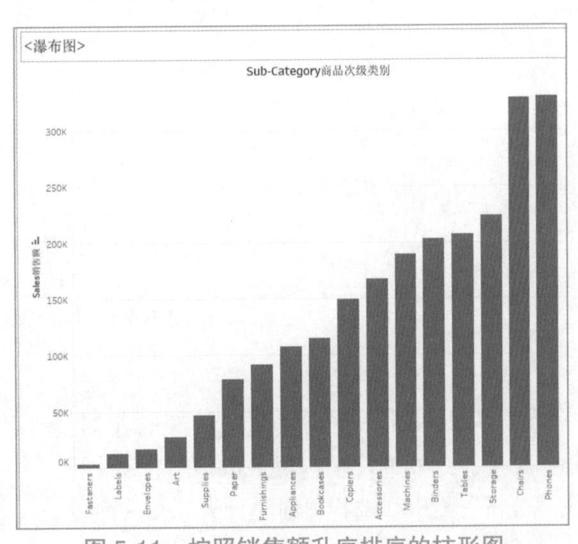

图 5-11　按照销售额升序排序的柱形图

在图 5-11 中，读者可以自行修改标题的字体大小、显示内容等。例如，本示例将“工作表 1”修改为“瀑布图”，将“商品次级类目”的字体大小修改为 12 等。

5）设置 running total

在显示页面中右击行中的 总和(Sales销售额)，单击小三角，在下拉菜单中选择“表计算”选项，在弹出的“表计算”页面中设置计算类型为“运行 Sales 销售额的总和”，如图 5-12 所示。

图 5-12　设置 running total

6）修改图表类型为甘特图

在显示页面中，在“标记”区域将图表类型更改为“甘特条形图 Gantt”，可视化效果如图 5-13 所示。

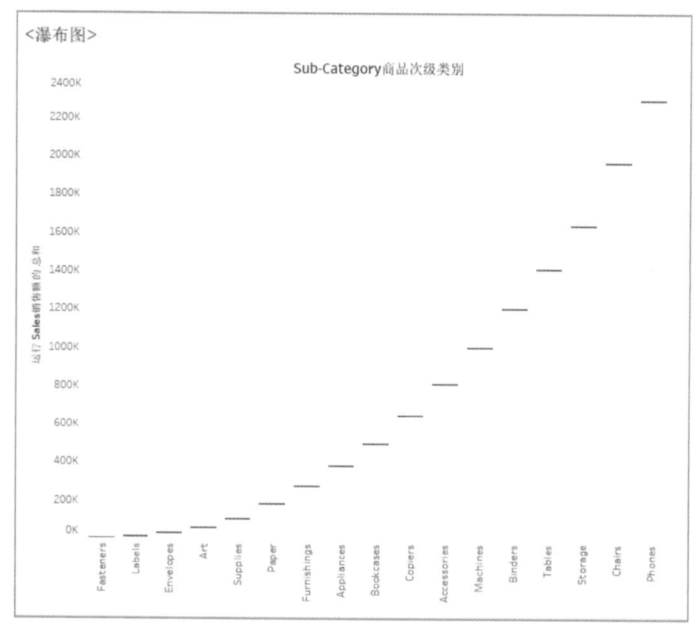

图 5-13　甘特条形图

7）创建并应用计算字段

为了显示不同子类目商品销售额的相对变化增 / 减量，此处进行销售额 Sales 的增量计算。单击“分析”菜单并选择“创建计算字段”命令，并在弹出的对话框中进行计算表达式的设置，操作过程如图 5-14 所示。在计算字段“-sales”创建好之后，将其拖动到“标记卡”下的大小字段，便可得到如图 5-6 所示的瀑布图。

图 5-14　创建计算字段“–Sales”

8）设置瀑布颜色

在显示页面中，将销售度量拖动到标记卡下的颜色货架，可以为图表中的条形提供不同深浅的颜色。当读者看到生成的瀑布图时，观察图形会发现销售额相对增量越大，瀑布颜色越深，增量越小则颜色越浅。

在瀑布图的应用中，若参与分析的数据列采用彩色编码，可以快速将正增量与负增量区分开来。通常情况下，初始值和最终值列从水平轴开始，而中间值则为浮动列。由于拥有这样的“外观”，瀑布图也称为桥梁图。例如，下图给出了一个公司员工人数的变化情况，其变化形状就形如桥梁。

通过学习可以知道，当想表达两个数据点之间数量的演变过程，也就是存有数据流入或流出时可采用瀑布图来表达。当想表达出不同分类数据的大小差异，又想表达出增减变化，尤其是数据组有正负差异时候，瀑布图是最好的选择。图 5-15 是在 Excel 中实现的桥梁式瀑布图。

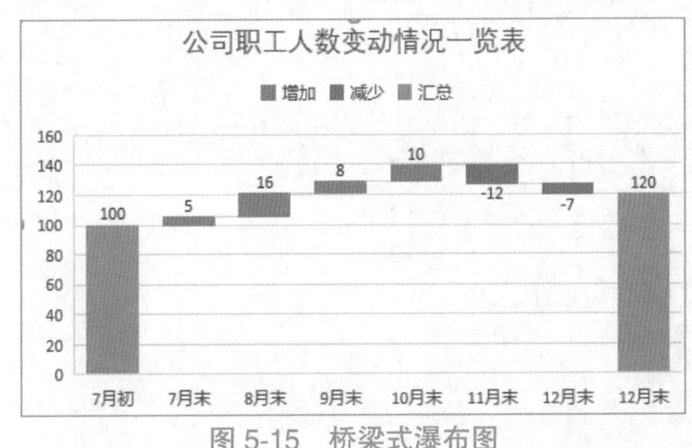

图 5-15 桥梁式瀑布图

读者可深入学习 Tableau 软件并加以实践，从而掌握如何更好地绘制瀑布图。

案例5.3 不同品类商品的聚合销售额

树状图一般用于展示数据之间的层级和占比关系，矩形的面积代表数据大小。树状图是一种相对简单的数据可视化形式，可通过具有视觉吸引力的格式提供见解。

使用树状图可在嵌套的矩形中显示数据。通常情况下，可使用维度定义树状图的结构，使用度量定义各个矩形的大小，使用维度或度量来定义各个矩形的颜色，使用维度定义树状图的维度或详细信息，标记类型通常采用默认形式或者方形。

二维码 5-3

不同品类商品的聚合销售额

5.3.1 任务描述

到了年底，超市经理明诚想了解下超市中不同品类商品的聚合销售总额情况。数据分析专员小芳获取了超市的销售明细表，计划绘制基于 Tableau 的树状图向经理汇报。

数据来源：Tableau 自带数据源 Superstore。

案例任务：分析并可视化不同品类商品的聚合销售额。

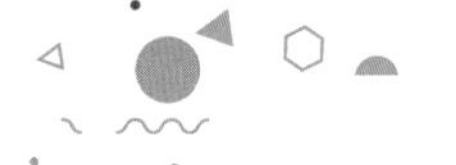

5.3.2 可视化效果

数据分析专员小芳采用 Tableau 软件来绘制树状图，可视化效果如图 5-16 所示。

观察图 5-16 可知，不同品类商品的聚合销售额存在显著差异。整个树形图具有如下特点：

（1）动态提示信息能够让读者一目了然地知晓矩形框所代表的商品类别及聚合销售额。

（2）通过矩形框颜色深浅程度不同及矩形框面积大小来标识销售额的大小。其中，聚合销售额越大则矩形框面积越大且颜色越深。

（3）矩形框上的文字标识让读者知晓销售额大或小的商品类别是哪一种，能够快速定位。

对于 Tableau 软件绘制图表而言，需要读者具备一定的自学能力，熟悉软件各个模块的功能。

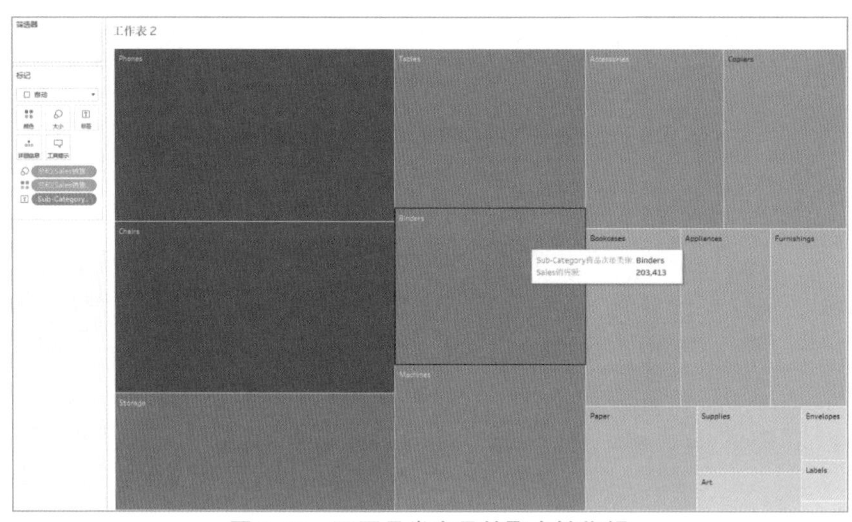

图 5-16 不同品类商品的聚合销售额

5.3.3 设计过程

1. 设计思路

（1）正确导入要分析的数据源。

（2）确定数据表，显示默认的柱形图。

（3）绘制树形图。

（4）实践树形图并完成树形图的考核。

2. 操作步骤

1）正确导入数据源

打开 Tableau 软件，单击“打开”菜单项，导入数据“Superstore.xlsx”，准备分析超市整个销售额中的不同类别商品的聚合销售额，在 Tableau 左侧的连接区域会出现数据源信息。正确导入后，导入数据示意如图 5-17 所示。

图 5-17 Superstore 数据源

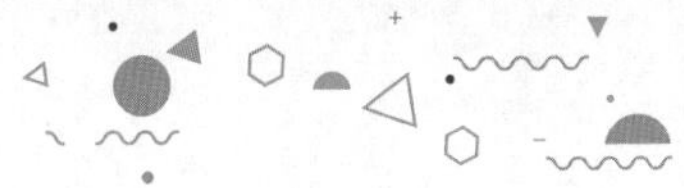

2）确定数据表

在分析超市中不同类别商品的聚合销售额时，需要确定数据表。在图 5-17 所示页面中，执行如下系列操作：

（1）将“订单”数据表拖放到数据源区域。

（2）单击页面下方的标签页 “订单表”，切换到“工作表 1”。

（3）将考核维度字段“Sub-Category”（子类）拖到“列”功能区，此时会出现一个显示产品类别的水平轴。

（4）将度量字段“Sales”（销售额）拖到“行”功能区，Tableau 将此度量聚合为总和并创建垂直轴。

经过上述系列操作后，当“列”功能区上有一个维度且“行”功能区上有一个度量时，Tableau 将显示默认图表类型为一个柱形图，执行示意如图 5-18 所示。

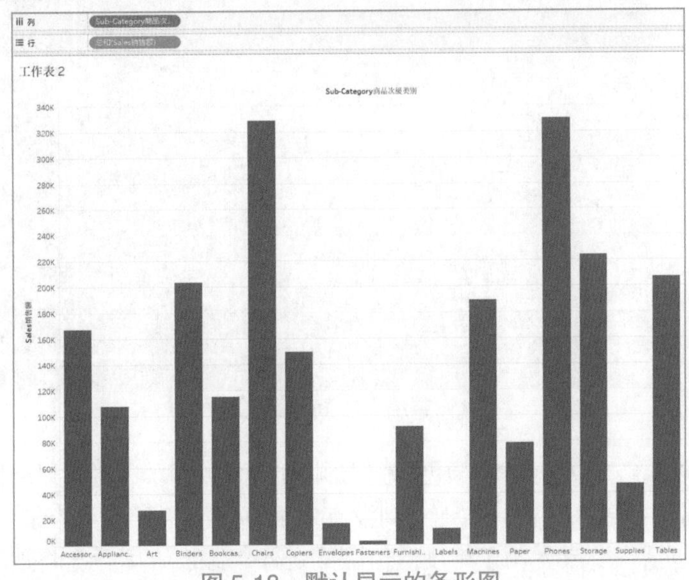

图 5-18 默认显示的条形图

3）绘制树形图

为了以树形图进行显示，执行如下操作：

（1）将考核维度字段“Sub-Category”（子类）拖到“标记”区域的“标签”。

（2）将度量字段“Sales”（销售额）拖到“标记”区域的“大小”。

（3）将度量字段“Sales”（销售额）拖到“标记”区域的“颜色”。

然后，单击工具栏上的“智能推荐”，选择树状图图表类型，可视化效果如图 5-16 所示。在此树状图中，矩形的大小及其颜色均由“Sales”的值决定。

显而易见，每个类别商品的总销售额越大，它的矩形框就越大，颜色也越深。

4）修改树形图

为了练习并熟悉树形图，执行如下操作：

（1）将考核维度字段“Ship Mode 发货等级”拖到“标记”卡上的“颜色”中。

该操作的作用是指在生成的视图中，“Ship Mode 发货等级”将确定矩形的颜色，并

相应地将其分为四个独立的区域。

（2）将度量字段“Sales”（销售额）拖到“标记”区域的“大小”中，用以确定矩形的大小。

经过上述操作后，树形图的可视化效果如图 5-19 所示。

5）树形图考

为了练习并熟悉树形图，执行如下操作以查看树形图的可视化效果并给出图示总结。

（1）单击“撤销”按钮从视图中删除“标记”卡上的“颜色”处的“Ship Mode 发货等级”。

（2）将度量字段“Profit”（利润）度量拖到“标记”卡的“颜色”上。

该操作的作用是用“Profit”（利润）确定矩形的颜色，而“Sales”（销售额）确定矩形大小。

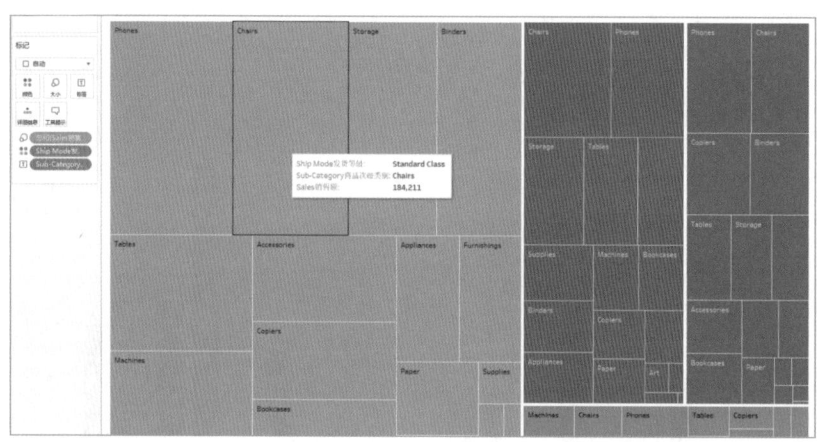

图 5-19　不同发货等级下不同类别商品的聚合销售额

通过学习可以知道，“大小”和“颜色”是树形图的重要元素。读者可以将度量放在“大小”和“颜色”上，但将度量放在任何其他地方则没有效果。此外，树形图可容纳任意数量的维度，在“颜色”上可包括一个或者两个维度。但除此之外，添加维度只会将地图分为更多数量的较小矩形。

读者可深入学习 Tableau 软件并加以实践，从而掌握如何更好地绘制树形图。

案例5.4　十景花园项目的各任务计划进展情况

二维码 5-4

十景花园项目的各任务计划进展情况

甘特图（gantt chart）又称横道图、条状图（bar chart）。甘特图通过条状图来显示项目、进度和其他时间相关的系统进展的内在关系随着时间进展的情况。甘特图以提出者亨利 • 劳伦斯 • 甘特（Henry Laurence Gantt）先生的名字命名。

甘特图常用于项目管理，通过条状图来显示项目进度随着时间进展的情况。项目经理可以随时将脑海中对项目的计划落地到甘特图里，逐层分解为可执行的管理任务，落实到每一个任务负责人。甘特图为工作和里程碑设置前后置依赖关系，使各项工作之间的关联关系一目了然。

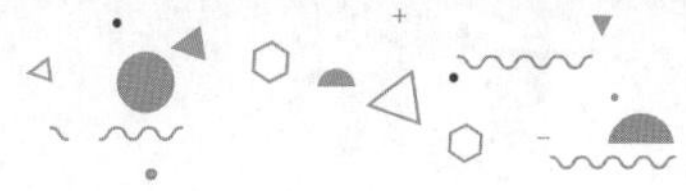

5.4.1 任务描述

明诚作为十景花园开发项目的总经理，现在想了解一下项目各个任务的进展计划概况，以为工作人员分配和物料进货等制订计划。数据分析专员小芳获取了整个开发项目所有任务的开始时间和任务时长，计划绘制基于 Tableau 的甘特图向经理汇报。

数据来源：十景花园开发项目数据 Grantter.xlsx。

案例任务：可视化十景花园开发项目各个任务的进展计划概况。

5.4.2 可视化效果

数据分析专员小芳采用 Tableau 软件来绘制甘特图，可视化效果如图 5-20 所示。

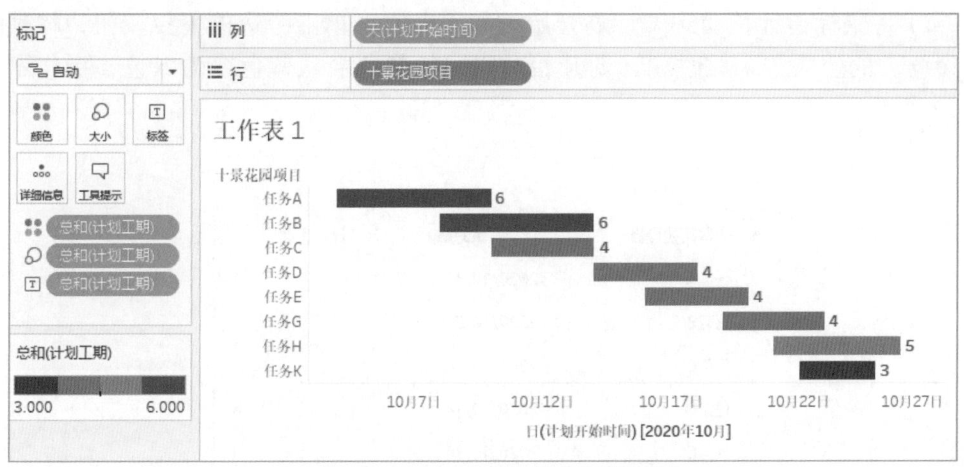

图 5-20 开发项目的各个任务进展计划

观察图 5-20 可知，项目经理能够从宏观视角对整个项目的开发进度做出人力和资源的调控配置。整个甘特图具有如下特点：

（1）从纵坐标上看，项目经理可以一览项目所包含任务的数量。

（2）从横坐标上看，项目经理可以清晰地判断每个任务的启动时间。

（3）从甘特图的度量长度，项目经理可以知道任务与任务之间的先后衔接关系。

（4）从甘特图的旁注标签，项目经理对每个任务的工期时长一目了然。

对于 Tableau 软件绘制图表而言，需要读者具备一定的自学能力，熟悉软件各个模块的功能。

5.4.3 设计过程

1. 设计思路

（1）正确导入要分析的数据源。

（2）确定行与列，设置日期为连续值。

（3）绘制甘特图并进行颜色等设置。

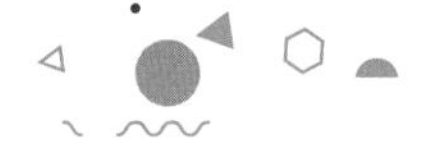

2. 操作步骤

1）正确导入数据源

打开 Tableau 软件，单击“打开”菜单项，导入数据“Grantter.xlsx”，在左侧的连接区域会出现数据源信息且在视窗中出现数据表的信息。正确导入后，数据内容示意如图 5-21 所示。

2）确定数据表的行与列

进行项目各个任务进展计划的可视化，需执行如下系列操作：

（1）在页面下方，从数据源切换到工作表。

（2）将考核维度字段“十景花园项目”拖到“行”功能区。

（3）将考核维度字段“计划开始时间”拖到“行”功能区。

（4）将鼠标指针移动到“计划开始时间”上方，单击旁边的下拉按钮，将其设置为“连续”的“天”，此时“计划开始时间”的颜色会从蓝色变为绿色，操作示意如图 5-22 所示。

Abc Sheet1 十景花园项目	Sheet1 计划开始时间	# Sheet1 计划工期
任务A	2020/10/4	6
任务B	2020/10/8	6
任务C	2020/10/10	4
任务D	2020/10/14	4
任务E	2020/10/16	4
任务G	2020/10/19	4
任务H	2020/10/21	5
任务K	2020/10/22	3

图 5-21　数据源内容

图 5-22　确定行与列的操作示意

经过上述系列操作后，Tableau 将显示简单示意图，执行示意如图 5-23 所示。

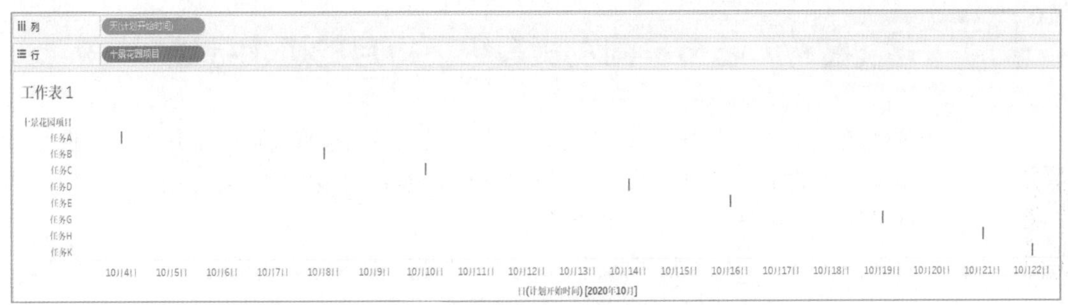

图 5-23　不含度量字段时甘特图的初始效果

3）绘制甘特图并设置颜色

进行项目各个任务进展计划的可视化，需执行如下系列操作：

（1）将度量字段“计划工期”拖到“标记”功能区的“大小”处。

（2）为了美化效果，将度量字段“计划工期”拖到“标记”功能区的“颜色”处。

（3）将度量字段“计划工期”拖到“标记”功能区的“标签”处。

（4）单击“颜色”进入配置颜色对话框，可以进行颜色的配置。

（5）单击“标签”进入标签显示设置对话框，可以进行标签的显示配置。

上述操作示意如图 5-24 所示，完成这一系列操作后，就可以实现整个项目的各个任务进展计划的甘特图，可视化效果如图 5-20 所示。

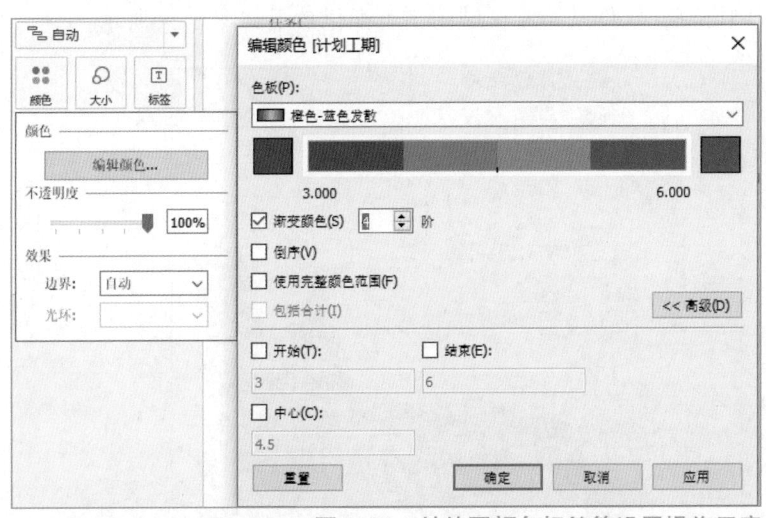

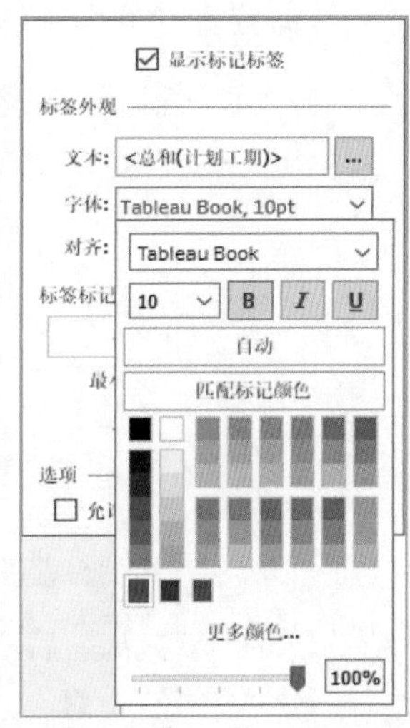

图 5-24　甘特图颜色标签等设置操作示意

通过学习可以知道，甘特图在现代企业项目管理领域运用最为广泛。将来参加工作，在项目建设过程中，就可以借助甘特图来提高项目全局视野和规划制定的合理性，能够帮助用户清晰地掌握项目管理进程，从而提升企业的运行效率。

读者可深入学习 Tableau 软件并加以实践，从而掌握如何更好地绘制甘特图。

案例5.5 超市不同发货等级下每月的进货数量

二维码 5-5

超市不同发货等级下每月的进货数量

区域图是一种折线图，其中线和轴之间的区域用颜色标记为阴影，以折线和区域相结合的方式，智能地展示多维的实时数据的变化趋势。区域图通常用于表示一段时间内的累计，是显示堆叠线条的便携方式。

通常情况下，使用维度字段进行“列”功能区的设定，使用度量字段进行“行”功能区的设定，使用维度字段进行“颜色”的设定，标记类型为区域。

5.5.1 任务描述

超市需要根据不同种类商品的销售情况来制订相应的进货策略，按照不同的发货等级商品进货数量存在不同。那么如何直观地看出不同发货等级商品的进货量呢？数据分析专员小芳在已知超市所有商品进货信息的基础上，计划绘制基于 Tableau 的区域图向超市经理明诚进行汇报。

数据来源：Tableau 提供的“Superstore”示例数据源。

案例任务：分析并可视化超市进货中不同发货等级下每月商品的进货数量。

5.5.2 可视化效果

数据分析专员小芳采用 Tableau 软件来绘制区域图，可视化效果如图 5-25 所示。

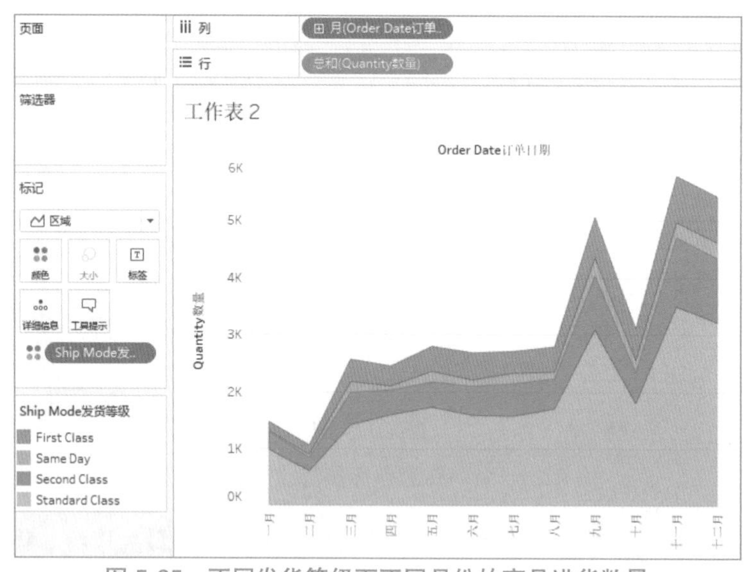

图 5-25 不同发货等级下不同月份的商品进货数量

观察图 5-25 可知，超市经理能够从宏观视角对超市每个月中不同发货等级下的商品进货量有一个直观概览。整个甘特图具有如下特点：

（1）从纵坐标上看，超市经理可以一览不同月份中商品总进货量的差异。

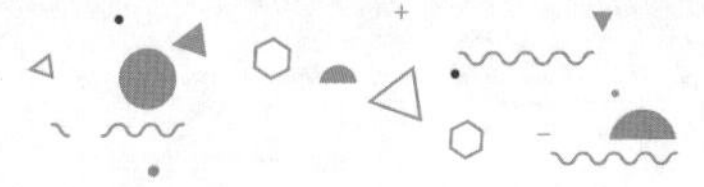

（2）从横坐标上看，超市经理可以清晰判断哪个季节的商品总进货最多或最少。

（3）从单月区域图上看，超市经理可以知道当月商品进货数量中不同发货等级进货量的差异。

对于 Tableau 软件绘制图表而言，需要读者具备一定的自学能力，熟悉软件各个模块的功能。

5.5.3 设计过程

1. 设计思路

（1）正确导入要分析的数据源。

（2）设置数据表的行与列。

（3）绘制区域图。

2. 操作步骤

1）正确导入数据源

打开 Tableau 软件，单击“打开”菜单项导入数据“Superstore.xlsx”，在 Tableau 左侧的连接区域会出现数据源信息且在视窗中看到数据表的信息。

2）设置数据表的行与列

进行数据表行与列的设置，需执行如下系列操作：

（1）在页面下方，从数据源切换到新的工作表。

（2）在“数据”窗格中，将考核维度字段“Order Date”（订单日期）拖到“列”功能区。

（3）在“列”功能区，右击“YEAR(Order Date)”，并选择“月”。

（4）在“数据”窗格中，将考核度量字段“Quantity”（数量）拖到“行”功能区。

（5）从“数据”窗格中，将“Ship Mode 发货等级”拖到“标记”卡上的“颜色”中。

3）绘制区域图

要绘制区域图，需在“标记”卡上单击“标记类型”下拉列表，并选择“区域”选项。系列操作示意如图 5-26 所示。

经过上述系列操作后，Tableau 将显示区域图，执行示意如图 5-25 所示。

如图 5-27 所示，动态标签的提示更让超市经理掌握具体数据，信息更加明晰。需要提醒读者的是，在第二步骤中选择那个“月”的单位，需要选择上面的“月”且下方标识为“离散”。

通过学习可以知道，区域图在一定场合的作用还是非常显著且实用的。读者可深入学习 Tableau 软件并加以实践，从而掌握如何更好地绘制区域图。

图 5-26　确定行与列的操作示意

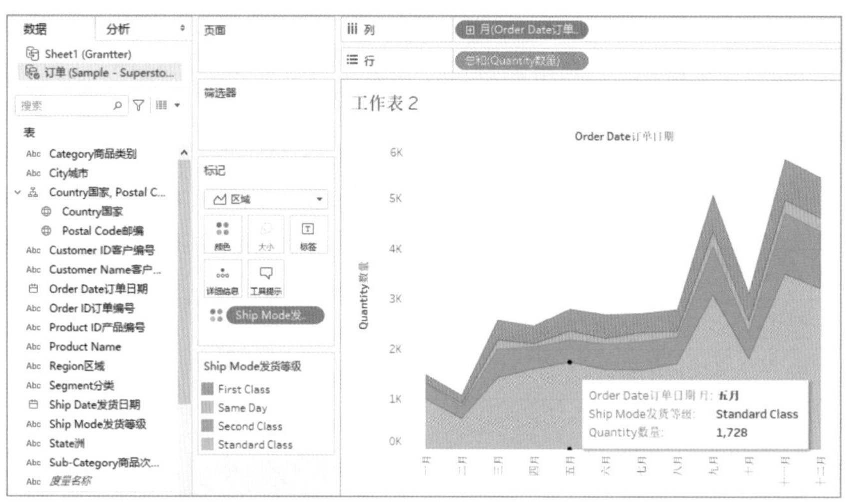

图 5-27　不同发货等级下不同月份的商品进货数量

案例5.6　超市不同发货等级下商品的累计总销售额

二维码 5-6

超市不同发货等级下商品的累计总销售额

条形图（bar chart）是用宽度相同的条形的高度或长短来表示数据多少的图形。条形图可以横置或纵置，纵置时也称为柱形图（column chart）。使用条形图可在各类别之间比较数据。

创建条形图时，将考核维度字段放在“行”功能区上，并将考核度量字段放在“列”功能区上，反之亦然。

5.6.1　任务描述

超市经常会进行销售额的盘点。在汇报工作业绩的时刻，超市经理明诚需要获悉在2014—2017 的四年内超市商品销售总额，且需要按照不同发货等级加以区分。数据分析专员小芳在已知超市所有年份数据销售额的基础上，计划绘制基于 Tableau 的条形图向超市经理明诚进行汇报。

数据来源：Tableau 提供的“Superstore”示例数据源。

案例任务：分析并可视化超市四年里不同发货等级的商品销售总额及累计总销售额。

5.6.2　可视化效果

数据分析专员小芳采用 Tableau 软件来绘制条形图，可视化效果如图 5-28 所示。

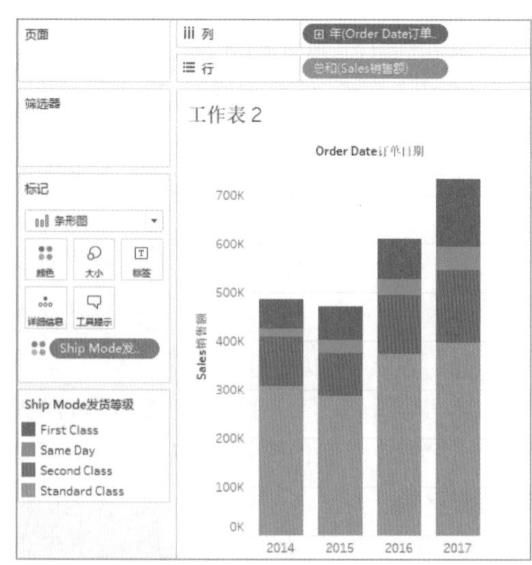

图 5-28　不同发货等级的超市每年销售额

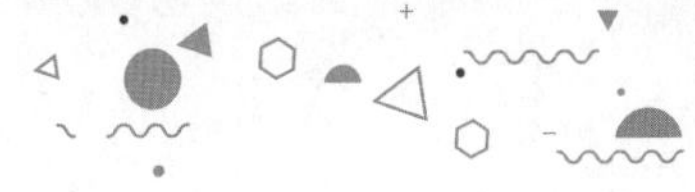

观察图 5-28 可知，超市经理能够从宏观视角知晓超市每年不同发货等级下的商品销售额及销售累计总额。整个条形图具有如下特点：

（1）从纵坐标上看，超市经理可以一览并对每年的商品总销售额进行直观对比。

（2）从横坐标上看，超市经理可以清晰判断每年销售总额的发展趋势。

（3）从单一年的条形图上看，超市经理可以知道当年不同发货等级下商品销售额的差别。

对于 Tableau 软件绘制图表而言，需要读者具备一定的自学能力，熟悉软件各个模块的功能。

5.6.3　设计过程

1. 设计思路

（1）正确导入要分析的数据源。

（2）设置数据表的行与列。

（3）绘制条形图。

2. 操作步骤

1）正确导入数据源

打开 Tableau 软件，单击“打开”菜单项，导入数据“Superstore.xlsx”，在 Tableau 左侧的连接区域会出现数据源信息且在视窗中看到数据表的信息。

2）设置数据表的行与列

进行数据表行与列的设置，需执行如下系列操作：

（1）在页面下方，从数据源切换到新的工作表。

（2）在“数据”窗格中，将考核维度字段“Order Date”（订单日期）拖到“列”功能区。

（3）在“列”功能区，右击“YEAR(Order Date)”，并选择“年”和“离散”。

（4）在“数据”窗格中，将考核度量字段“Sales”（销售额）拖到“行”功能区。

（5）从“数据”窗格中，将“Ship Mode 发货等级”拖到“标记”卡上的“颜色”中。

3）绘制条形图

要绘制区域图，需在“标记”卡上，单击“标记类型”下拉列表，并选择“条形图”。

第二步骤和第三步骤中的系列操作示意如图 5-29 所示。经过上述系列操作后，Tableau 将显示条形图，最终的可视化效果如图 5-28 所示。

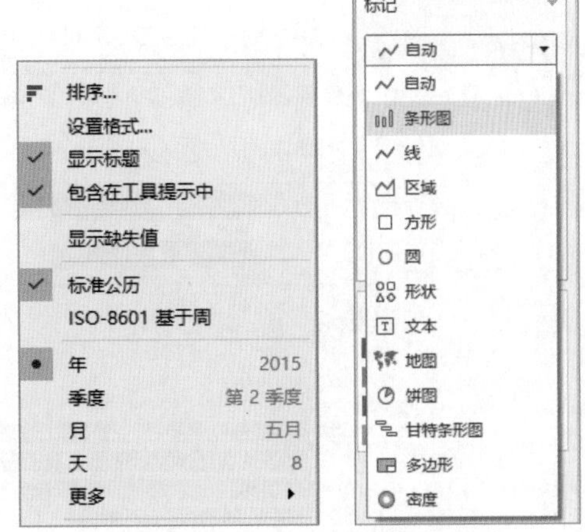

图 5-29　确定行与列的操作示意

4）设置按地区过滤的销售额汇总

进行按地区过滤的销售额汇总，需执行如下系列操作：

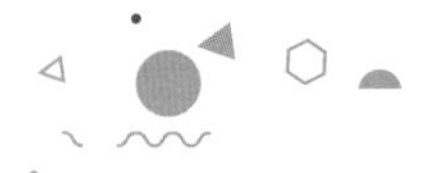

（1）在“数据”窗格中，将考核维度字段“Region”（区域）拖到“行”功能区。

（2）在“数据”窗格中，将考核维度字段“Region”（区域）拖到“筛选器”区域，会出现如图 5-30 所示的对话框。在该对话框内，可以任选其中一个区域作为了解对象。此处，选择“West”区域作为观察对象。

经过上述步骤，就完成了按“West”地区过滤的销售额汇总，可视化效果如图 5-31 所示。

5）切换行与列

（1）在“数据”窗格中，将考核维度字段“Order Date”（订单日期）拖到“行”功能区。

（2）在“数据”窗格中，将考核维度字段“Region”（区域）拖到“列”功能区。

（3）在“数据”窗格中，将考核度量字段“Sales”（销售额）拖到“列”功能区。

（4）从“数据”窗格中，将“Ship Mode 发货等级”拖到“标记”卡上的“颜色”中。

经过上述步骤，就可以将图 5-31 的“West”地区过滤的销售额汇总切换为水平方向显示的条形图，可视化效果如图 5-32 所示。

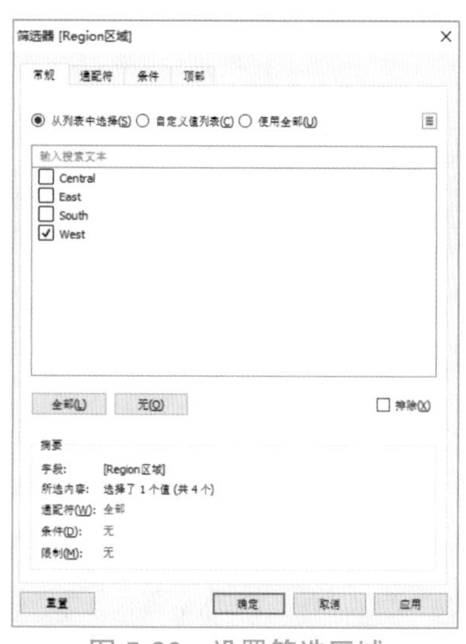

图 5-30　设置筛选区域

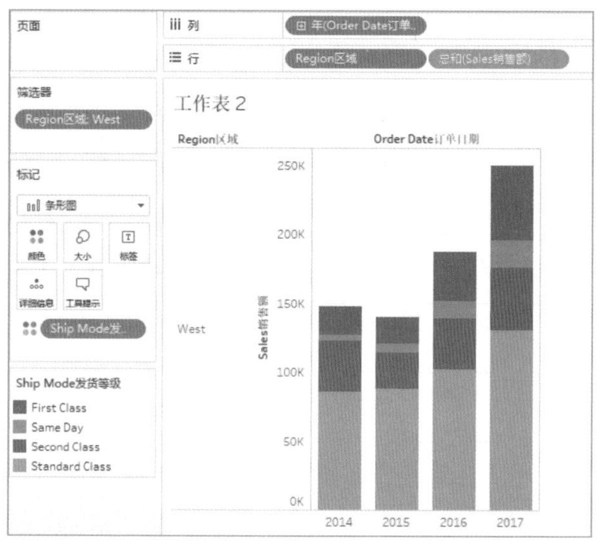

图 5-31　West 地区不同发货等级超市每年的销售额

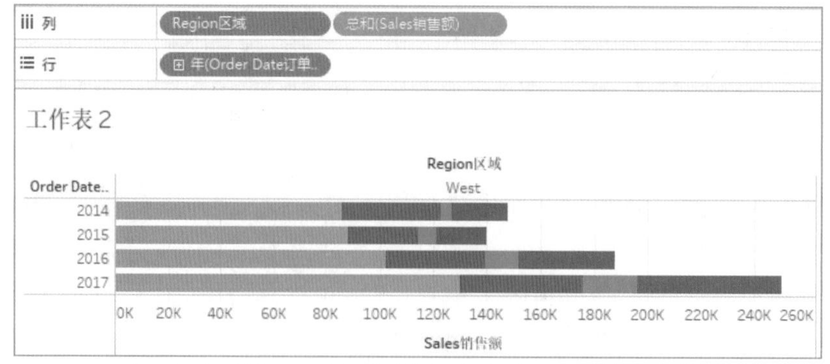

图 5-32　West 地区不同装运模式超市每年的销售额

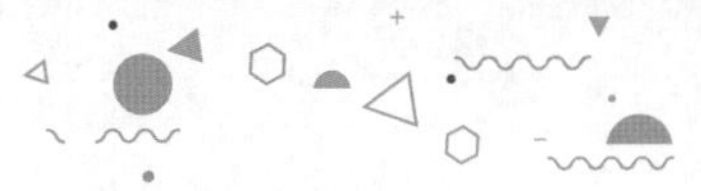

6）为堆叠条添加销售额合计标签

将合计添加到图表中条形的顶部有时就像通过在工具栏中单击“显示标记标签”图标一样简单。但是，当按颜色或大小分解条形时，将标记每个单独条形段，而不是标记条形的合计。例如，当在“数据”窗格中将考核度量字段“Sales”（销售额）拖到“标记”区域的“标签”处时，此时的可视化效果如图 5-33 所示。

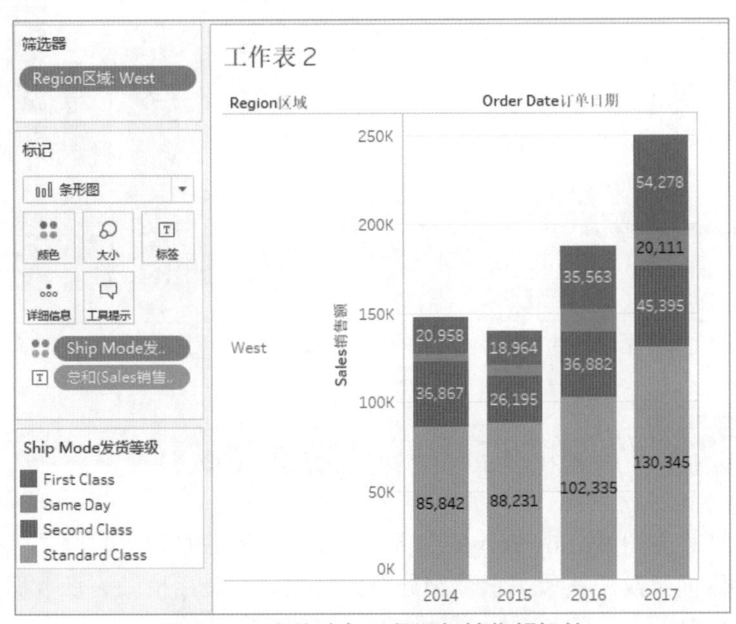

图 5-33　为单独条形段添加销售额标签

为了给出每年销售额的合计信息，可以为堆叠条添加销售额合计标签。这里，只需几步操作，就可以向每个条形的顶部添加合计标签，即使这些条形像刚刚创建的视图中一样已经细分。从技术上来说，需要执行如下操作步骤：

（1）将“数据”窗格切换到“分析”窗格中。

（2）从“分析”窗格中，将“自定义”区域的“参考线”拖到视图中，并将其放在“单元格”上。具体操作示意如图 5-34 所示。

工作表 2
添加
参考线
表
区
单元格

图 5-34　添加辅助线至单元格

（3）在弹出的“编辑参考线、参考区间或框”对话框中，将“SOM(Sales)”的聚合设置为“总和”，将“标签”设置为“值”，并将“格式设置”下的“线”设置为“虚线”并设置颜色。具体操作示意如图 5-35 所示。

经过上述步骤，就完成了为图 5-31 的堆叠条添加销售额合计标签的效果，最终可视化效果如图 5-36 所示。

通过学习可以知道，条形图的应用灵活且实用。读者可深入学习 Tableau 软件并加以实践，从而掌握如何更好地绘制条形图。

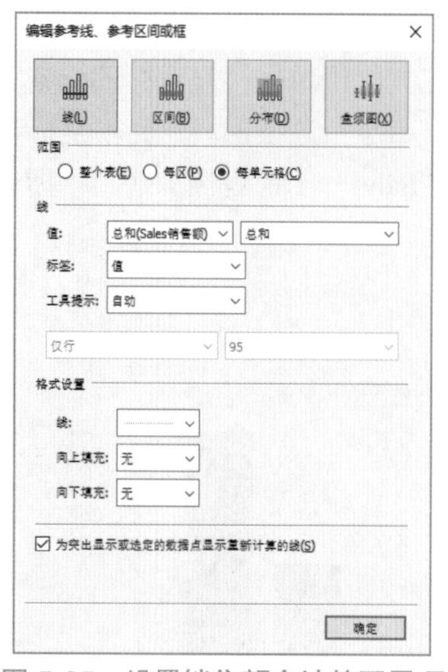

图 5-35　设置销售额合计的配置项

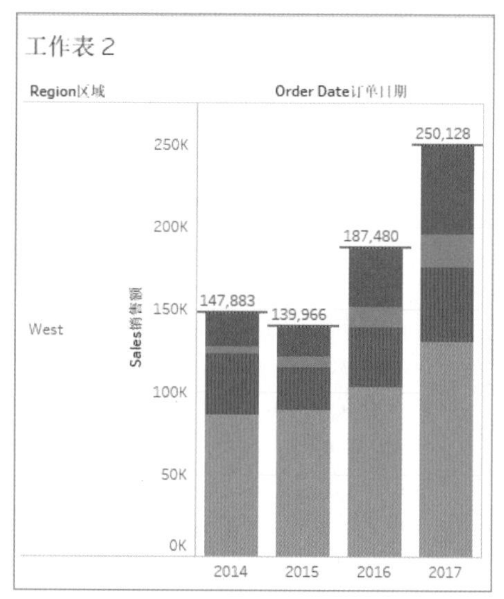

图 5-36　添加销售额合计总额标签

案例5.7 超市订单中的商品数量统计

二维码 5-7

超市订单中的商品数量统计

统计直方图 (Histogram) 又称质量分布图，是一种统计报告图，由一系列高度不等的纵向条纹或线段表示数据分布的情况。一般用横轴表示数据类型，纵轴表示分布情况。

统计直方图是数值数据分布的精确图形表示。这是一个连续变量（定量变量）的概率分布的估计，并且被卡尔•皮尔逊（Karl Pearson）首先引入。它是一种条形图。为了构建直方图，第一步是将值的范围分段，即将整个值的范围分成一系列间隔，然后计算每个间隔中有多少值。这些值通常被指定为连续的、不重叠的变量间隔。通常间隔相邻且大小相等。

在质量管理中，如何预测并监控产品质量状况？如何对质量波动进行分析？直方图就是一目了然地把这些问题图表化处理的工具。它通过对收集到的貌似无序的数据进行处理，来反映产品质量的分布情况，判断和预测产品质量及不合格率。

5.7.1　任务描述

超市销售额与订单中商品数量紧密相关，那么如何直观地看出不同类别用户的订单中的商品数量呢？数据分析专员小明在已知超市订单信息和用户类别信息的基础上，计划绘制基于 Tableau 的统计直方图向超市经理明诚进行汇报。

数据来源：Tableau 提供的“Superstore”示例数据源。

案例任务：分析并可视化不同用户的超市订单中商品数量的统计分布。

5.7.2　可视化效果

数据分析专员小明采用 Tableau 软件来绘制统计直方图，可视化效果如图 5-37 所示。

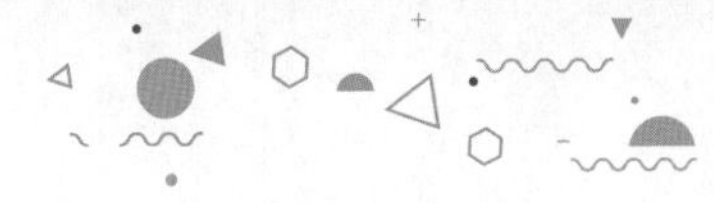

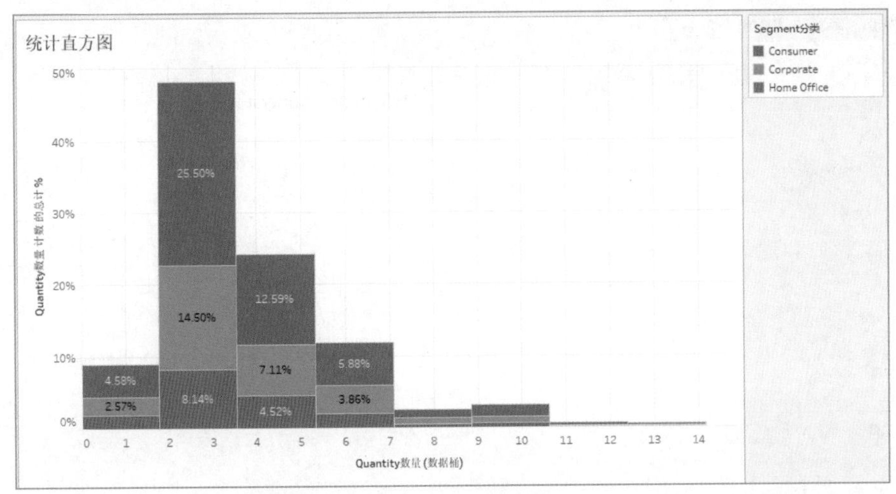

图 5-37 订单中商品数量的统计分布

观察图 5-37 可知，订单中商品数量的统计分布存在显著差异。整个统计直方图具有如下特点：

（1）能够直观地反映订单中商品数量的统计分布，反映所有订单中商品数量的整体情况。

（2）能够清晰地看到不同类别用户的订单中商品数量的分布特点，能够有效地看出各类用户所下订单中商品数量集中分布情况，不同的颜色标识有助于凸显相邻不同类别用户数据的占比。

对于 Tableau 软件绘制图表而言，需要读者具备一定的自学能力，熟悉软件各个模块的功能。

5.7.3 设计过程

1. 设计思路

（1）能够正确导入要分析的数据源。

（2）拖动数据表，查看数据信息。

（3）设置待分析变量。

（4）设置标记颜色的变量。

（5）设置显示标签。

2. 操作步骤

1）正确导入数据源

打开 Tableau 软件，导入数据“Superstore.xlsx”。正确导入后，导入数据示意如图 5-38 所示。

2）拖动数据表

在显示页面下方的标签页，将“工作表”区域的“订单”数据表拖动到右侧区域，可以看到“订单”数据表的详细信息，如图 5-39 所示。或者单击“工作表 1”，切换到“工作表 1”。

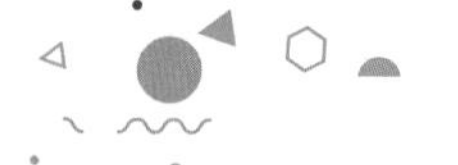

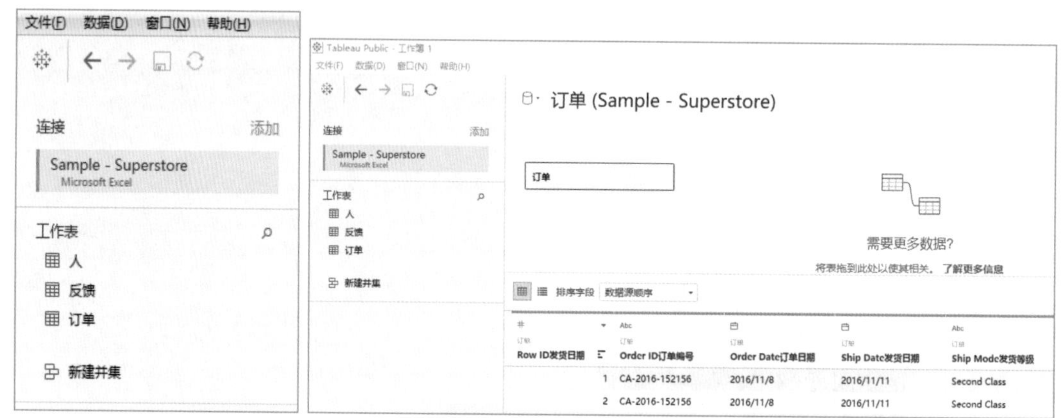

图 5-38 导入数据源　　　　图 5-39 拖动数据表

3）设置分析数据

在显示页面中，单击“订单”中任意数据切换到“工作表 1”，然后将“Quantity”维度字段拖动到行框架中，示意如图 5-40 所示。同时，在右侧的智能推荐框中选择直方图，如图 5-41 所示。

4）设置标记颜色

在显示页面中，将左侧数据栏中“Segment 分类”（细分市场）拖到标记框中的“颜色”，操作步骤如图 5-42 所示。

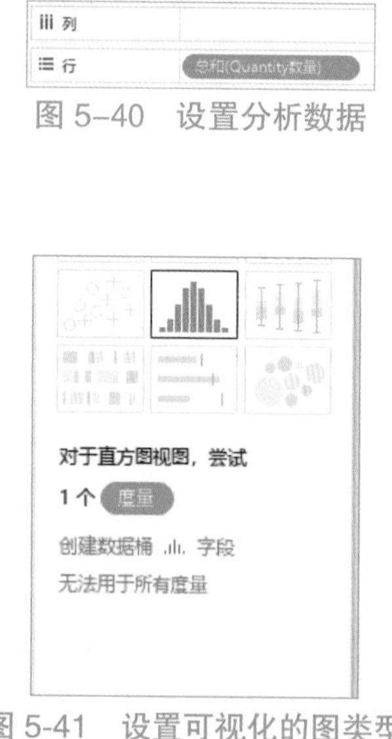

图 5–40 设置分析数据

图 5-41 设置可视化的图类型

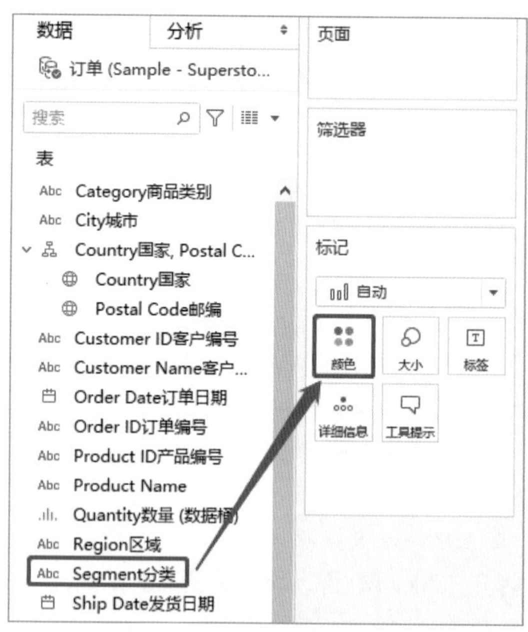

图 5-42 设置颜色标记

5）设置显示标签

在显示页面，读者可以自行修改标题的字体大小、显示内容等。例如，本示例将“工作表 1”修改为“统计直方图”；同时，在左侧标记框中选择“标签”，选中“显示标记标签”

复选框，如图 5-43 所示，然后，单击“计数（Quantity 数量）”，选择“快速表计算”中的“合计百分比”，如图 5-44 所示。

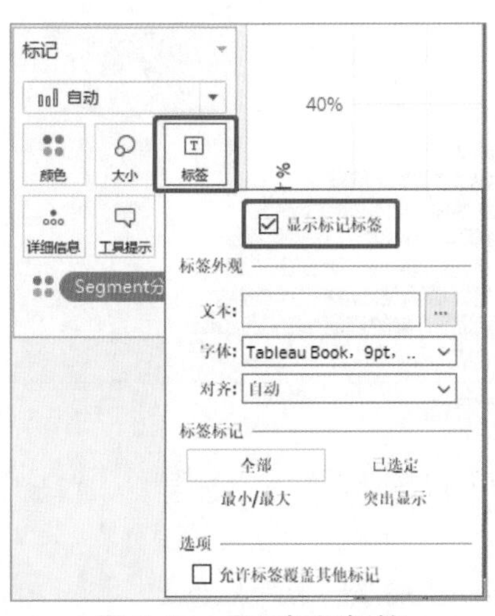

图 5-43　显示标记标签

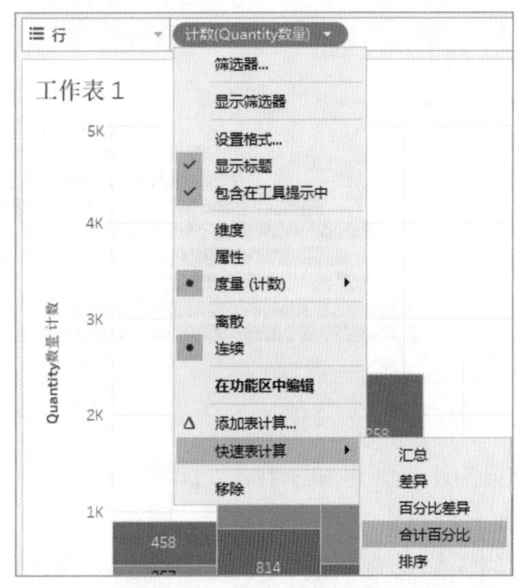

图 5-44　设置显示百分比

通过学习可以知道，统计直方图能够直观、可视化数据信息，能够实现对不同类别数据的统计分析，应用领域广，是数据分析的好助手。

读者可深入学习 Tableau 软件并加以实践，从而掌握如何更好地绘制统计直方图。

案例5.8　人口分布情况

如何直观地看出人口的分布情况呢？人口金字塔图也称为年龄结构图，用于显示人口中各个年龄组的分布。通常用于此可视化类型的一种常见分布是按年龄列出的女性和男性人口。

二维码 5-8

人口分布情况

金字塔图是由多个塔层组成的金字塔形状的图形，其中每个塔层的高度和其点的值有关。在技术层面上，金字塔图是一个倒置的漏斗图，没有漏斗颈。

人口金字塔图本质是成对的条形图，是一种特殊的旋风图。

5.8.1　任务描述

为了统计人口的数据，国家都会对人口进行普查，比如，我国总共进行了 7 次人口普查。通过人口普查，可以统计出各地区的人口分布，也能够统计出男女比例情况，那么如何直观地看出不同年龄男女的比例情况呢？数据分析专员小明在已知年龄和性别信息的基础上，计划绘制基于 Tableau 的人口金字塔图向部门经理明诚进行汇报。

数据来源：Tableau 提供的英格兰人口示例数据源。

案例任务：分析并可视化不同性别的人口数量统计分布。

5.8.2 可视化效果

数据分析专员小明采用 Tableau 软件来绘制人口金字塔图，可视化效果如图 5-45 所示。

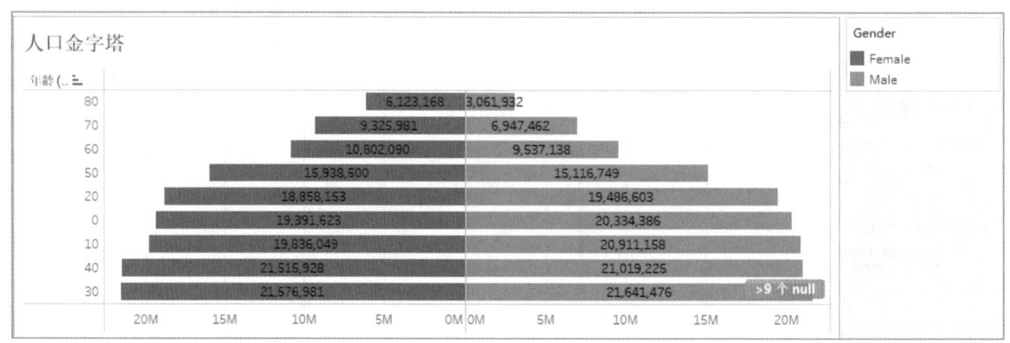

图 5-45　人口金字塔图

观察图 5-45 可知，在不同年龄段，不同性别的人口数量存在显著差异。人口金字塔图具有如下特点：

（1）能够直观地反映不同性别人口数量的在不同年龄段的统计分布。

（2）能够清晰地看到不同年龄段男女比例的情况，不同的颜色标识有助于凸显同年龄段男女人口数据的比例。

对于 Tableau 软件绘制图表而言，需要读者具备一定的自学能力，熟悉软件各个模块的功能。

5.8.3 设计过程

1. 设计思路

（1）能够正确导入要分析的数据源。

（2）设置数据桶。

（3）创建分析变量。

（4）设置列分析变量。

（5）设置显示效果。

2. 操作步骤

1）正确导入数据源

打开 Tableau 软件，导入人口示例数据。正确导入后，查看数据，数据示意如图 5-46 所示。读者也可以在以下地址下载数据：

https://public.tableau.com/profile/tableau.docs.team#!/vizhome/CreateaPopulationPyramid/Sheet1

2）对数据进行预处理

打开数据源，观察 Age 字段，会发现 Age 有部分显示 Null，如图 5-47 所示。

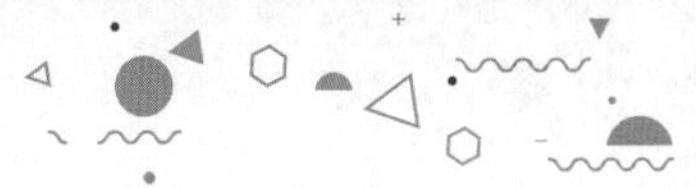

查看数据: Sheet_1_完整数据_data

8,772 行 ☑ 显示别名(S)

Division	Gender	Name	Region	Age	Calculation 1534601587422527489	Census2000	Estbase2010	Po
New England	Male	Connecticut	Northeast	0	21,835	21,835	21,835	
New England	Male	Connecticut	Northeast	1	22,791	22,791	22,791	
New England	Male	Connecticut	Northeast	2	22,272	22,271	22,272	
New England	Male	Connecticut	Northeast	3	23,422	23,421	23,422	
New England	Male	Connecticut	Northeast	4	23,811	23,811	23,811	
New England	Male	Connecticut	Northeast	5	23,944	23,944	23,944	
New England	Male	Connecticut	Northeast	6	24,609	24,609	24,609	
New England	Male	Connecticut	Northeast	7	25,114	25,114	25,114	
New England	Male	Connecticut	Northeast	8	25,188	25,188	25,188	
New England	Male	Connecticut	Northeast	9	26,149	26,148	26,149	
New England	Male	Connecticut	Northeast	10	26,221	26,221	26,221	
New England	Male	Connecticut	Northeast	11	25,097	25,096	25,097	
New England	Male	Connecticut	Northeast	12	24,668	24,668	24,668	
New England	Male	Connecticut	Northeast	13	23,839	23,838	23,839	
New England	Male	Connecticut	Northeast	14	23,883	23,883	23,883	
New England	Male	Connecticut	Northeast	15	23,184	23,184	23,184	
New England	Male	Connecticut	Northeast	16	22,750	22,750	22,750	

图 5-46 人口示例数据源

查看数据: Sheet_1_完整数据_data

8,772 行 ☑ 显示别名(S)

Division	Gender	Name	Region	Age	Calculation 1534601587422527489	Census2000	Estbase2010	Po
New England	Male	Connecticut	Northeast	Null	17,932	17,932	17,932	
New England	Male	Maine	Northeast	Null	6,437	6,437	6,437	
New England	Male	Massachusetts	Northeast	Null	30,948	30,948	30,948	
New England	Male	New Hampshire	Northeast	Null	5,049	5,049	5,049	
New England	Male	Rhode Island	Northeast	Null	5,422	5,422	5,422	
New England	Male	Vermont	Northeast	Null	2,766	2,766	2,766	
Middle Atlantic	Male	New Jersey	Northeast	Null	38,732	38,732	38,732	
Middle Atlantic	Male	New York	Northeast	Null	87,076	87,062	87,076	
Middle Atlantic	Male	Pennsylvania	Northeast	Null	65,650	65,650	65,650	
East North Central	Male	Illinois	Midwest	Null	52,984	52,985	52,984	
East North Central	Male	Indiana	Midwest	Null	25,288	25,288	25,288	
East North Central	Female	Illinois	Midwest	Null	Null	139,046	139,050	
East North Central	Female	Indiana	Midwest	Null	Null	66,270	66,270	
East North Central	Female	Michigan	Midwest	Null	Null	101,710	101,710	
East North Central	Female	Ohio	Midwest	Null	Null	128,624	128,623	
East North Central	Female	Wisconsin	Midwest	Null	Null	68,374	68,374	
West North Cen...	Female	Iowa	Midwest	Null	Null	47,145	47,145	

图 5-47 数据中的 Null 值

在数据导入页面，将 Age 转换为字符串格式，如图 5-48 所示。

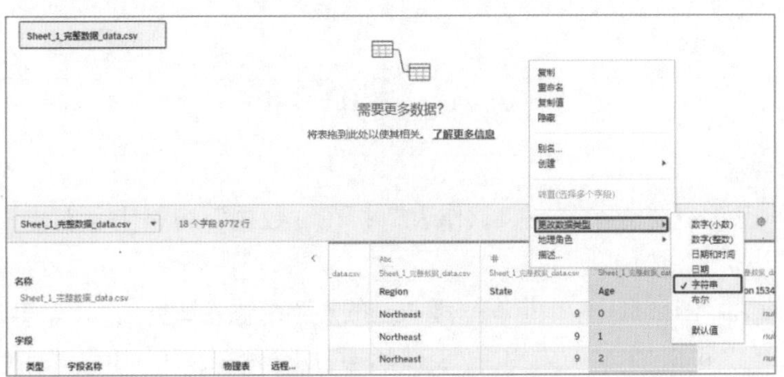

图 5-48 更改 Age 的数据类型

重新查看数据后，发现 Null 是 85+，如图 5-49 所示。

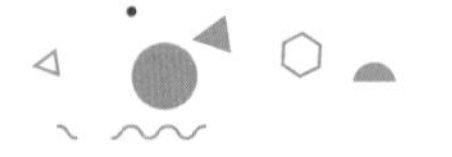

查看数据: Sheet_1_完整数据_data

8,772 行　☑ 显示别名(S)

Age	Calculation 1534601587422261248	Division	Gender	Name	Region	Calculation 153460158742252748
85+	Null	Pacific	Male	Washington	West	26,21
85+	Null	Pacific	Male	Oregon	West	18,24
85+	Null	Pacific	Male	Hawaii	West	7,27
85+	Null	Pacific	Male	California	West	134,18
85+	Null	Pacific	Male	Alaska	West	90
85+	Null	Mountain	Male	Wyoming	West	2,01
85+	Null	Mountain	Male	Utah	West	7,17
85+	Null	Mountain	Male	New Mexico	West	7,61
85+	Null	Mountain	Male	Nevada	West	5,64
85+	Null	Mountain	Male	Montana	West	4,88
85+	Null	Mountain	Male	Idaho	West	5,98
85+	Null	Mountain	Male	Colorado	West	14,15
85+	Null	Mountain	Male	Arizona	West	23,02
85+	Null	West South Cen...	Male	Texas	South	68,21
85+	Null	West South Cen...	Male	Oklahoma	South	15,90
85+	Null	West South Cen...	Male	Louisiana	South	16,31
85+	Null	West South Cen...	Male	Arkansas	South	13,56

图 5-49　查看数据源

因此，创建一个“年龄”计算字段，将“85+”修改为“85”。

选择“分析”→“创建计算字段”，为计算输入一个名称为“年龄”，并输入如图 5-50 所示的代码。

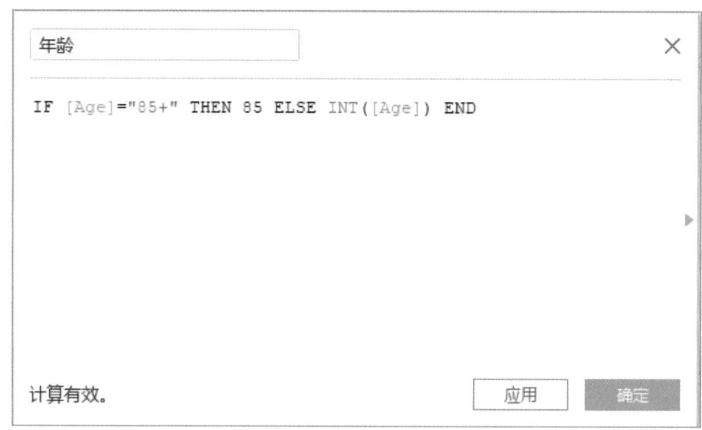

图 5-50　创建计算字段

3）设置数据桶

选择“工作表”→“清除”→“工作表”；在“数据”窗格中，右击“年龄”字段，并选择“创建”→“数据桶”。

在“创建数据桶”对话框中，根据有兴趣关注的年龄组输入数据桶大小，单击“确定”按钮。

在此示例中，数据桶大小为 10。这意味着年龄分组是以 10 年为增量定义的，如图 5-51 所示。

4）创建分析变量

将刚刚创建的数据桶拖到“行”功能区，如图 5-52 所示。

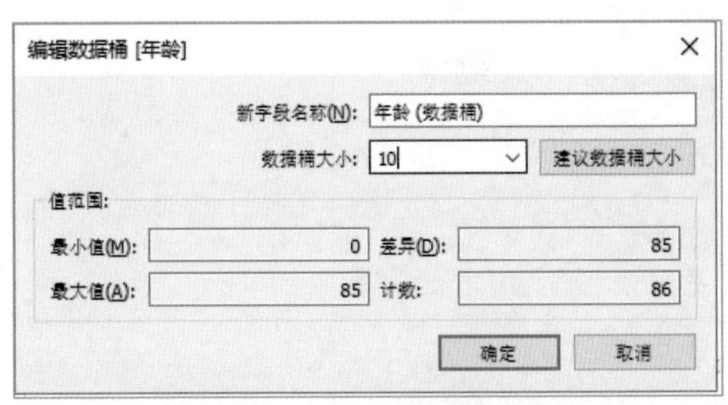

图 5-51　设置数据桶大小

图 5-52　设置分析变量

选择“分析”→“创建计算字段”，然后执行以下操作：

（1）为计算输入一个名称。此例中输入“女性人口数”。

（2）输入如下公式，将女性组成部分从人口中隔离。

```
IF [Gender] = “Female” THEN [ESTBASE2010] END
```

在本例中，人口普查数据将女性的“Gender”（性别）值定义为“Female”。字段“ESTBASE2010”包含估计人口值。

同上面的步骤一样，创建计算字段，命名为“男性人口数”，输入如下公式：

```
IF [Gender] = “Male” THEN [ESTBASE2010] END
```

5）设置列分析变量

将刚计算得到的字段“女性人口数”和“男性人口数”拖到“列”功能区，并将“Gender”（性别）字段拖到“颜色”功能区，得到如图 5-53 所示效果。

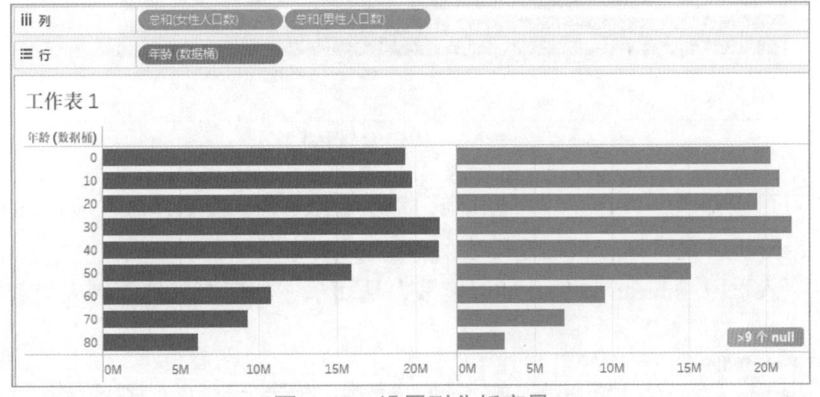

图 5-53　设置列分析变量

6）设置显示效果

右击表示女性人口的轴，在弹出快捷菜单中选择“编辑轴”命令，然后选中“倒序”复选框以反转轴上值的显示顺序，单击“确定”按钮，如图 5-54 所示。

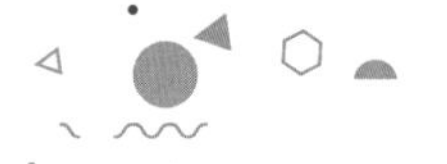

编辑轴 [女性人口数]

常规　刻度线

范围

自动　包括零

所有行或列使用统一轴范围

每行或每列使用独立轴范围

固定

自动　自动

0　22,655,831

比例

倒序

对数

正值　对称

轴标题

图 5-54　编辑轴的设置

然后更改数据桶的排序顺序；同时，读者可以自行修改标题的字体大小、显示内容等。例如，本示例将“工作表 1”修改为“人口金字塔”；将标签显示勾选中，人口金字塔图将如图 5-55 所示。

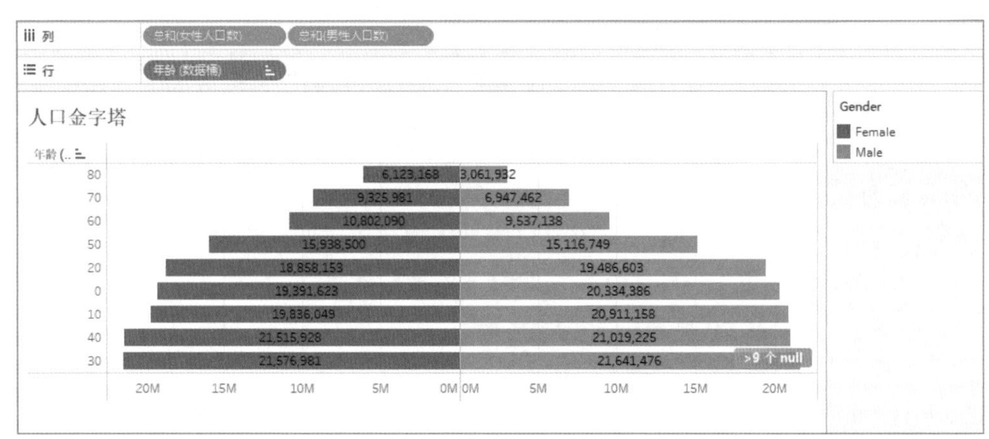

图 5-55　人口金字塔图

通过学习可以知道，人口金字塔图能够直观地比较两类数据，可以应用到不同的领域且有助于数据分析，是数据分析的好助手。

读者可深入学习 Tableau 软件并加以实践，从而掌握如何更好地绘制人口金字塔图。

案例5.9　各类别商品在超市销售额中的重要性

超市在经营过程中，为了提高超市的销售额，会不定期地举行各种促销活动，但对哪类商品进行促销能显著提高销售额呢？这可以通过帕累托图进行分析，找出超市销售额中贡献率较高的几类商品，对贡献率高的商品进行促销，从而有效地提高销售额。

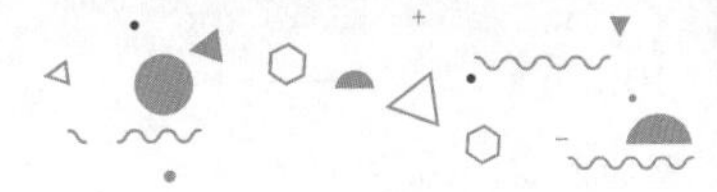

帕累托图（pareto chart）是将出现的质量问题和质量改进项目按照重要程度依次排列而采用的一种图表，是以意大利经济学家 V.Pareto 的名字命名的。帕累托图又称排列图、主次图，是按照发生频率大小顺序绘制的直方图，表示有多少结果是由已确认类型或范畴的原因所造成。

二维码 5-9

各类别商品在超市销售额中的重要性

帕累托法则往往称为二八原理，即百分之八十的问题是百分之二十的原因所造成的。帕累托图在项目管理中主要用来找出产生大多数问题的关键原因，用来解决大多数问题。

5.9.1　任务描述

超市为了提高整体销售额，计划近期开展一系列的促销活动，但是部门经理明诚在做促销方案的过程中，对数据分析专员小明提出了如下问题：超市所包含的各类商品中，促销哪类商品能显著提高超市的整体销售额呢？小明在已知商品类别和销售额的基础上，计划绘制基于 Tableau 的帕累托图向部门经理进行汇报。

数据来源：Tableau 提供的“Superstore”示例数据源。

案例任务：分析并可视化不同类别商品在超市整体销售额中的占比。

5.9.2　可视化效果

数据分析专员小明采用 Tableau 软件来绘制帕累托图，可视化效果如图 5-56 所示。

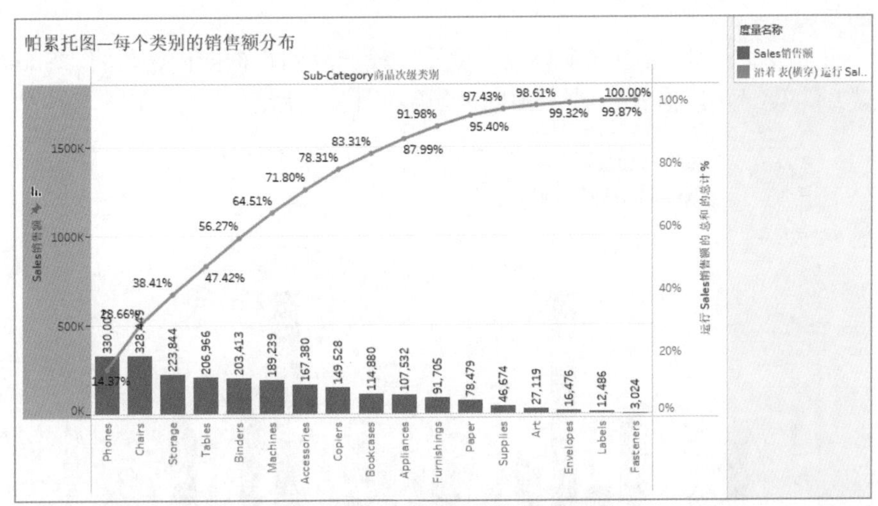

图 5-56　帕累托图 - 销售额分布

观察可知，不同类别商品的销售额存在显著差异。帕累托图具有如下特点：

（1）能够直观地反映不同类别商品的销售额，并按照商品销售额进行排序。

（2）能够直观地反映出各类商品在超市整体销售额中的占比。

（3）能够清晰地看到，不同的颜色标识有助于分析数据是否符合帕累托分布。

对于 Tableau 软件绘制图表而言，需要读者具备一定的自学能力，熟悉软件各个模块的功能。

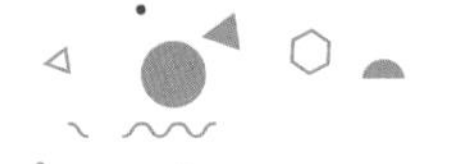

5.9.3 设计过程

1. 设计思路

（1）能够正确地导入要分析的数据源。

（2）拖动数据，查看数据。

（3）创建柱形图。

（4）创建折线图。

（5）修改分析变量。

（6）修改图表的显示效果。

2. 操作步骤

1）正确导入数据源

打开 Tableau 软件，导入数据“Superstore.xlsx”。

2）拖动数据，查看数据

在显示页面下方的标签页，将“工作表”区域的“订单”数据表拖动到右侧区域，可以看到“订单”数据表的详细信息。或者右击“工作表 1”，切换到“工作表 1”。

3）创建柱形图

在创建帕累托图之前，需要查看产品的类别销售额是否符合帕累托分布。帕累托图有一个柱形图，有一个折线图，其中柱形图表示每个类别的销售额，而折线图表示每个类别的销售额占比。

首先创建柱形图，将“Sales 销售额”度量字段拖放到行框架内，再将“Sub-Category 商品次级类别”度量字段拖放到列框架内，效果如图 5-57 所示。

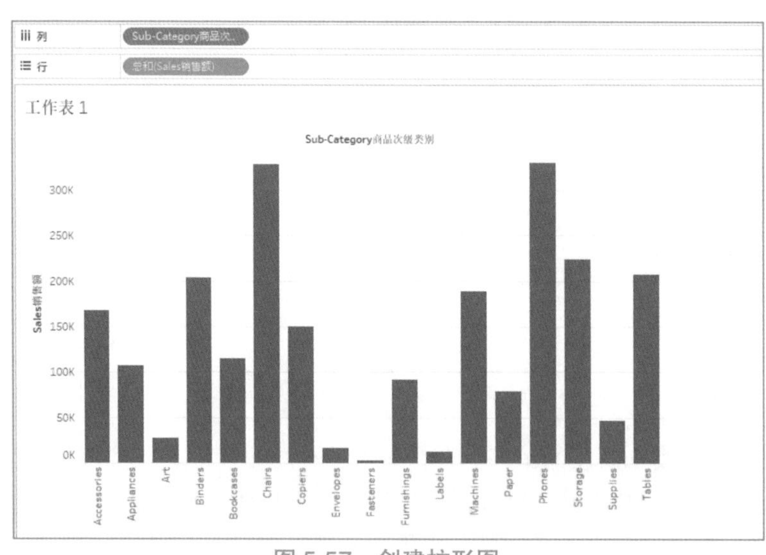

图 5-57　创建柱形图

将默认显示的柱状图按“Sales 销售额”升序排序，同时，按【Ctrl】键，将“总和（Sales 销售额）”拖动到左侧标记对话框中的“标签”，效果如图 5-58 所示。

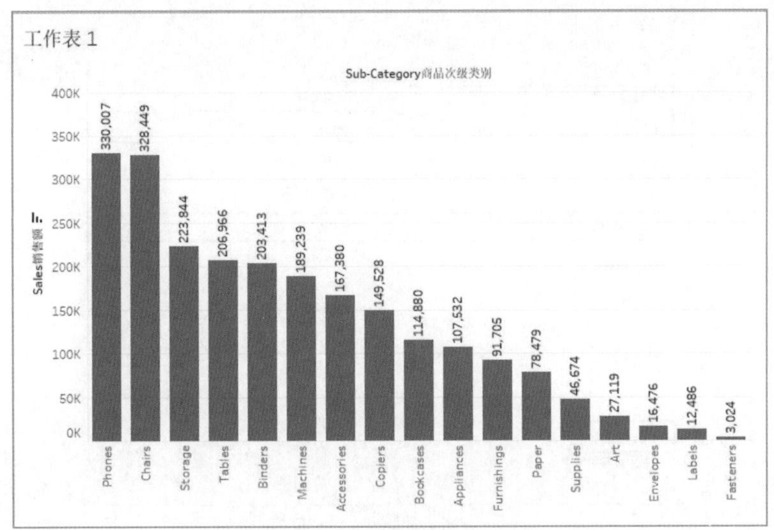

图 5-58　调整后的柱形图

4）创建折线图

再将“Sales 销售额”度量字段拖放到行框架内，修改标记的类型，改为“线”，操作如图 5-59 所示。

正确执行上述步骤，得到的整体效果如图 5-60 所示。

图 5-59　修改标记类型

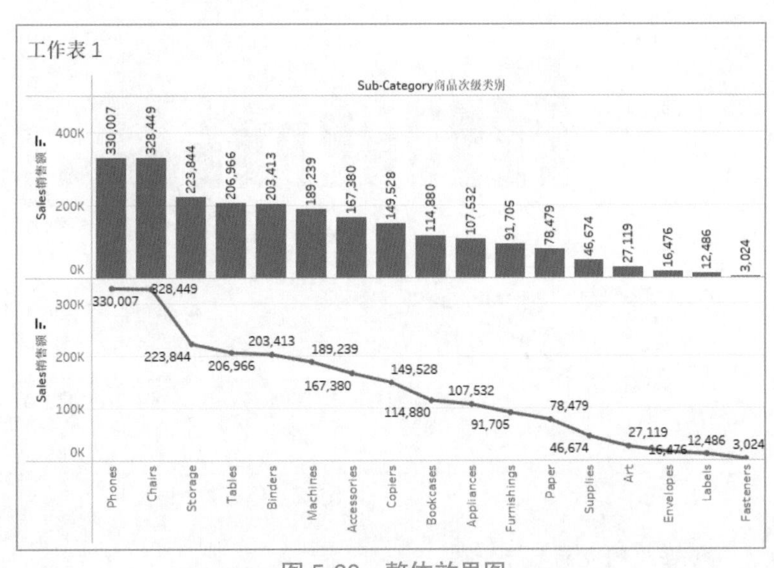

图 5-60　整体效果图

5）修改分析变量

修改第 2 个“总和销售额”，添加表计算。在对话框中，“主要计算类型”选择“累计汇总”“总和”，并且选中“添加辅助计算”复选框，“从属计算类型”选择“合计百分比”，“计算依据”都选择默认的“表（横穿）”，操作如图 5-61 所示。

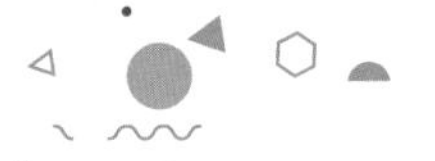

图 5-61 修改分析变量

将修改后的“总和销售额”拖动到左侧标记对话框中的“标签”，得到的整体效果如图 5-62 所示。

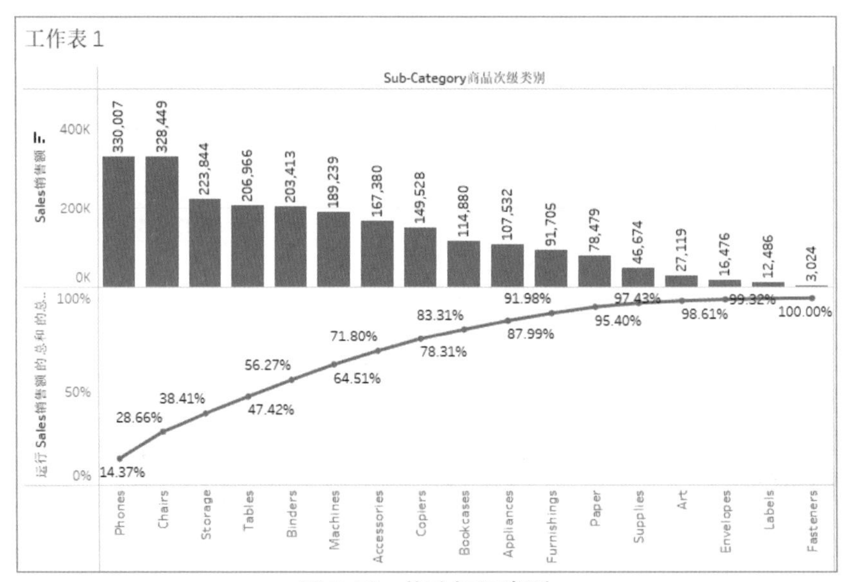

图 5-62 修改标记类型

6）修改图表的显示效果

在折线图的 *Y* 轴上右击，在弹出的快捷菜单中选择“双轴”命令，操作如图 5-63 所示。得到的整体效果图如图 5-64 所示。

观察图 5-64，柱形图发生了变化，单击左侧标记对话框，选择第一个“总和销售量”，将图表类型更改为条形图，操作如图 5-65 所示。

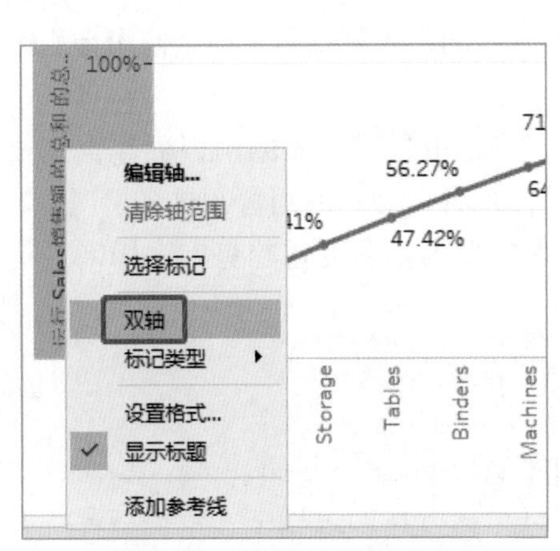

图 5-63　设置折线图参数

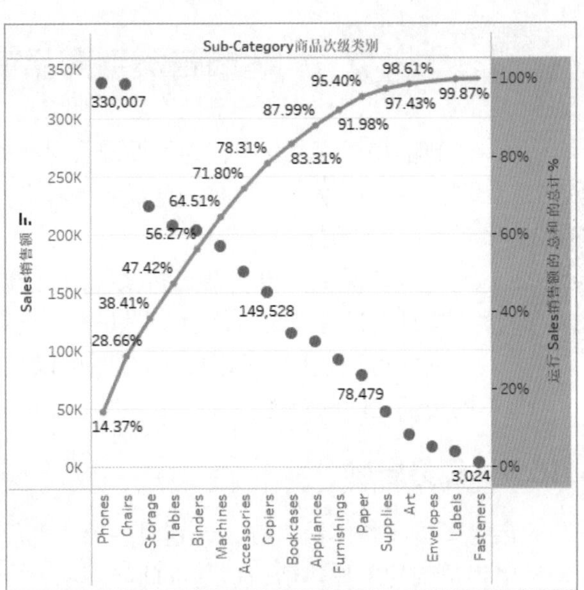

图 5-64　显示效果图

最后调整柱形图的 Y 轴刻度，使帕累托图的显示效果更加直观，在 Y 轴上右击，在弹出的快捷菜单中选择“编辑轴”命令，设置范围，操作如图 5-66 所示。

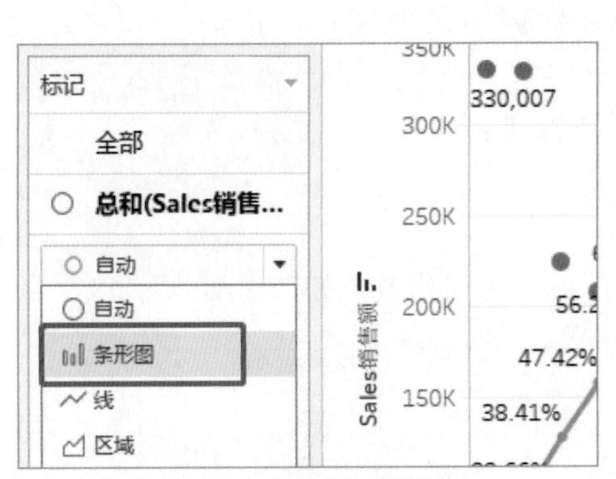

图 5-65　更改图表类型

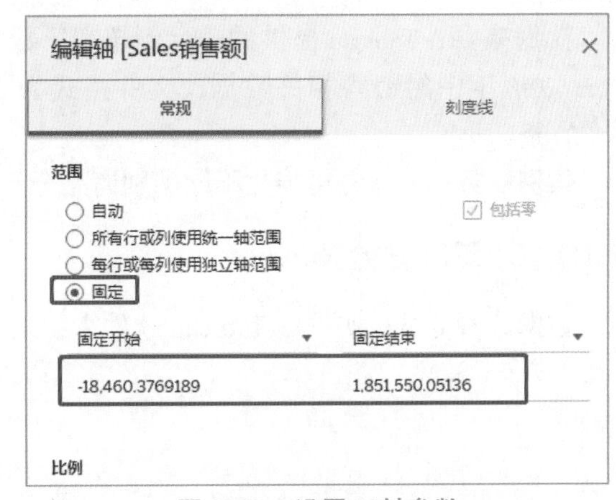

图 5-66　设置 Y 轴参数

同时，设置整个图的显示方式，操作如图 5-67 所示，并修改标题的字体大小、显示内容等。例如，本示例将“工作表 1”修改为“帕累托图——每个类别的销售额分布”。

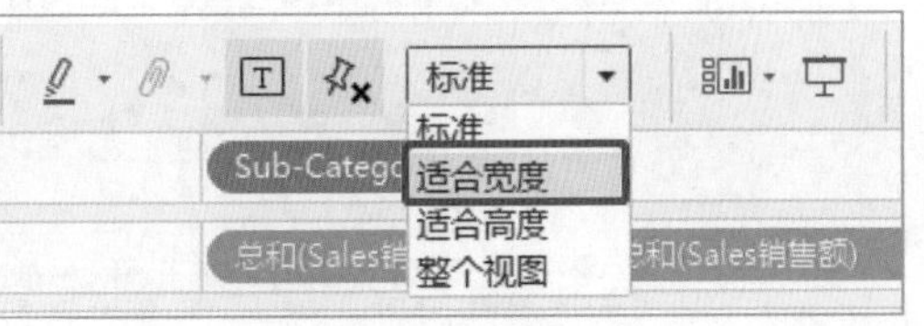

图 5-67　设置显示方式

通过学习可以知道，当我们希望改进项目时，可对数据进行因素分析。当想表达出不同变量数据的重要程度，并按照重要程度依次排列，帕累托图是最好的选择之一。

读者可深入学习 Tableau 软件并加以实践，从而掌握如何更好地绘制帕累托图。

案例5.10 超市各类别商品销售额排名情况

二维码 5-10

超市各类别商品销售额排名情况

超市在经营过程中，为了促进公司业务的发展，激发销售部员工的工作热情，实现公司的销售目标，准备直观地展示出各类商品的销售额排名，那么使用什么图表进行可视化呢？

一般情况下，可以通过折线图进行分析，将超市各类商品的销售额数据按季度（按月）进行展示，但折线图并不能直观地体现各个类别的销售额排名情况。

在此可以使用凹凸图，凹凸图可以很直观地看出排名变化趋势，常用来进行不同类别之间的对比。

5.10.1 任务描述

超市为了提高整体销售额，计划对各销售部门的考核提成进行相应的调整，从而有效地激发销售员工的工作热情，但是部门经理明诚在制订考核方案的过程中，希望结合各类商品的销售额排名，对相对应的销售部门制订考核制度。于是，他对数据分析专员小明提出了如下问题：超市所包含的各类商品中，全年各类商品的销售排名情况是怎样的？小明在已知商品类别、订单日期以及销售额的基础上，计划绘制基于 Tableau 的凹凸图向部门经理汇报。

数据来源：Tableau 提供的“示例超市”数据源，该数据为某超市品牌在中国范围内 2015—2018 年中的销售相关数据，文件格式为 csv，数据集大小为 1 948 KB，数据总量为 199 200 条。

案例任务：分析并可视化不同类别商品全年销售额排名情况。

5.10.2 可视化效果

数据分析专员小明采用 Tableau 软件来绘制凹凸图，可视化效果如图 5-68 所示。

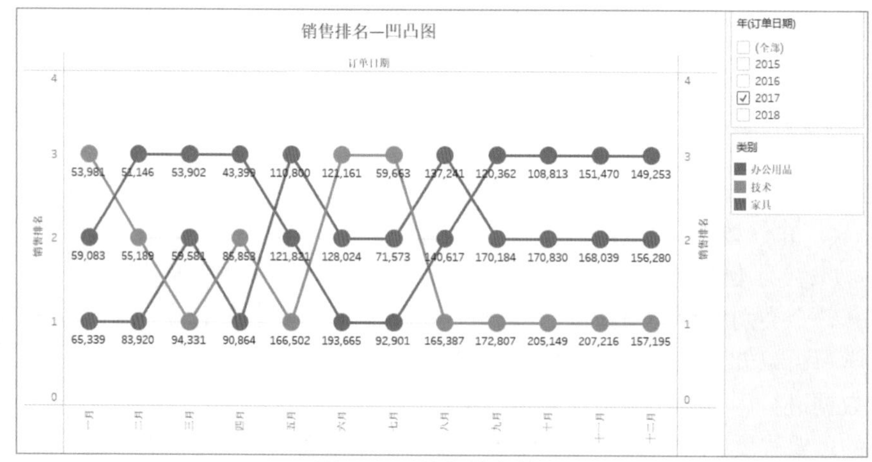

图 5-68 销售排名情况

观察可知，不同类别商品每月的销售额会有不同的变化。凹凸图具有如下特点：

（1）能够直观地反映不同类别商品的全年销售额情况，并按照每月销售额进行排序。

（2）能够直观地反映出某类商品全年销售额排名情况，从而找出该类商品的销售规律。

（3）能够清晰地看到，不同的颜色标识有助于区分不同商品的销售额。

对于 Tableau 软件绘制图表而言，需要读者具备一定的自学能力，熟悉软件各个模块的功能。

5.10.3　设计过程

1. 设计思路

（1）能够正确导入要分析的数据源。

（2）拖动数据，查看数据。

（3）创建折线图。

（4）创建分析变量。

（5）创建凹凸图。

（6）修改图表的显示效果。

2. 操作步骤

1）正确导入数据源

打开 Tableau 软件，导入数据“导入订单 .csv”。在 Tableau 左侧的连接区域会出现数据源信息。正确导入后，导入数据示意如图 5-69 所示。

2）拖动数据，查看数据

在显示页面下方的标签页，可以看到“导入订单”数据表的详细信息，如图 5-70 所示。然后单击“工作表 1”，切换到“工作表 1”。

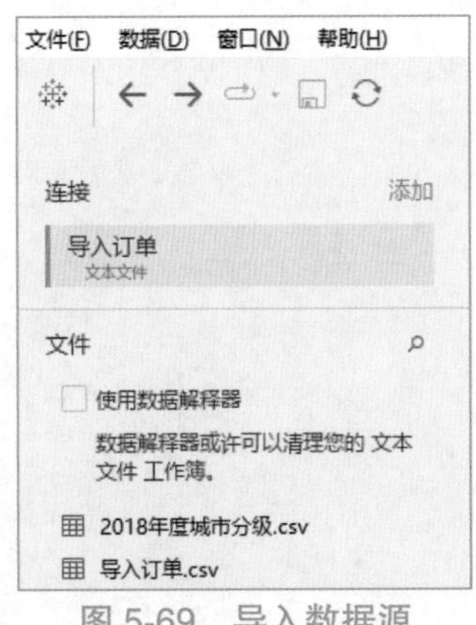

图 5-69　导入数据源

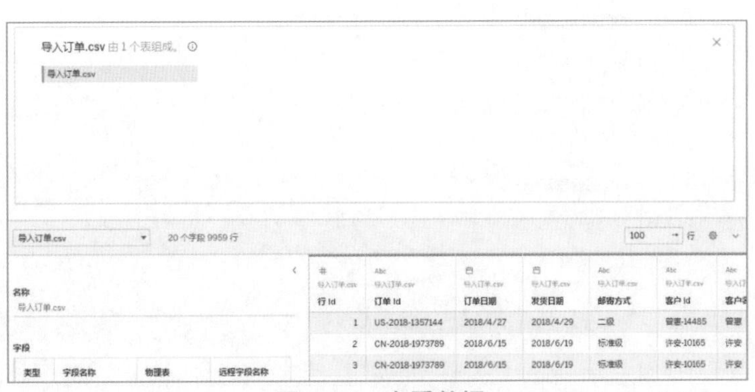

图 5-70　查看数据

3）创建折线图

在创建凹凸图之前，可以先绘制常见的折线图，使用折线图显示销售排名情况。需首先创建折线图，将“销售额”度量字段拖放到行框架内，再将“订单日期”度量字段拖放到列框架内，并将“订单日期”字段设置为“月”，操作效果如图 5-71 所示。

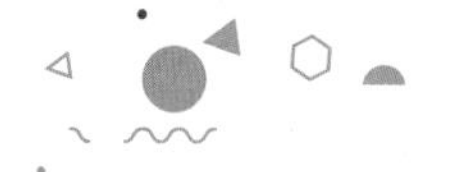

然后，将“订单日期”拖动到筛选器，弹出如图 5-72 所示的“筛选器字段”对话框，选择“年”，然后选中“2017”。为了在图中显示出筛选器，单击筛选器中字段，设置为“显示筛选器”。

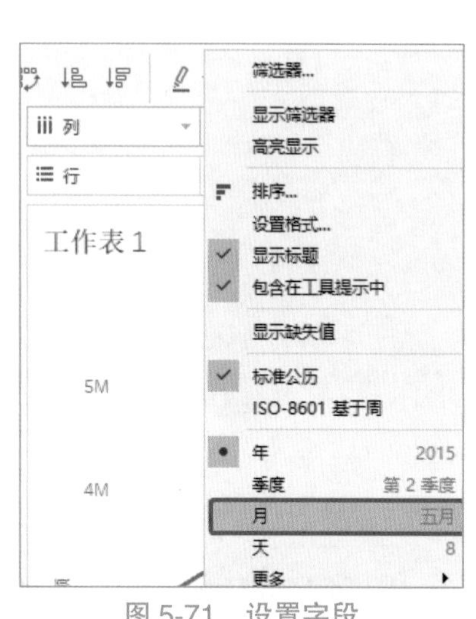

图 5-71　设置字段

图 5-72　设置筛选器

接下来，将“类别”字段拖放到“标记”区域的“颜色”窗格，得到的折线图效果如图 5-73 所示。

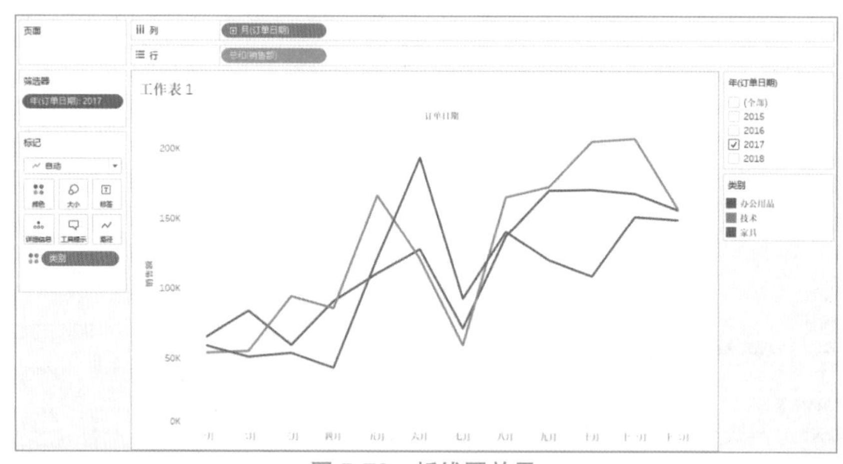

图 5-73　折线图效果

4）创建分析变量

在左侧的“数据”区域，右击“销售额”度量字段，在弹出的快捷菜单中选择“创建”→“计算字段”命令，操作如图 5-74 所示。

将字段名称设置为“销量排名”，并输入相应的计算公式，如图 5-75 所示。

5）创建凹凸图

将得到的“销量排名”度量字段拖动到行，替换掉销售额，并将计算依据设置为“类别”，如图 5-76 所示。

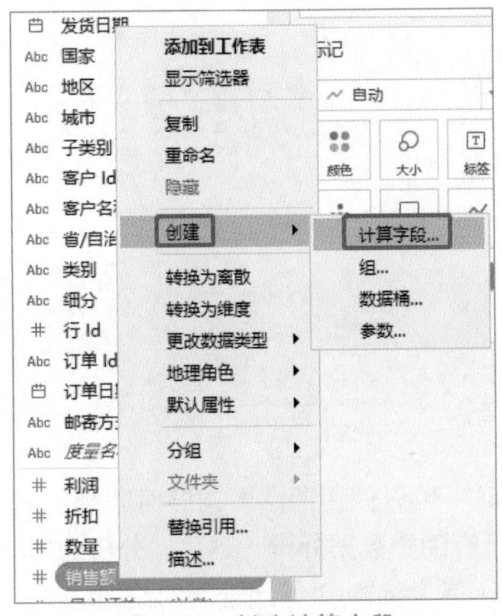

图 5-74 创建计算字段

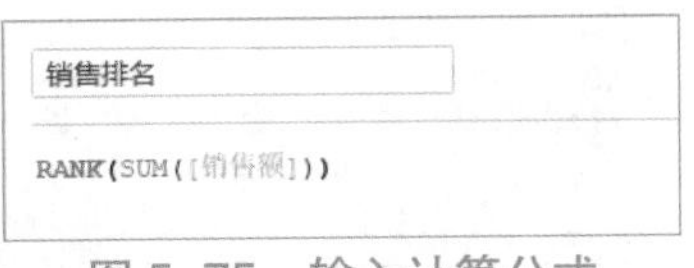

图 5–75 输入计算公式

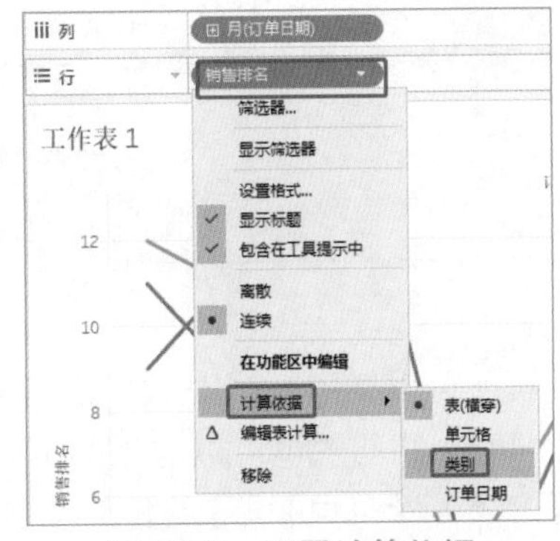

图 5-76 设置计算依据

将“销量排名”字段再拖到行，修改计算依据，同时，将第二个图表类型改为圆，并调整大小，以达到美观效果，如图 5-77 所示。

6）修改图表的显示效果

在折线图的 y 轴上右击，在弹出的快捷菜单中选择“双轴”命令，操作效果如图 5-78 所示。

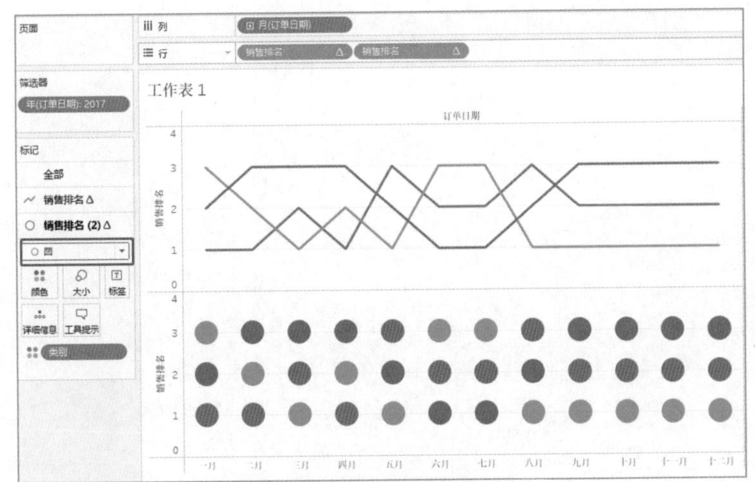

图 5-77 设置图表类型

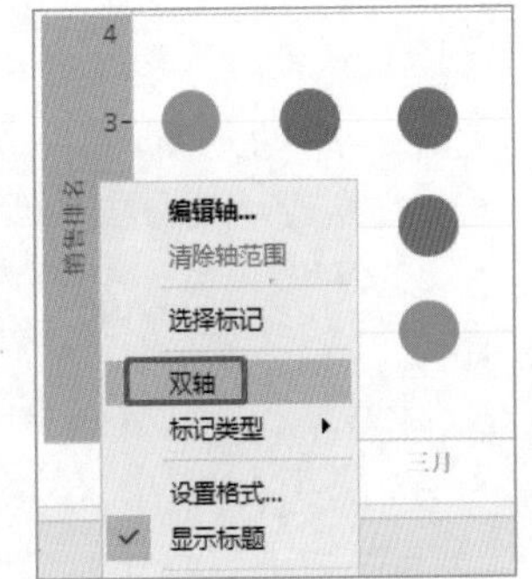

图 5-78 设置双轴

由此得到如图 5-79 所示的凹凸图，读者还可以自行修改标题的字体大小、显示内容等。例如，本示例将“工作表 1”修改为“销售排名——凹凸图”，并设置标题居中，图像显示设置为“适合宽度”等。

最后，将“销售额”拖动到“标记”区域的“标签”窗格。

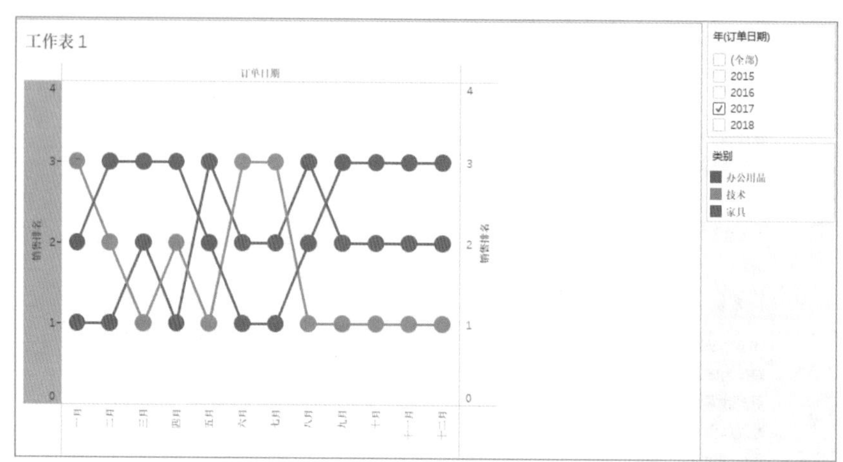

图 5-79　凹凸图效果

通过学习可以知道，当对数据进行对比分析时，可以使用凹凸图按照时间维度进行分析比较。同时，凹凸图也可以应用到不同的领域且有助于数据分析，是数据分析的好助手。

读者可深入学习 Tableau 软件并加以实践，从而掌握如何更好地绘制凹凸图。

第6章 数据可视化之 Python 语言

学习目标

通过本章的学习，掌握运用 Python 语言进行图表绘制的过程及相关知识。熟练掌握运用 Python 语言编程进行数据可视化的制作。

学习重点和难点

- 学习折线图并掌握基于 Python 语言的绘制过程。
- 学习柱状图并掌握基于 Python 语言的绘制过程。
- 学习饼图并掌握基于 Python 语言的绘制过程。
- 学习直方图并掌握基于 Python 语言的绘制过程。
- 学习散点图并掌握基于 Python 语言的绘制过程。
- 学习相关关系图并掌握基于 Python 语言的绘制过程。

Python 提供了高效的高级数据结构，还能简单有效地面向对象编程。随着版本的不断更新和语言新功能的添加，逐渐被用于独立的、大型项目的开发。Python 标准库很庞大，可以帮助处理各种工作，包括正则表达式、文档生成、图形用户界面和其他与系统有关的操作。就可视化方面，Python 图像库也很强大，适合进行数据可视化。

在本章中，Python 绘图的开发环境采用的是 Anaconda 3，编辑器采用 Notepad++。

二维码 6-1

购买产品的用户数量随日期变化的趋势 1

案例6.1 购买产品的用户数量随日期变化的趋势

二维码 6-1

购买产品的用户数量随日期变化的趋势 2

折线图可以显示随时间或有序类别而变化的连续数据，可能显示数据点以表示单个数据值，也可能不显示这些数据点。折线图适用于显示在相等时间间隔下数据的发展趋势。通常情况下，排列在工作表的列或行中的数据可以绘制到折线图中。

在有很多数据点并且它们的显示顺序很重要时，折线图尤其有用。如果分类标签是文本并且代表均匀分布的数值，例如月、季度或财政年度等时间时，则应该使用折线图。另外，折线图是支持多数据进行对比的。

二维码 6-1

购买产品的用户数量随日期变化的趋势 3

6.1.1 任务描述

在竞争激烈的市场拓展中，如何有效地发掘新用户并将其发展为公司产品的黏性客户，是公司立足长远发展的前提。现在公司主管想了解一下新产品购买用户的情况。数据分析专员小芳计划绘制基于 Python 语言的折线图，来向主管进行汇报。

数据来源：购买新产品用户随日期变化的数据集 data_curve.csv。

案例任务：分析购买新产品用户随日期变化的趋势。

6.1.2 可视化效果

数据分析专员小芳采用 Python 语言编程来绘制折线图，可视化效果如图 6-1 所示。

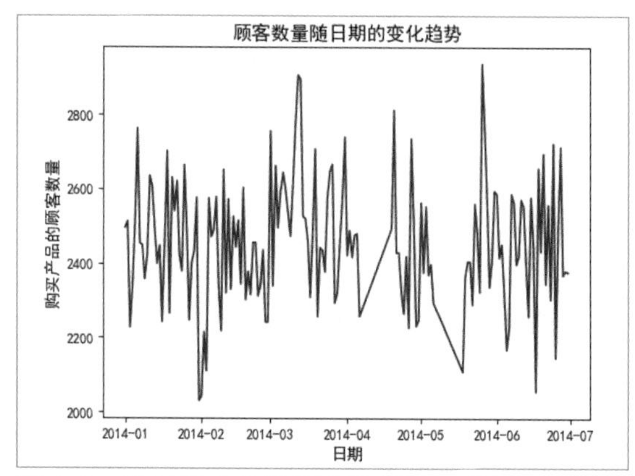

图 6-1 购买新产品的顾客数量随日期的变化趋势

观察图 6-1 可知，购买新产品的顾客数量随日期变化的趋势。整个折线图表具有如下特点：

（1）标题简洁明了，让读者能够一眼就知晓数据分析的主题。

（2）从纵坐标轴上看，能够清楚地看出购买新产品的顾客数量的大致区间范围。

（3）从横坐标轴上看，能够清楚地看出购买新产品的顾客数量极大值和极小值对应的日期。

对于 Python 语言绘制图表而言，需要读者必须能够熟练运用 Python 语言编码，具备一定的自学能力。

6.1.3 设计过程

1. 设计思路

（1）能够正确解读输入的数据及其含义。

（2）导入数据集。

（3）转换日期格式。

（4）绘制折线图。

（5）提取部分数据后绘制折线图。

（6）设置字体。

2. 操作步骤

1）正确读入并解读数据的含义

用 Notepad++ 编辑器将 data_curve.csv 打开，会发现该数据与 data_adv.csv 数据集的内容一致。数据集的内容如图 6-2 所示，有日期、购

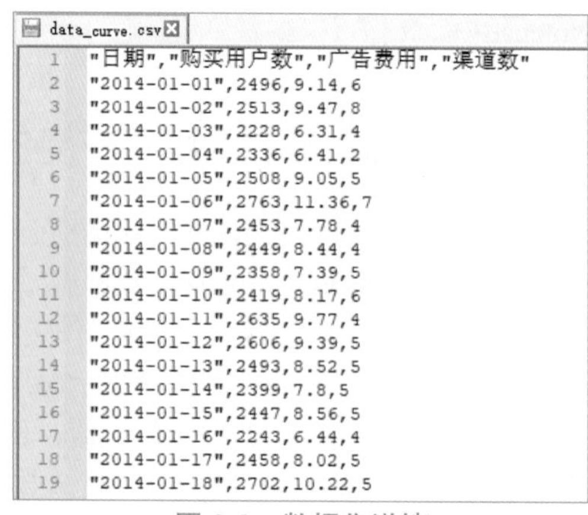
data_curve.csv

```
"日期","购买用户数","广告费用","渠道数"
"2014-01-01",2496,9.14,6
"2014-01-02",2513,9.47,8
"2014-01-03",2228,6.31,4
"2014-01-04",2336,6.41,2
"2014-01-05",2508,9.05,5
"2014-01-06",2763,11.36,7
"2014-01-07",2453,7.78,4
"2014-01-08",2449,8.44,4
"2014-01-09",2358,7.39,5
"2014-01-10",2419,8.17,6
"2014-01-11",2635,9.77,4
"2014-01-12",2606,9.39,5
"2014-01-13",2493,8.52,5
"2014-01-14",2399,7.8,5
"2014-01-15",2447,8.56,5
"2014-01-16",2243,6.44,4
"2014-01-17",2458,8.02,5
"2014-01-18",2702,10.22,5
```

图 6-2 数据集详情

买用户数、广告费用和渠道数。

2）导入数据集

在 Spyder（Python 3.6）编辑器的命令行中输入如下代码：

```
> import pandas;
> from pandas import read_csv;
> data = read_csv('C:/Users/Administrator/Desktop/data_adv.csv');
```

执行上述语句后，打开变量 data 会显示数据集详情。

3）对日期格式进行转换

在 Spyder（Python 3.6）编辑器的命令行中输入如下代码：

```
> import pandas;
> data['购买日期'] = pandas.to_datetime(data['日期'])
```

执行上述语句后按【Enter】键，可视化效果如图 6-3 所示。从图中可以看出，新增加了一列字段“购买日期”，并且是将日期格式转换为日期时间格式。

data - DataFrame

Index	日期	购买用户数	广告费用	渠道数	购买日期
0	2014-01-01	2496	9.14	6	2014-01-01 00:00:00
1	2014-01-02	2513	9.47	8	2014-01-02 00:00:00
2	2014-01-03	2228	6.31	4	2014-01-03 00:00:00
3	2014-01-04	2336	6.41	2	2014-01-04 00:00:00
4	2014-01-05	2508	9.05	5	2014-01-05 00:00:00
5	2014-01-06	2763	11.36	7	2014-01-06 00:00:00

图 6-3　添加新字段的数据集

4）绘制折线图

在 Spyder（Python 3.6）编辑器的命令行中输入如下代码：

```
> plt.plot(data['购买日期'],data['购买用户数'],'-')
```

执行上述语句后生成顺滑折线图，可视化效果如图 6-4 所示。

5）提取部分数据绘制折线图

为了简化大量数据的绘制效果，可以按照一定的间隔从庞大的数据集中抽取部分子集，再进行绘图，从一定程度上有助于发现数据的发展趋势。

在 Spyder（Python 3.6）编辑器的命令行中输入如下代码：

```
> Len=len(data);
> r_case=range(0,Len,5);
> new_data=data.loc[r_case,:];
> plt.plot(data['购买日期'],
           data['购买用户数'],
           '-',
```

```
            color='indigo',
            lineWidth=1.5,
            );
> plt.title('顾客数量随日期的变化趋势',
            fontsize=14,
            );
> plt.xlabel('日期',fontsize=12)
> plt.ylabel('购买产品的顾客数量',fontsize=12)
```

执行上述语句后，可视化效果如图 6-5 所示。

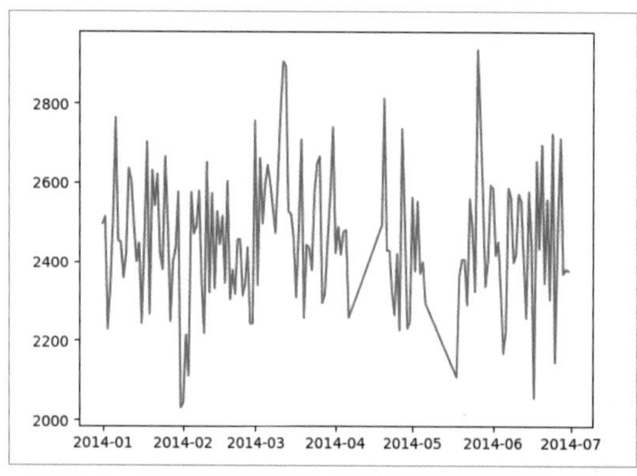

图 6-4　购买产品的顾客数随日期变化的趋势

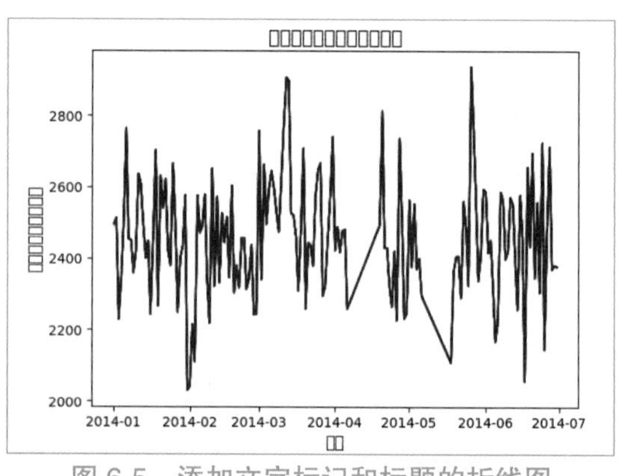

图 6-5　添加文字标记和标题的折线图

观察图 6-5 会发现：存在中文标签未能正确显示的问题，需要进行中文字体的设置。

6）设置字体

为了能够在可视化图中正确显示中文，此处讲解如何设置字体。在 Spyder（Python 3.6）编辑器的命令行中输入如下代码：

```
> import matplotlib;
> font={'family':'SimHei' }
> matplotlib.rc('font',**font)
> plt.title('顾客数量随日期的变化趋势',
              fontsize=14,
              );
> plt.xlabel('日期',fontsize=12)
> plt.ylabel('购买产品的顾客数量',fontsize=12)
```

输入上述代码后，就可以确保可视化图中标识的正确显示，效果如图 6-1 所示。

7）完整代码图示

经过完善后，完整代码如图 6-6 所示。

提供完整代码的目的是让读者对整个过程和概况有一个清晰直观的印象，便于读者顺利完成第一个 Python 绘图，在后续案例中会根据案例情况提供完整代码图示。

对于 Python 绘制柱形图的其他属性，感兴趣的读者可以自行深入学习并体验。读者

可深入学习每个参数的含义并加以实践，从而掌握如何编写 Python 程序，以更好地绘制折线图。

```
# -*- coding: utf-8 -*-
"""
Created on Thu Feb 10 15:02:57 2022
@author: Zshen.Chen
"""
import matplotlib;
import pandas;
from pandas import read_csv;
import matplotlib.pyplot as plt;
font = { 'family':'SimHei' }
matplotlib.rc('font',**font)

data = read_csv('C:/Users/Administrator/Desktop/data_curve.csv');

data['购买日期'] = pandas.to_datetime(data['日期']);
# plt.plot(data['购买日期'],data['购买用户数'],'-');

Len = len(data);
r_case = range(0,Len,5);
new_data = data.loc[r_case,:];
plt.plot(data['购买日期'],
         data['购买用户数'],
         '-',
         color='indigo',
         lineWidth = 1.5,
         );
plt.title('顾客数量随日期的变化趋势',
          fontsize = 14,
          );
plt.xlabel('日期',fontsize = 12)
plt.ylabel('购买产品的顾客数量',fontsize = 12)
plt.show()
```

图 6-6　完整代码图示

案例6.2 不同手机品牌-不同运营商的月消费统计对比

不同品牌 - 不同运营商的月消费统计对比 1

柱形图又称长条图、柱状统计图、条形图、条状图、棒形图，是一种以长方形的长度为变量的统计图表。柱形图是数据分析中常用的图表，主要用于对比、展示趋势、描述等。柱形图虽然简单，但要将其用于不同的场合，对数据的要求、布局、配色、分类间距、主要刻度线以及变形图表的处理技巧，都不是那么容易把握的。

通常情况下，柱形图中只有一个变量，常用于较小的数据集分析。

6.2.1 任务描述

二维码 6-2

不同品牌 - 不同运营商的月消费统计对比 2

天歌手机大卖场主要经营不同品牌手机的销售。2018 年底，卖场经理想了解一下全年不同品牌手机及通信运营商的月消费情况。数据分析专员小芳计划绘制基于 Python 语言的柱形图，来向卖场经理进行汇报。

数据来源：手机月消费的数据集 data_mobile.csv。

案例任务：分析不同手机品牌 - 不同运营商的月消费统计对比。

6.2.2 可视化效果

数据分析专员小芳采用 Python 语言编程来绘制柱形图，可视化效果如图 6-7 所示。

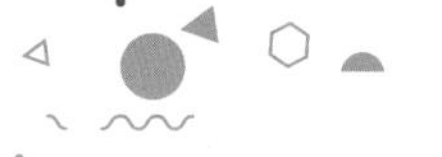

观察图 6-7 可知，不同手机品牌 - 不同运营商的月消费存在较大差异。整个柱形图表具有如下特点：

（1）图例内容与颜色简洁明了，让读者能够一眼就知晓颜色与运营商之间的对应关系。

（2）横坐标刻度标识让读者清晰明了地知道手机品牌。

（3）纵坐标刻度标识让读者清晰地了解不同品牌手机 - 不同运营商的月消费对比。

对于 Python 语言绘制图表而言，需要读者必须能够熟练运用 Python 语言编码，具备一定的自学能力。

二维码 6-2

不同品牌 - 不同运营商的月消费统计对比 3

二维码 6-2

不同品牌 - 不同运营商的月消费统计对比 4

二维码 6-2

不同品牌 - 不同运营商的月消费统计对比 5

二维码 6-2

不同品牌 - 不同运营商的月消费统计对比 6

二维码 6-2

不同品牌 - 不同运营商的月消费统计对比 7

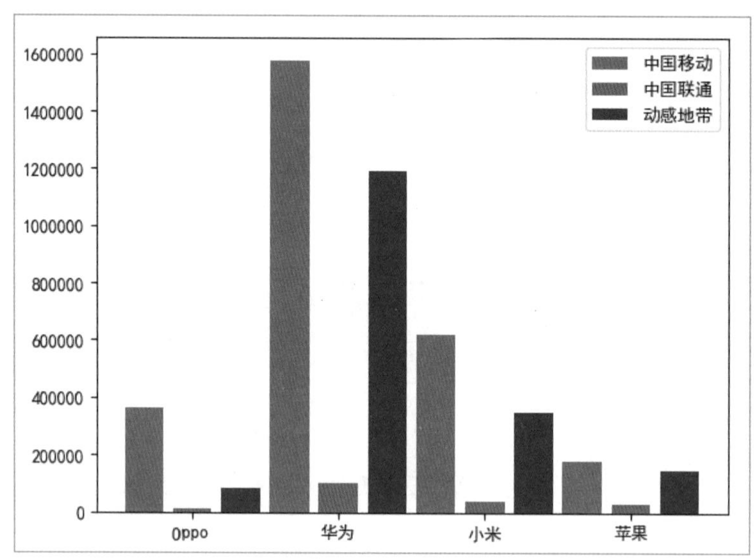

图 6-7　不同运营商不同品牌手机月消费对比

6.2.3　设计过程

1. 设计思路

（1）能够正确解读输入的数据及其含义。

（2）导入数据集。

（3）按照要求进行数据分组。

（4）设计字体。

（5）绘制柱形图。

（6）美化柱形图。

（7）将柱形图修改为条形图。

（8）数据的多重分组。

（9）绘制双变量分组下的柱形图。

（10）绘制双变量分组下的堆叠柱形图。

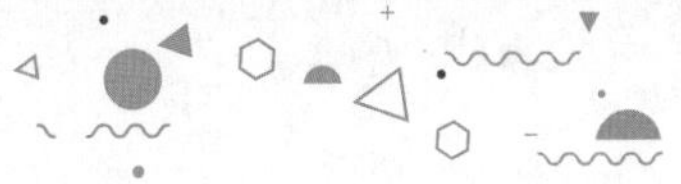

2. 操作步骤

1）正确读入并解读数据的含义

用 Notepad++ 编辑器将 data_mobile.csv 数据集打开，数据内容如图 6-8 所示。

```
data_mobile.csv
号码,省份,手机品牌,通信品牌,手机操作系统,月消费(元),月流量（M）
166547114238,河北,Oppo,中国移动,Android,298.9,318.6
166423353436,河南,Oppo,中国移动,Android,272.8,1385.9
166556915853,福建,Oppo,中国移动,Android,68.8,443.6
166434728749,湖南,Oppo,中国移动,Android,4.6,817.3
166544742252,北京,Oppo,中国移动,Android,113.2,837.4
166827395761,江苏,Oppo,中国移动,Android,34.3,1908.5
166917847616,福建,Oppo,中国移动,Android,277.5,79.8
166528757061,宁夏,Oppo,中国移动,Android,42.2,1199.2
166809774605,上海,Oppo,中国移动,Android,277,694
```

图 6-8　数据集详情

如图 6-8 所示，数据集中包含部分与主题相关的字段，如手机号码、所属省份、手机品牌、通信运营商品牌、手机操作系统、月销售和月流量数据。

2）读入数据集

打开 Spyder(Python 3.6) 编辑器，在命令行中输入如下代码：

```
> import pandas;
> from pandas import read_csv;
> data = read_csv('C:/Users/Administrator/Desktop/data_mobile.csv');
```

执行上述语句后，打开变量 data 会显示数据集详情，示意如图 6-9 所示。

3）按照要求进行数据分组

按照要求，需要按照手机品牌将所有数据信息进行分组。打开 Spyder（Python 3.6）编辑器，在命令行中输入如下代码：

```
> import numpy;
> groupb = data.groupby(by = ['手机品牌']
      )['月消费(元)'].agg({'月消费':numpy.sum});
```

在上述代码中，各个属性的含义分别介绍如下：

data - DataFrame

Index	号码	省份	手机品牌	通信品牌	手机操作系统	月消费(元)	月流量（M）
0	166547114238	河北	Oppo	中国移动	Android	298.9	318.6
1	166423353436	河南	Oppo	中国移动	Android	272.8	1385.9
2	166556915853	福建	Oppo	中国移动	Android	68.8	443.6
3	166434728749	湖南	Oppo	中国移动	Android	4.6	817.3
4	166544742252	北京	Oppo	中国移动	Android	113.2	837.4
5	166827395761	江苏	Oppo	中国移动	Android	34.3	1908.5
6	166917847616	福建	Oppo	中国移动	Android	277.5	79.8
7	166528757061	宁夏	Oppo	中国移动	Android	42.2	1199.2
8	166809774605	上海	Oppo	中国移动	Android	277	694
9	166434676621	广东	Oppo	中国移动	Android	276.9	1404
10	166412957510	北京	Oppo	中国移动	Android	124.5	1436.2

图 6-9　正确导入的数据集

（1）groupby 为分组函数。

（2）参数 by 指用于分组的列为“手机品牌”。

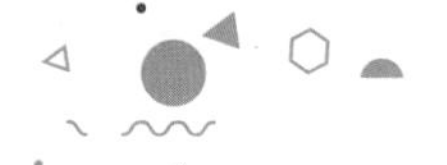

（3）参数“月消费(元)”为用于统计的列。

（4）agg 根据统计别名“月消费”来作为显示统计值的名称。

（5）统计函数 numpy.sum 用于统计同一品牌下的月消费总额。

执行上述语句后，便可以实现按照手机品牌将数据进行分组，具体分组结果如图 6-10 所示。

groupb - DataFrame

Index	月消费
Oppo	458172
华为	2.87123e+06
小米	1.00929e+06
苹果	353505

图 6-10　按手机品牌分组

从图 6-10 中可以看到每一类品牌手机的月消费情况。

此处，我们详细学习一下 Python 语言中的数据分组函数 groupby()。在 Python 数据分析中，可以根据分组字段将数据对象划分成不同组别，以进行对比分析各组之间差异性。其中，分组统计函数 groupby() 应用广泛，其使用语法如下：

```
groupby(by=[分组列 1, 分组列 2, 分组列 3,...])
            [统计列 1, 统计列 2,...]
            .agg({统计列别名 1: 统计函数 1, 统计列别名 2: 统计函数 2,...})
```

其中，参数 by 指用于分组的列，参数 [] 中为用于统计的列，agg 根据统计别名显示统计值的名称，统计函数用于统计数据。

4）设置字体

为了能够在可视化图中正确显示中文，此处讲解如何设置字体。在 Spyder(Python 3.6) 编辑器的命令行中输入如下代码：

```
> import matplotlib;
> font = { 'family':'SimHei' }
> matplotlib.rc('font',**font)
```

输入上述代码后，就可以确保可视化图中标识的正确显示。当然，读者可以暂时忽略这一步，待绘制可视化图发现问题时，再加入此段代码。这样，经过对照能有更好的学习效果。

5）绘制柱形图

为了有效对比不同手机品牌 - 不同通信品牌的月消费情况，此处讲解如何绘制柱形图。在 Spyder（Python 3.6）编辑器的命令行中输入如下代码：

```
> import matplotlib.pyplot as plt;
> index=numpy.arange(groupb['月消费'].size) + 1;
> plt.bar(index,groupb['月消费'],1,color='G' );
> plt.xticks(index, index);
> plt.show();
```

执行上述语句后，可视化效果如图 6-11 所示。

6）美化柱形图

鉴于默认的初始柱形图样式简单，此处讲解如何美化柱形图。在 Spyder(Python 3.6) 编辑器的命令行中，将上一个步骤中的代码修改如下：

```
> index=numpy.arange(groupb['月消费'].size) + 1;
```

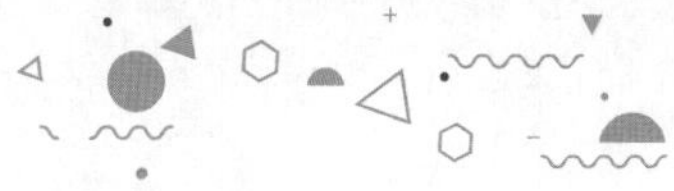


```
> plt.bar(index,
        groupb['月消费'],
        0.6,
        color='magenta',
        edgecolor="black" );
> plt.xticks(index, groupb.index);
> plt.show();
```

执行上述语句后，可视化效果如图 6-12 所示。从图中可以看出，此处共有如下修改：

（1）柱形图中柱的宽度变窄，使得柱形之间增加了间隔。

（2）添加了柱形的边框，视觉效果更好。

（3）设置了 *X* 坐标轴的显示文字标签，易于阅读。

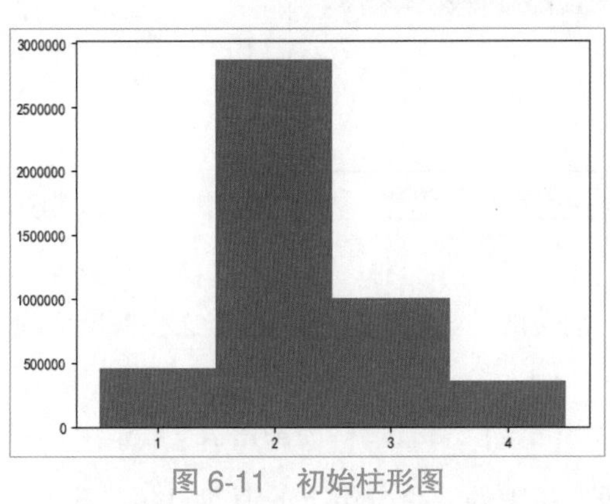

图 6-11　初始柱形图

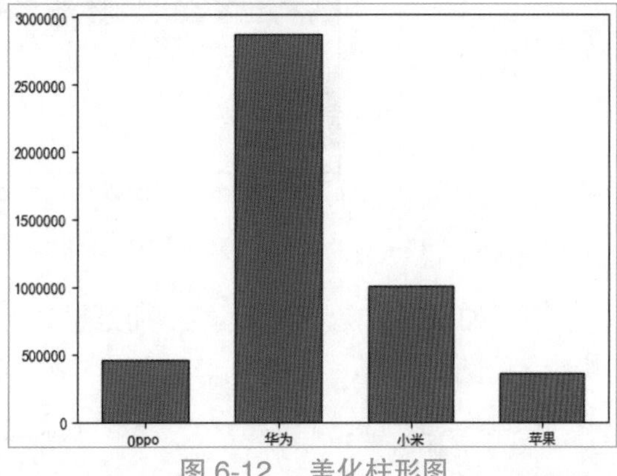

图 6-12　美化柱形图

7）将柱形图修改为条形图

就样式而言，柱形图是垂直显示，条形图是水平显示，两者本质相同。为了节省空间，此处讲解如何将柱形图修改为条形图。在 Spyder(Python 3.6) 编辑器的命令行中，将上一个步骤中的代码修改如下：

```
> index=numpy.arange(groupb['月消费'].size) + 1;
> plt.barh(index ,groupb['月消费'],0.6,color='purple', edgecolor="gray" );
> plt.yticks(index, groupb.index);
> plt.show();
```

执行上述语句后，可视化效果如图 6-13 所示。从图中可以看出，此处将垂直显示的柱形图修改为了水平显示的条形图。

8）数据的多重分组

根据任务要求，需要实现“手机品牌”分组的情况下，探究同一品牌手机采用不同通信运营商的月消费统计信息，此处讲解如何进行数据的多重分组。在 Spyder(Python 3.6) 编辑器中，输入如下代码：

```
> g1_lab='手机品牌';
> g2_lab='通信品牌';
```

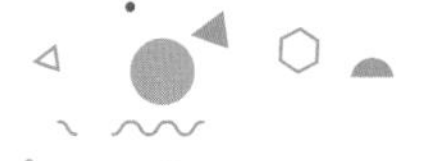


```
> gs_cls='月消费';
> data['月消费(元)'].groupby([data[g1_lab],data[g2_lab]]).mean();
```

执行上述语句后，可以查看在两种分组下月消费均值对比情况，如图 6-14 所示。

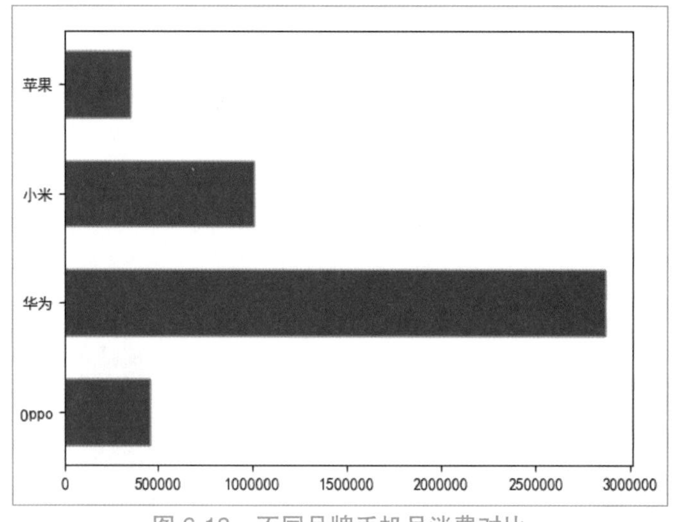

图 6-13　不同品牌手机月消费对比

同样，如果不对比月消费均值，而是想对比月消费的总金额，则可以继续输入如下代码：

```
> tj_2=data['月消费(元)']
        .groupby([data[g1_lab],data[g2_lab]]).agg({gs_cls:numpy.sum})
```

执行上述语句后，可以查看在手机品牌与通信品牌的双重分组下的消费总额，数据汇总信息如图 6-15 所示。

```
手机品牌  通信品牌
Oppo    中国移动    147.479675
        中国联通    154.135714
        动感地带    152.722587
华为    中国移动    149.766562
        中国联通    147.015385
        动感地带    149.564674
小米    中国移动    149.540414
        中国联通    147.667871
        动感地带    151.433979
苹果    中国移动    145.835762
        中国联通    151.732447
        动感地带    148.217032
Name: 月消费(元), dtype: float64
```

图 6-14　手机品牌与通信品牌的双重分组

tj_2 - DataFrame

Index	月消费
('Oppo', '中国移动')	363537
('Oppo', '中国联通')	10789.5
('Oppo', '动感地带')	83844.7
('华为', '中国移动')	1.57704e+06
('华为', '中国联通')	103205
('华为', '动感地带')	1.19098e+06
('小米', '中国移动')	620892
('小米', '中国联通')	36769.3
('小米', '动感地带')	351630
('苹果', '中国移动')	176170
('苹果', '中国联通')	28525.7
('苹果', '动感地带')	148810

图 6-15　双重分组下的数据汇总信息

通过对比可知，采用查看变量的方式呈现多重分组结果，统计信息为相同手机品牌下

不同通信服务商的月消费总金额。在“Index”列中可以看到双标记文字标签，代表双变量分组。

9）绘制多重分组下的柱形图

在“手机品牌”和“通信品牌”多重分组的情况下，需要利用双重循环方式来绘制柱形图。在 Spyder（Python 3.6）编辑器中，输入如下代码：

```
> groupb = data['月消费(元)'].
          groupby([data[g1_lab],data[g2_lab]]).agg({gs_cls:numpy.sum})
> d1_size = groupb.index.levels[0].size;
> d2_size = groupb.index.levels[1].size;
```

执行上述代码后按【Enter】键，可以得出“手机品牌”和“通信品牌”双重分组下的变量值。其中：

（1）d1_size 代表的是“手机品牌”的类别数量，具体值为 4。

（2）d2_size 代表的是“通信品牌”的类别数量，具体值为 3。

在 Spyder（Python 3.6）编辑器中，继续输入如下代码：

```
> index=numpy.arange(d1_size);
> colors=['green','magenta','purple'];
> bsum=index * 0.0;
> for i in range(0,d2_size):
    print(i);
    subgb=groupb[gs_cls][groupb.index.labels[1]==i];
    bar=plt.bar(index *d2_size + i, subgb, color=colors[i]);
    bar=plt.bar(index, subgb, color=colors[i], bottom=bsum);
    bsum=bsum+subgb;
> lIndex=numpy.arange(d1_size) * d2_size;
> plt.xticks(lIndex+(d2_size-1)/2, groupb.index.levels[0]);
> plt.legend(groupb.index.levels[1]);
> plt.show();
```

执行上述语句后，可以查看在“手机品牌”和“通信品牌”双重分组下月消费均值的柱形图，如图 6-16 所示。

10）绘制双变量分组的堆叠柱形图

除了刚实现的分组柱形图，还可以采用堆叠柱形图来进行比较，此处讲解如何实现堆叠柱形图的可视化绘制。在 Spyder（Python 3.6）编辑器中，将上述的 for 循环修改完善为如下代码：

```
> index=numpy.arange(d1_size);
> colors=['green','magenta','purple'];
> bsum=index * 0.0;
> for i in range(0,d2_size):
    subgb=groupb[gs_cls][groupb.index.labels[1]==i];
    bar=plt.bar(index, subgb, 0.45, bottom=bsum,color=colors[i] );
```

```
bsum=bsum+subgb.values
```

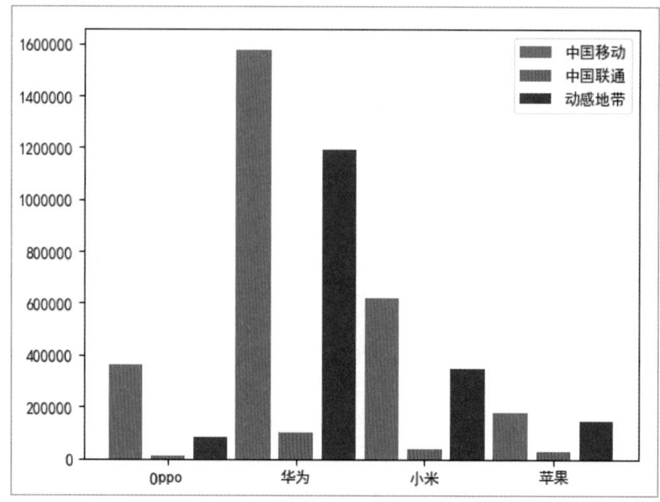

图 6-16　双重分组下的月消费对比

```
# 设置 X 轴的刻度文字
> plt.xticks(index, groupb.index.levels[0]);
> plt.title('同一手机品牌不同通信品牌的月消费总额');
> plt.ylabel('月消费总额');
> plt.legend(groupb.index.levels[1]);
> plt.show();
```

执行上述语句后按【Enter】键，可以看到在双变量分组下月消费均值的堆叠柱形图，可视化效果如图 6-17 所示。与图 6-16 相比较，会发现图 6-17 又增加了标题、纵坐标轴文字标签，效果更好。

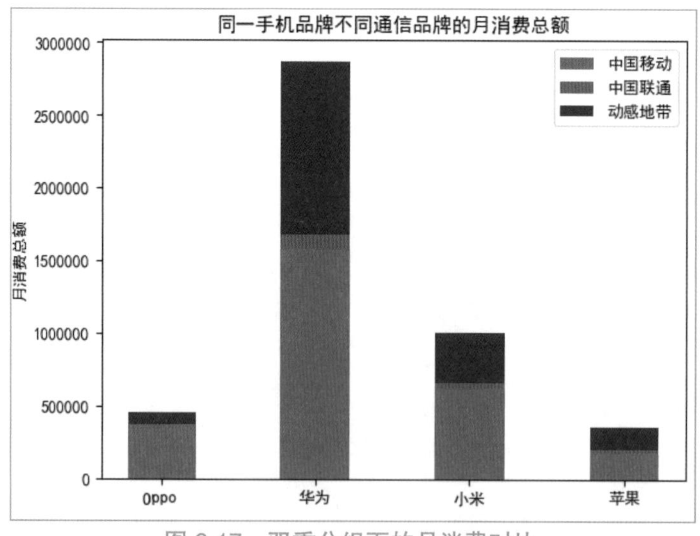

图 6-17　双重分组下的月消费对比

对于 Python 绘制柱形图的其他属性，感兴趣的读者可以自行深入学习并体验。读者可深入学习每个参数的含义并加以实践，从而掌握如何编写 Python 程序以更好地绘制柱形图。

案例6.3　不同通信运营商的手机销售量的统计占比

饼图英文学名为 sector graph，又名 pie graph。饼图常用于统计学模块，可视化图形绘制中内容常为工作表的一列或一行中的数据。2D 饼图为圆形，显示数据表中单一的数据系列，显示比例为数据系列中各项的大小与各项总和的比例。

二维码 6-3

不同通信运营商的手机销售量的统计占比 1

在实际工作中，如果遇到需要计算总费用或金额的各个部分构成比例的情况，一般都是通过各个部分与总额相除来计算，这种统计表方法表示虽然具体但是数据呈现密集，不够直观，我们可以采用饼图可视化的方式直接显示各个组成部分所占比例，效果更加直观、简洁。

二维码 6-3

不同通信运营商的手机销售量的统计占比 2

6.3.1　任务描述

天歌手机大卖场主要经营不同品牌手机的销售。目前卖场经理想了解一下全年不同通信运营商的手机销售量的情况。数据分析专员小芳计划绘制基于 Python 语言的饼图，来向卖场经理进行汇报。

数据来源：大卖场不同通信运营商手机销量的数据集 data_sale.csv。

案例任务：分析不同通信运营商的手机销售量的统计占比。

6.3.2　可视化效果

数据分析专员小芳采用 Python 语言编程来绘制饼图，可视化效果如图 6-18 所示。

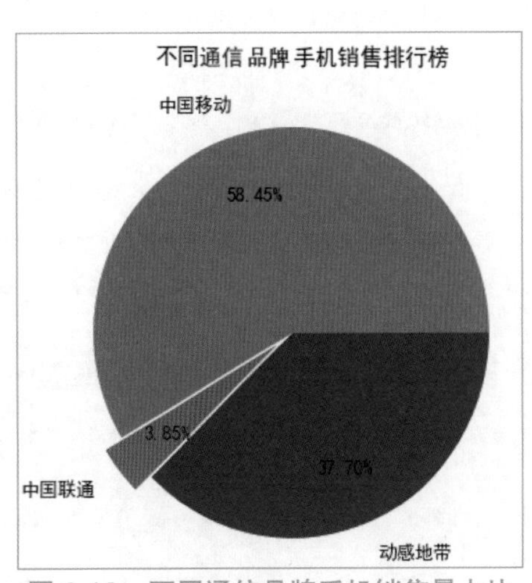

图 6-18　不同通信品牌手机销售量占比

观察图 6-18 不同通信运营商手机销售量占比存在明显差异。整个饼图具有如下特点：

（1）标题简洁明了，让读者能够一眼就知晓数据分析的主题。

（2）从数值显示比例看，能够清楚地看出每一类通信运营商的手机销售量占比。

（3）从整体比例对比看，能够清楚直观地看出不同类别通信运营商的手机销售量孰高孰低。

对于 Python 语言绘制图表而言，需要读者必须能够熟练运用 Python 语言编码，具备一定的自学能力。

6.3.3 设计过程

1. 设计思路

（1）能够正确解读输入的数据及其含义。

（2）导入数据集。

（3）按照通信品牌进行数据分组。

（4）设置字体并绘制饼图。

（5）美化饼图。

（6）设置弹窗可视化。

2. 操作步骤

1）正确读入并解读数据的含义

用 Notepad++ 编辑器将 data_sale.csv 数据集打开，数据内容如图 6-19 所示。

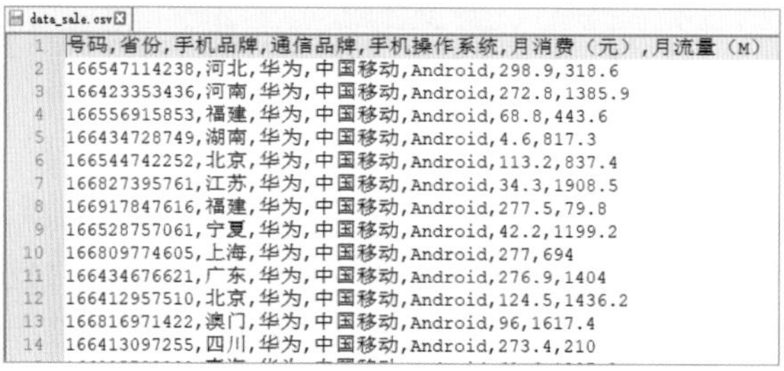

```
data_sale.csv
号码,省份,手机品牌,通信品牌,手机操作系统,月消费（元）,月流量（M）
166547114238,河北,华为,中国移动,Android,298.9,318.6
166423353436,河南,华为,中国移动,Android,272.8,1385.9
166556915853,福建,华为,中国移动,Android,68.8,443.6
166434728749,湖南,华为,中国移动,Android,4.6,817.3
166544742252,北京,华为,中国移动,Android,113.2,837.4
166827395761,江苏,华为,中国移动,Android,34.3,1908.5
166917847616,福建,华为,中国移动,Android,277.5,79.8
166528757061,宁夏,华为,中国移动,Android,42.2,1199.2
166809774605,上海,华为,中国移动,Android,277,694
166434676621,广东,华为,中国移动,Android,276.9,1404
166412957510,北京,华为,中国移动,Android,124.5,1436.2
166816971422,澳门,华为,中国移动,Android,96,1617.4
166413097255,四川,华为,中国移动,Android,273.4,210
```

图 6-19 数据集内容详情

如图 6-19 所示，数据集中包含部分与主题相关的字段，如号码、省份、手机品牌、通信运营商品牌、手机操作系统、月消费和月流量数据。

2）导入数据集

打开 Spyder（Python 3.6）编辑器，在命令行中输入如下代码：

```
> from pandas import read_csv;
> data=read_csv('C:/Users/Administrator/Desktop/data_ sale.csv');
```

执行上述语句后，打开变量 data 会显示数据集详情，示意如图 6-20 所示。

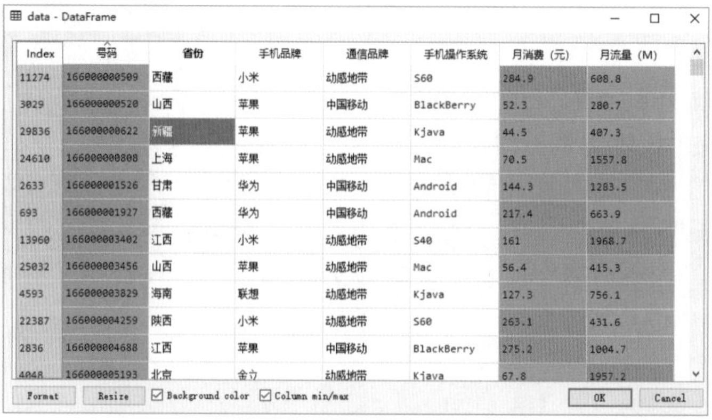

data - DataFrame

Index	号码	省份	手机品牌	通信品牌	手机操作系统	月消费（元）	月流量（M）
11274	166000000509	西藏	小米	动感地带	S60	284.9	608.8
3029	166000000520	山西	苹果	中国移动	BlackBerry	52.3	280.7
29836	166000000622	新疆	苹果	动感地带	Kjava	44.5	407.3
24610	166000000808	上海	苹果	动感地带	Mac	70.5	1557.8
2633	166000001526	甘肃	华为	中国移动	Android	144.3	1283.5
693	166000001927	西藏	华为	中国移动	Android	217.4	663.9
13960	166000003402	江西	小米	动感地带	S40	161	1968.7
25032	166000003456	山西	苹果	动感地带	Mac	56.4	415.3
4593	166000003829	海南	联想	动感地带	Kjava	127.3	756.1
22387	166000004259	陕西	小米	动感地带	S60	263.1	431.6
2836	166000004688	江西	苹果	中国移动	BlackBerry	275.2	1004.7
4048	166000005193	北京	金立	动感地带	Kjava	67.8	1957.2

Format　Resize　☑ Background color　☑ Column min/max　OK　Cancel

图 6-20 数据集详情

3）按照通信品牌进行数据分组

在 Spyder(Python 3.6) 编辑器的命令行中，输入如下代码：

```
> import numpy;
> groupb=data.groupby(
        by=['通信品牌'],
        as_index=False,
        )['号码'].agg({
            '用户数':numpy.size
        });
```

在上述代码中，函数及参数的含义介绍如下：

（1）groupby 为分组函数。

（2）参数 by 指用于分组的列为“通信品牌”。

（3）参数“号码”为用于统计的列。

（4）agg 根据统计别名“用户数”来作为显示统计值的名称。

（5）统计函数 numpy.size 用于统计同一品牌下的用户数量。

执行上述语句后，便可实现按照通信品牌将数据进行分组，具体分组结果如图 6-21 所示。

4）设置字体并绘制饼图

在 Spyder(Python 3.6) 编辑器中，输入如下代码：

```
> font = { 'family':'SimHei' }
> matplotlib.rc('font',**font)
> plt.pie(groupb[' 用户数 '],labels=groupb[' 通信品牌 '],autopct='%.2f%%');
```

执行上述语句后，可视化效果如图 6-22 所示。

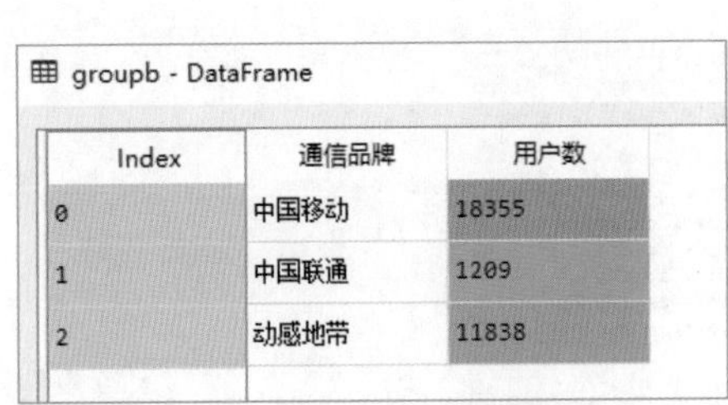

groupb - DataFrame

Index	通信品牌	用户数
0	中国移动	18355
1	中国联通	1209
2	动感地带	11838

图 6-21　按照通信品牌分组结果

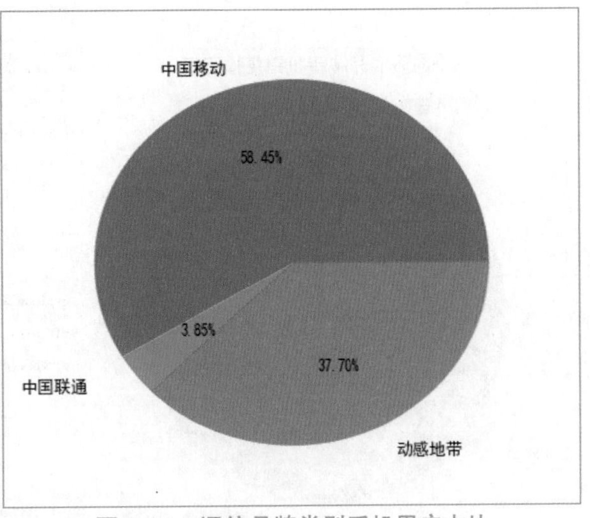

图 6-22　通信品牌类别手机用户占比

5）美化饼图

在 Spyder(Python 3.6) 编辑器中，输入如下代码：

```
> explode=[0,0.1,0];
> colors=['green','magenta','purple'];
> plt.axes(aspect='equal');
> plt.pie(groupb['用户数'],
          labels=groupb['通信品牌'],
          explode=explode,
          colors=colors,
          autopct='%.2f%%',
          pctdistance=0.7,
          labeldistance=1.15,
          )
> plt.title('不同通信运营商手机销售排行榜');
```

在绘制饼图的代码中，不同参数分别介绍如下：

（1）groupb['用户数'] 为绘制数据。

（2）labels 表示添加显示标签为“通信品牌”。

（3）colors 用于设置自定义填充颜色。

（4）autopct 用于设置百分比的格式。

（5）pctdistance 用于设置百分比标签和圆心的距离。

（6）labeldistance 用设置标签和圆心的距离。

6）完善代码并显示弹窗效果

经过完善后，弹窗可视化饼图效果如图 6-23 所示，完整代码如图 6-24 所示。

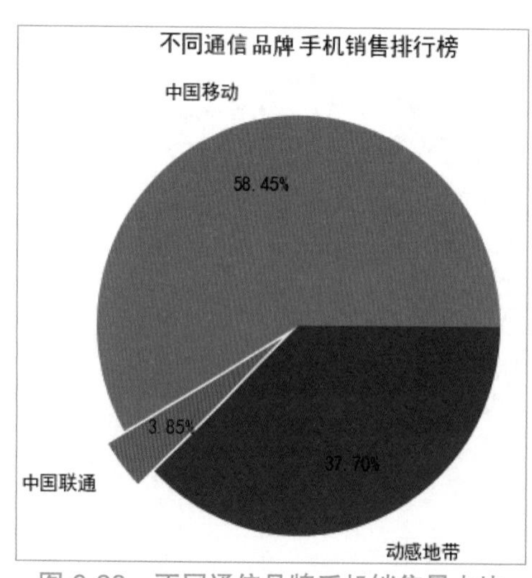

图 6-23　不同通信品牌手机销售量占比

图 6-24　不同运营商手机销售量占比的可视化代码图示

7）设置弹窗可视化

要想获得弹窗可视化效果，读者需要在 Spyder 中依次执行操作：

（1）单击“工具 Tools”→“首选项 Preferences”→“IPython console”→“Graphics”。

（2）在“图形 Graphics”下，将“后端 Backend”更改为“自动 Automatic”，而不是“内联 Inline”。

具体操作效果如图 6-25 所示。

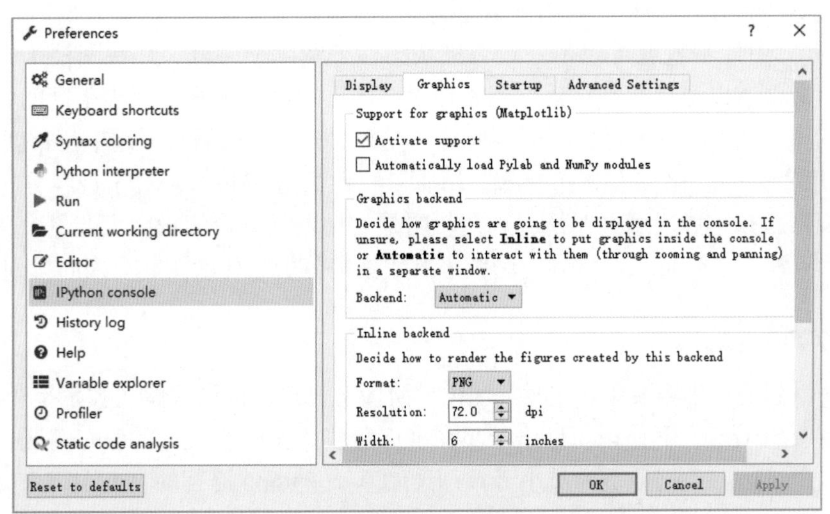

图 6-25　设置弹窗可视化操作示意

对于 Python 绘制饼图的其他属性，感兴趣的读者可以自行深入学习并体验。读者可深入学习每个参数的含义并加以实践，从而掌握如何编写 Python 程序以更好地绘制饼图。

案例6.4　按购买数量分组的购买日期频次统计

直方图（Histogram）是由一系列高度不等的纵向条纹或线段表示数据分布的情况。直方图又称为质量分布图，一般用横轴表示数据类型，纵轴表示分布情况。直方图是数值数据分布的精确图形表示，被卡尔 • 皮尔逊（Karl Pearson）首先引入来描述一个连续定量变量的概率分布的估计，是一种统计报告图。

二维码 6-4

按购买数量分组的购买日期频次统计

绘制直方图会牵涉到统计学的概念，首先要对数据资料进行分组，因此如何合理分组是其中的关键问题。按组距相等的原则进行分组的两个关键是分组数和组距。直方图是一种几何形图表，它是根据从生产过程中收集的质量数据，画成以组距为底边、以频数为高度的一系列连接起来的直方型矩形图。

构建直方图的步骤是：将值的范围分段，即将整个值的范围分成一系列间隔，然后计算每个间隔中有多少值。这些值通常被指定为连续的且不重叠的变量间隔，间隔必须相邻并且间隔通常是相等的大小。直方图也可以被归一化以显示“相对”频率，显示属于几个类别中的每个案例的比例，其高度等于 1。

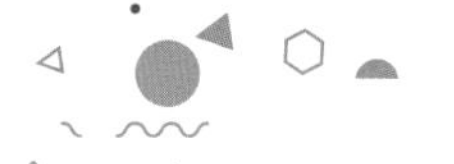

与前面所学习过的柱形图相比较，两者在形态上存在较高相似性，本质区别总结如下：

（1）直方图展示数据的分布，柱状图比较数据的大小。

（2）直方图 X 轴为定量数据，柱状图 X 轴为分类数据。

（3）直方图上的每根柱子都是不可移动的，X 轴上的区间是连续的、固定的。柱状图上的每根柱子可以随意排序，可以按照分类数据的名称排列，也可以按照数值的大小排列。

（4）直方图柱子无间隔，柱状图柱子有间隔。不过在可视化过程中，可以通过代码修改让默认生成的直方图柱子显示出有间隔。

（5）直方图柱子宽度可以不一致，柱状图柱子宽度须一致。柱状图柱子的宽度因为没有数值含义，所以宽度必须一致。但是在直方图中，柱子的宽度代表了区间的长度，根据区间的不同，柱子的宽度可以不同。通常，在数据分析中区间会采用单位长度的倍数。

（6）用直方图能比较直观地看出产品质量特性的分布状态，对于资料分布状况一目了然，便于判断其总体质量分布情况。柱状图是一种以长方形的长度为变量表达图形的统计报告图，只有一个变量，通常利用于较小的数据集分析。柱状图亦可横向排列。

6.4.1 任务描述

在竞争激烈的市场拓展中，实时关注推广阶段每日产品的顾客购买数量是非常关键的。目前公司主管想了解一下公司新推出产品在推广阶段购买顾客数量的分布情况，以进一步制订产品推广策略。数据分析专员小芳计划绘制基于 Python 语言的直方图，来向公司主管进行汇报。

数据来源：顾客购买产品频次统计数据集 data_hist.csv。

案例任务：指定分组内购买产品顾客频次统计的直方图。

6.4.2 可视化效果

数据分析专员小芳采用 Python 语言编程来绘制直方图，可视化效果如图 6-26 所示。

观察图 6-26，该直方图具有如下特点：

（1）标题为直方图、让读者能够知晓横坐标含义为分组，但具体分组字段未知。

（2）从纵坐标数值看，能够清楚地看出在分组变量下的购买频次。

（3）联合任务和直方图，能够推测出分组依据是购买数量的区间，频次是日期数量。

对于 Python 语言绘制图表而言，需要读者必须能够熟练运用 Python 语言编码，具备一定的自学能力。

6.4.3 设计过程

1. 设计思路

（1）能够正确解读输入的数据及其含义。

（2）导入数据集并设置字体。

（3）绘制直方图。

（4）美化直方图。

（5）绘制累积直方图。

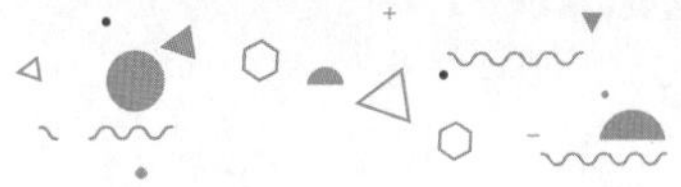

2. 操作步骤

1）正确读入并解读数据的含义

用 Notepad++ 编辑器将 data_hist.csv 数据集打开，数据内容如图 6-27 所示。

如图 6-27 所示，数据集中包含部分与主题相关的字段，如购买日期、购买用户数、广告费用和渠道数。

2）导入数据集并设置字体

打开 Spyder（Python 3.6）编辑器，在命令行中输入如下代码：

```
> import matplotlib;
> from pandas import read_csv;
> from matplotlib import pyplot as plt;
> font={'family' : 'SimHei'};
> matplotlib.rc('font', **font);
> data=read_csv('C:/Users/Administrator/Desktop/data_hist.csv');
```

执行上述语句后，就能够正确读入数据集 data_hist.csv。

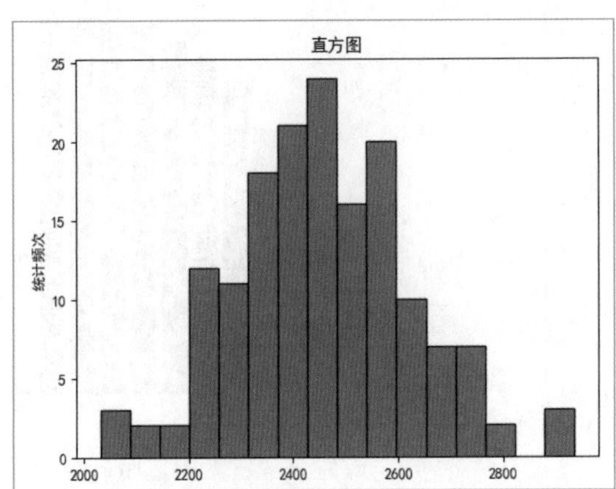

图 6-26　产品分组下购买日期统计频次

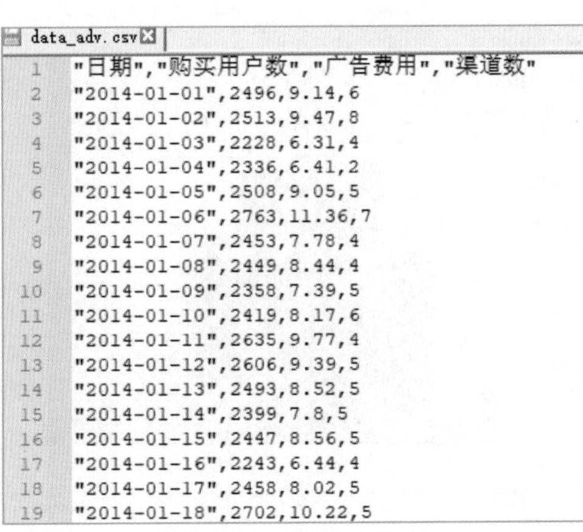

data_adv.csv

```
"日期","购买用户数","广告费用","渠道数"
"2014-01-01",2496,9.14,6
"2014-01-02",2513,9.47,8
"2014-01-03",2228,6.31,4
"2014-01-04",2336,6.41,2
"2014-01-05",2508,9.05,5
"2014-01-06",2763,11.36,7
"2014-01-07",2453,7.78,4
"2014-01-08",2449,8.44,4
"2014-01-09",2358,7.39,5
"2014-01-10",2419,8.17,6
"2014-01-11",2635,9.77,4
"2014-01-12",2606,9.39,5
"2014-01-13",2493,8.52,5
"2014-01-14",2399,7.8,5
"2014-01-15",2447,8.56,5
"2014-01-16",2243,6.44,4
"2014-01-17",2458,8.02,5
"2014-01-18",2702,10.22,5
```

图 6-27　数据集详情

3）绘制直方图

在 Spyder（Python 3.6）编辑器中，输入如下代码：

```
> plt.hist(data['购买用户数']);
> plt.show();
```

执行上述语句后，初始绘制的直方图可视化效果如图 6-28 所示。

4）美化直方图

在 Spyder（Python 3.6）编辑器中，将步骤（3）中的代码修改如下：

```
> plt.hist(data['购买用户数'], bins=16, color='G', edgecolor='black');
> plt.title('直方图');
> plt.ylabel('统计频次')
> plt.show();
```

执行上述语句后，即可完成本次任务的直方图，可视化效果如图 6-26 所示。

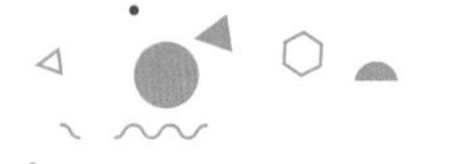

5）绘制累积直方

在 Spyder（Python 3.6）编辑器中，输入如下代码：

```
> plt.hist(data['购买用户数'], bins=16,
           histtype='bar',
           rwidth=0.8,
           color='G',
           cumulative=True);
> plt.title('直方图');
> plt.ylabel('统计频次');
> plt.xlabel('购买用户分组')
> plt.show();
```

在这段代码中，设置了分数数量 bins，以 bar 方式显示图形，设置了 bar 的宽度和颜色，以及以累积形式显示直方图。执行上述语句后，可视化效果如图 6-29 所示。

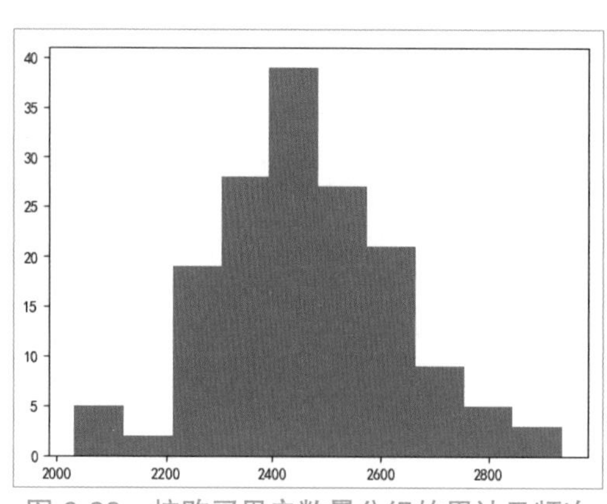

图 6-28　按购买用户数量分组的累计日频次

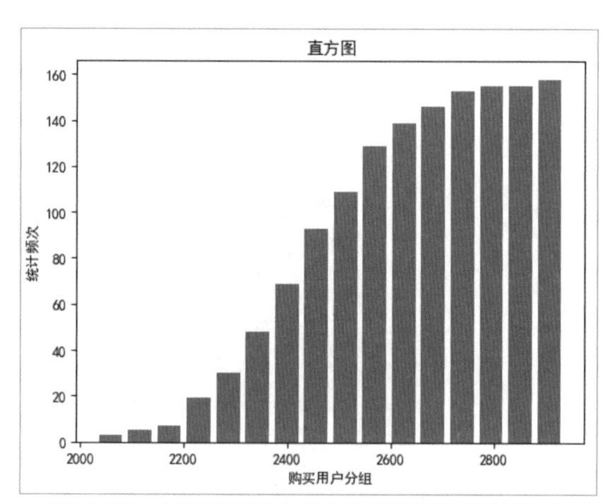

图 6-29　按购买用户分组下累积日统计频次

对于 Python 绘制直方图的其他属性，感兴趣的读者可以自行深入学习并体验。读者可深入学习每个参数的含义并加以实践，从而掌握如何编写 Python 程序以更好地绘制直方图。

案例6.5　公司广告费用与购买产品用户的相关关系

二维码 6-5

公司广告费用与购买产品用户的相关关系

散点图是指在数理统计回归分析中，数据点在直角坐标系平面上的分布图。散点图表示因变量随自变量改变而变化的大致趋势，通过趋势可以选择适当函数进行经验分布的拟合，进而找到变量之间的函数关系。

散点图偏向于研究性图表，能让我们发现变量之间隐藏的关系，从而辅助上层领导做出正确决策。散点图经过回归分析之后，可以对相关对象进行预测分析，进而做出科学决策，而非模棱两可的决策。例如，在医院进行抽血检测，医生通过仪器来分析血液中白细胞散点图，可以为人们的身体健康提供精确的分析，为医生后续的治疗判断做出重要的技术支持。

散点图的主要构成要素有：数据源、横坐标轴、纵坐标轴、变量名和研究对象。一般情况下，至少需要用两组数据构成多个坐标点。通过考察坐标点的分布，来判断两变量之间是否存在某种关联或总结坐标点的分布模式。在散点图中，统计数据以“点”的形式呈现，通过“点”的分布可以观察出变量之间的关系。在散点图中的“点”，其数据值都是“点”的坐标。

散点图的作用是揭示了网格上所绘制的“点”的值之间的关系，借助“点”构成的曲线来显示数据的上升 / 下降趋势。散点图通常用于比较跨类别的聚合数据，主要用来判断：

（1）变量之间是否存在数量关联趋势。

（2）如果变量之间存在关联趋势，其关联趋势是线性还是曲线的?

（3）一目了然发现离群值，离群值是偏离大多数点的一个“点”或为数不多的几个“点”。

（4）进一步分析离群值在建模分析中是否可能对总体产生很大影响。

就本质而言，散点图需要将数据源“序列”显示为一组点，通过“点”的值来呈现。在这里，“点”的值就是“点”在图表中的位置。若“点”的类别不同，可以在图表中采用不同标记来表示。在绘制过程中，常用横坐标轴表示自变量 X，纵坐标轴表示因变量 Y。横纵轴的起点可以根据研究对象的情况而定，将每一对（X,Y）绘制即构成散点图。

散点图会显示不同类型的相关性，相关性即变量之间的关系。通常有正相关、负相关、不相关三种相关性。需要注意的是，变量之间的关系不要简单地理解为线性回归关系。变量之间的关系有很多，如线性关系、指数关系、对数关系等。此外，变量之间没有关系也是一种重要的“关系”。

6.5.1 任务描述

在竞争激烈的市场拓展中，广告费用是公司推出新产品的重要途径。现在公司主管想了解一下公司广告费用投入与购买新产品用户之间的关系。公司的业务分析员小张通过 Python 语言绘制散点图，来向公司主管进行汇报。

数据来源：公司广告费用投入的数据集 data_adv.csv。

案例任务：分析公司广告费用与购买产品用户的相关关系。

6.5.2 可视化效果

数据分析专员小芳采用 Python 语言编程来绘制散点图，可视化效果如图 6-30所示。

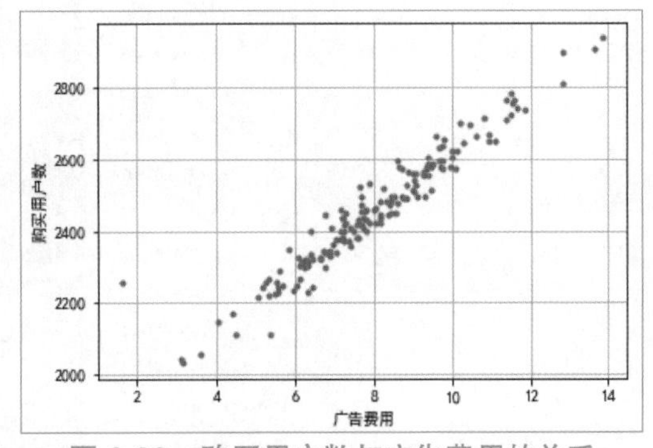

图 6-30 购买用户数与广告费用的关系

观察图 6-30，该散点图具有如下特点：

（1）从横坐标标签看、让读者能够知晓横坐标代表含义为公司为推广新产品投入的广告费用。

（2）从纵坐标数值看，让读者能够知晓纵坐标代表含义为购买公司推广产品的顾客数量。

（3）从散点图的整体分布来看，购买公司推广产品的数量与公司投入的广告费用存

在明显关系。

对于 Python 语言绘制图表而言，需要读者必须能够熟练运用 Python 语言编码，具备一定的自学能力。

6.5.3 设计过程

1. 设计思路

（1）能够正确解读输入的数据及其含义。

（2）导入数据集。

（3）绘制散点图。

（4）给散点图添加中文标签。

（5）设置字体。

（6）完善代码并显示弹窗效果。

（7）完善代码并设置颜色。

2. 操作步骤

1）正确读入并解读数据的含义

用 Notepad++ 编辑器将 data_adv.csv 数据集打开，数据内容与 data_ hist.csv 一样，数据集中包含部分与主题相关的字段，如购买日期、购买用户数、广告费用和渠道数。

2）导入数据集并设置字

打开 Spyder（Python 3.6）编辑器，在命令行中输入如下代码：

```
> from pandas import read_csv;
> data = read_csv('C:/Users/Administrator/Desktop/data_curve.csv');
```

执行上述语句后，就能够正确读入数据集 data_hist.csv。打开变量 data 会显示相应的数据，示意如图 6-31 所示。

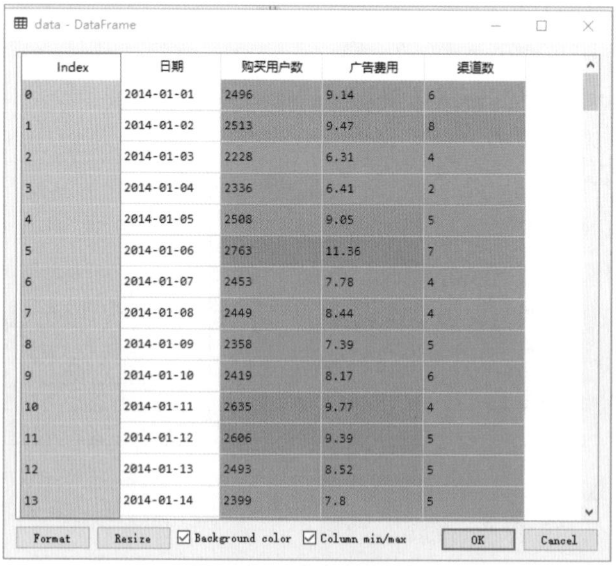

data - DataFrame

Index	日期	购买用户数	广告费用	渠道数
0	2014-01-01	2496	9.14	6
1	2014-01-02	2513	9.47	8
2	2014-01-03	2228	6.31	4
3	2014-01-04	2336	6.41	2
4	2014-01-05	2508	9.05	5
5	2014-01-06	2763	11.36	7
6	2014-01-07	2453	7.78	4
7	2014-01-08	2449	8.44	4
8	2014-01-09	2358	7.39	5
9	2014-01-10	2419	8.17	6
10	2014-01-11	2635	9.77	4
11	2014-01-12	2606	9.39	5
12	2014-01-13	2493	8.52	5
13	2014-01-14	2399	7.8	5

Format　Resize　☑ Background color　☑ Column min/max　OK　Cancel

图 6-31　数据集详情

3）绘制散点图

在 Spyder（Python 3.6）编辑器中，输入如下代码：

```
> import matplotlib;
> import matplotlib.pyplot as plt;
> plt.plot(data['广告费用'],data['购买用户数'],'.')
```

执行上述语句后，初始绘制的散点图可视化效果如图 6-32 所示。

4）添加散点图标签

在 Spyder（Python 3.6）编辑器中，输入如下代码：

```
> plt.xlabel('广告费用')
> plt.ylabel('购买用户数')
> plt.grid(True)
```

执行上述语句后，可视化效果如图 6-33 所示。从中可以看到，存在如下问题：

（1）标签和背景方格均已显示，但是之前绘制的初始散点图消失。

（2）中文标签未能正确显示。面对这个问题，需要解决的是如何让之前绘制的散点图呈现在方格背景中，且能够正确显示中文标签。此处，特意将之前所学内容以问题形式呈现，旨在增强读者遇到问题时分析问题和解决问题的能力。

5）设置字体

在 Spyder（Python 3.6）编辑器中，输入如下代码：

```
> font = { 'family':'SimHei' }
> matplotlib.rc('font',**font)
```

正确输入代码后，重新执行步骤 3）和步骤 4）中的绘制命令，可视化效果如图 6-30 所示。

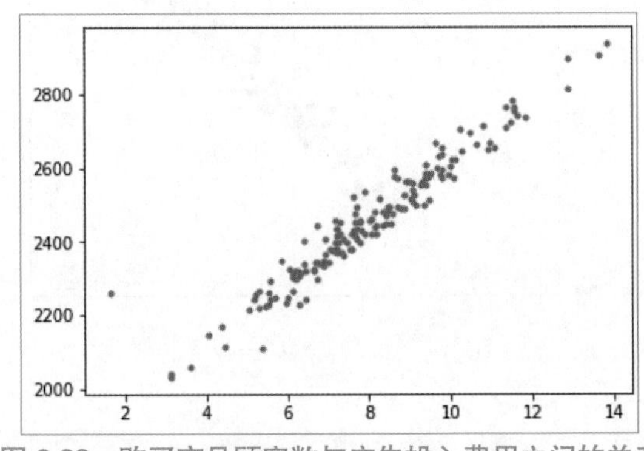

图 6-32　购买产品顾客数与广告投入费用之间的关系

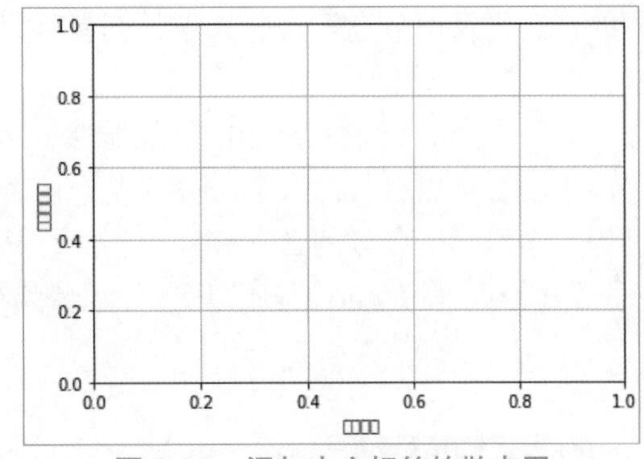

图 6-33　添加中文标签的散点图

6）完善代码并显示弹窗效果

经过完善后，完整代码如图 6-34 所示。

读者确保输入的代码无误后，按照如下方式执行代码：

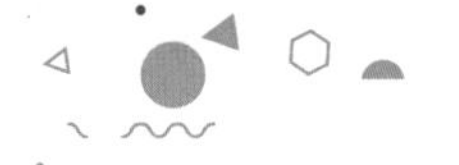

（1）先选中并运行第 6 ～ 14 行。

（2）然后运行第 16 ～ 18 行。

（3）最后运行第 20 行。

按照上述顺序执行代码，可以获得散点图的弹窗可视化效果，示意如图 6-35 所示。

```
1 # -*- coding: utf-8 -*-
2 """
3 Created on Thu Feb 10 15:02:57 2022
4 @author: Zshen.Chen
5 """
6 import matplotlib;
7 from pandas import read_csv;
8 import matplotlib.pyplot as plt;
9 data = read_csv('C:/Users/Administrator/Desktop/data_adv.csv')
10 font = {
11         'family':'SimHei'
12         }
13 matplotlib.rc('font',**font)
14 plt.plot(data['广告费用'],data['购买用户数'],'.')
15
16 plt.xlabel('广告费用')
17 plt.ylabel('购买用户数')
18 plt.grid(True)
19
20 plt.show()
```

图 6-34　绘制散点图的完整代码图示

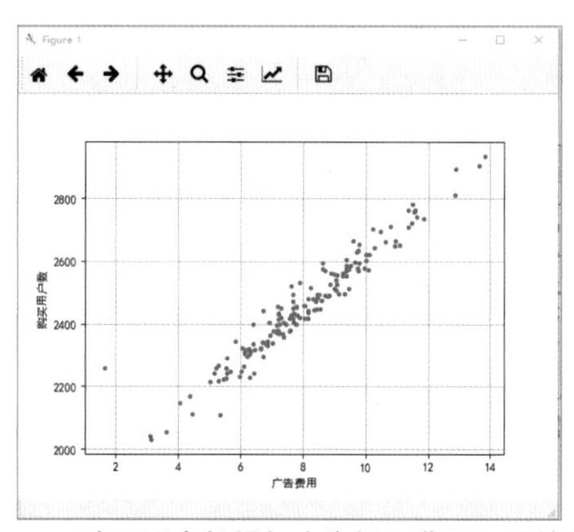

图 6-35　购买用户数量与广告投入费用之间的关系

7）优化代码并设置颜色

在散点图绘制成功的基础上，可以尝试用不同的方式来调整散点的样式和颜色。在 Spyder（Python 3.6）编辑器中，输入如下代码替换代码中第 14 行。

```
> plt.plot(data['广告费用'],data['购买用户数'],
          'o',
          color='green'
          )
```

确保输入代码无误后，再次执行代码，弹窗可视化效果如图 6-36 所示。

当然，还可以采用 RGB 方式或十六进制的方式进行颜色设置，感兴趣的读者可以自行深入学习并体验。

对于 Python 绘制散点图的其他属性，感兴趣的读者可以自行深入学习并体验。读者可深入学习每个参数的含义并加以实践，从而掌握如何编写 Python 程序以更好地绘制散点图。

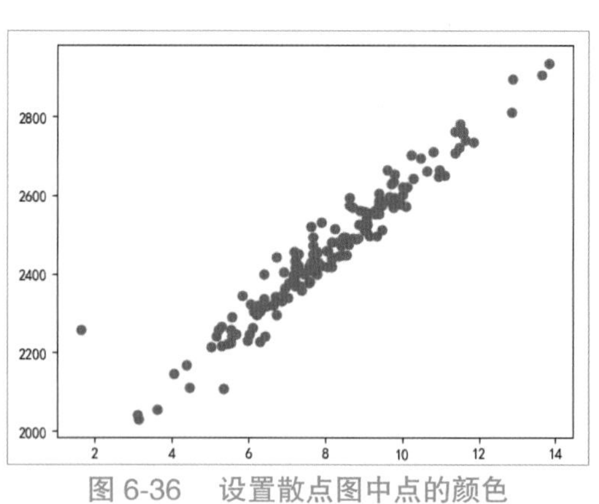

图 6-36　设置散点图中点的颜色

案例6.6　鸢尾花花萼长度与宽度的相关性

在数理统计中，线性回归是利用数理统计中回归分析，来确定两种或两种以上变量间相互依赖的定量关系的一种统计分析方法。而线性回归曲线图是结合散点图，直观显示出

拟合曲线和散点的关系，从而能清晰地看出线性回归曲线的拟合度，有助于在数据分析过程中看出数据集中的模式（趋势）。例如，吸烟与死亡率和发病率是否存在线性回归关系，某市的人均工资和 GDP 是否存在线性回归关系，等等。

二维码 6-6 鸢尾花花萼长度与宽度的相关性 1

6.6.1 任务描述

Iris 鸢尾花数据集是一个经典数据集，在统计学习和机器学习领域都经常被用作示例。数据集内包含 3 类共 150 条记录，每类各 50 个数据，每条记录都有四项特征：花萼长度、花萼宽度、花瓣长度、花瓣宽度，可以通过这四个特征预测鸢尾花卉属于 iris-setosa, iris-versicolour, iris-virginica 中的哪一个品种。那么，花萼长度与花萼宽度是否存在线性关系呢？

二维码 6-6 鸢尾花花萼长度与宽度的相关性 2

数据来源：公开数据集 Iris 鸢尾花数据集。

案例任务：分析花萼长度与花萼宽度之间的线性关系。

6.6.2 可视化效果

数据分析专员小明采用 Python 语言编程来绘制线性回归曲线图，可视化效果如图 6-37 所示。

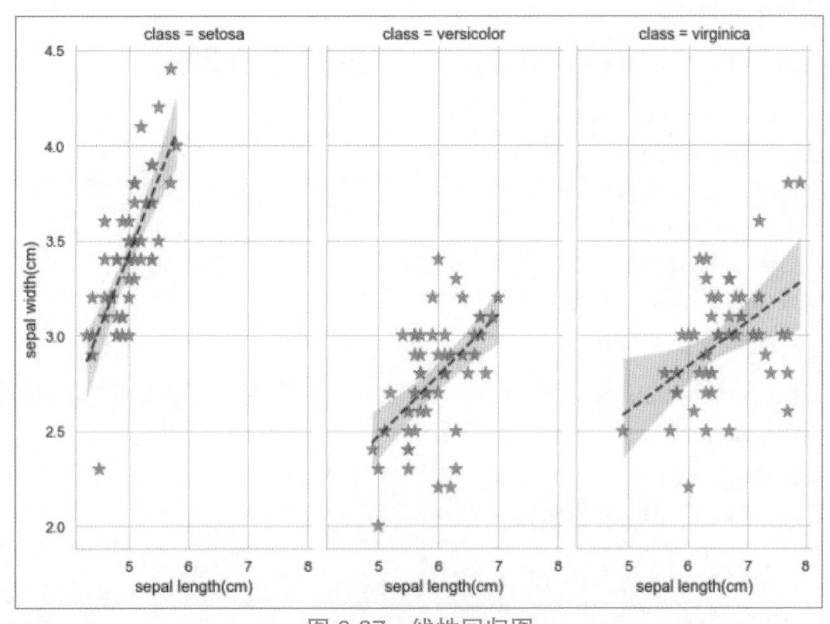

图 6-37 线性回归图

观察图 6-37，整个线性回归图具有如下特点：

（1）从横坐标标签看，横坐标代表鸢尾花的花萼长度；从纵坐标标签看，纵坐标代表鸢尾花的花萼宽度。

（2）从线性回归图的整体分布来看，整个图有三个子图，每个子图上方有鸢尾花的品种名称。

（3）每张线性回归图上，有散点以及一条线性回归直线；同时，在直线周围有阴影部分，代表线性回归线的置信区间；通过对比置信区间与观测点之间的接近程序，就能清晰地看出线性回归的拟合度。

对于 Python 语言绘制图表而言，需要读者必须能够熟练运用 Python 语言编码，具备一定的自学能力。

6.6.3 设计过程

1. 设计思路

（1）导入需要用到的库。

（2）导入数据集。

（3）对数据进行预处理。

（4）绘制线性回归图。

（5）设置显示效果，设置点和拟合线属性。

（6）多项式回归（polynomial regression）拟合曲线。

（7）按变量分类拟合回归线。

（8）绘制分面图。

2. 操作步骤

1）导入需要用到的库

打开 Spyder（Python 3.6）编辑器，在命令行中输入如下代码：

```
> import matplotlib.pyplot as plt
> import numpy as np
> import pandas as pd
> import palettable
> from pandas import Series,DataFrame
> from sklearn import datasets
> import seaborn as sns
```

执行上述语句后，就能够正确导入相关的库，当缺少某些库的时候，需要使用 pip install 进行下载安装。

2）导入数据集

打开 Spyder（Python 3.6）编辑器，在命令行中输入如下代码：

```
> iris=datasets.load_iris()
> x, y=iris.data,iris.target
```

执行上述语句后，就能够正确导入 Iris 鸢尾花数据集，其中 x 为鸢尾花的 4 项特征：花萼长度、花萼宽度、花瓣长度、花瓣宽度，y 为鸢尾花的品种编号。

3）对数据进行预处理

打开 Spyder（Python 3.6）编辑器，在命令行中输入如下代码：

```
> y_1 = np.array(['setosa' if i==0 else 'versicolor' if i==1 else 'virginica' for i
in y])
```

```
> pd_iris = pd.DataFrame(np.hstack((x, y_1.reshape(150,1))),columns=['sepal length(cm)','sepal width(cm)','petal length(cm)','petal width(cm)','class'])
#astype 修改 pd_iris 中数据类型 object 为 float64
> pd_iris['sepal length(cm)']=pd_iris['sepal length(cm)'].astype('float64')
> pd_iris['sepal width(cm)']=pd_iris['sepal width(cm)'].astype('float64')
> pd_iris['petal length(cm)']=pd_iris['petal length(cm)'].astype('float64')
> pd_iris['petal width(cm)']=pd_iris['petal width(cm)'].astype('float64')
```

执行第一行语句后，将 y（鸢尾花的品种编号）转换为品种类别名称；执行第二行语句后，将鸢尾花的四项特征和品种类别名称合并放在一个 DataFrame 中，命名为 pd_iris；然后将 pd_iris 所包含的四项特征的数据类型更改为 float64。打开变量 pd_iris 会显示相应的数据，示意如图 6-38 所示。

pd_iris - DataFrame

Index	al length(c	al width(c	al length(c	tal width(c	class
0	5.1	3.5	1.4	0.2	setosa
1	4.9	3	1.4	0.2	setosa
2	4.7	3.2	1.3	0.2	setosa
3	4.6	3.1	1.5	0.2	setosa
4	5	3.6	1.4	0.2	setosa
5	5.4	3.9	1.7	0.4	setosa
6	4.6	3.4	1.4	0.3	setosa
7	5	3.4	1.5	0.2	setosa
8	4.4	2.9	1.4	0.2	setosa
9	4.9	3.1	1.5	0.1	setosa
10	5.4	3.7	1.5	0.2	setosa
11	4.8	3.4	1.6	0.2	setosa

Format　Resize　☑ Background color　☑ Column min/max　Save and Close　Close

图 6-38　变量 pd_iris 的详情

4）绘制线性回归图

打开 Spyder（Python 3.6）编辑器，在命令行中输入如下代码：

```
> plt.figure(dpi=100)
> sns.set(style="whitegrid",font_scale=1.2)# 设置主题，文本大小
> g=sns.regplot(x='sepal length(cm)', y='sepal width(cm)', data=pd_iris,
              color='#000000',# 设置 marker 及线的颜色
              marker='*',# 设置 marker 形状
              )
```

（1）seaborn.regplot() 利用线性回归模型对数据进行拟合，并画出线性回归图。

（2）参数 x,y：x,y 轴的值。

（3）参数 data 为 x,y 所属的 DataFrame。

（4）参数 color 为 marker 及线的颜色；

（5）marker 为 marker 形状。

执行上述语句后，就能够显示花萼长度与花萼宽度的线性回归图，如图 6-39 所示。从图中可以清晰地看出回归直线对观测值的拟合程度，由于回归直线与大部分观测点距离较远，只有少数观测点集中分布在回归直线两侧，所以需要进一步优化线性回归。

5）设置显示效果，设置点和拟合线属性

打开 Spyder（Python 3.6）编辑器，在命令行中修改相应代码：

```
> g=sns.regplot(x='sepal length(cm)', y='sepal width(cm)', data=pd_iris,
                color='#000000',
                marker='*',
                scatter_kws={'s': 60,'color':'g',},# 设置散点属性，参考 plt.scatter
                line_kws={'linestyle':'--','color':'r'}# 设置线属性，参考 plt.plot
                )
```

（1）参数 scatter_kws：设置散点属性，其中，s 为散点大小，color 为散点颜色。

（2）参数 line_kws：设置线属性。其中，linestyle 为线的样式，color 为线的颜色。

执行上述语句后，就能够显示修改后的线性回归图，如图 6-40 所示。同时，可以设置置信区间，即拟合线周围阴影面积的大小；其他的设置在此不展开描述。

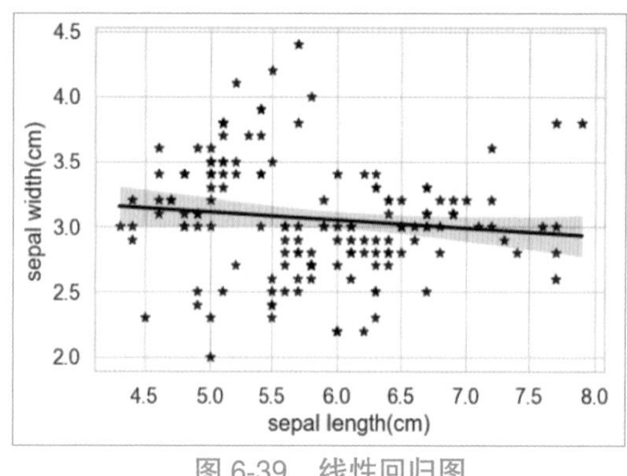

图 6-39　线性回归图

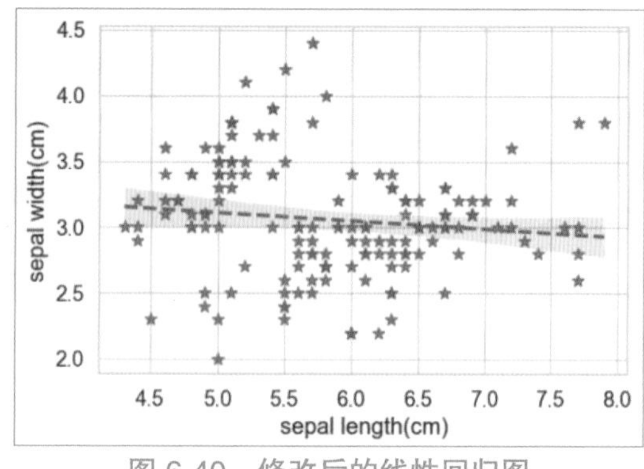

图 6-40　修改后的线性回归图

6）多项式回归（polynomial regression）拟合曲线

为了达到更好的拟合效果，采用多项式回归曲线进行拟合，打开 Spyder（Python 3.6）编辑器，在命令行中修改相应代码：

```
> g=sns.regplot(x='sepal length(cm)', y='sepal width(cm)', data=pd_iris,
                marker='*',
                order=4,# 默认为 1，越大越弯曲
                scatter_kws={'s': 60,'color':'#016392',},# 设置散点属性，参考 plt.scatter
                line_kws={'linestyle':'--','color':'#c72e29'}# 设置线属性，参考 plt.plot
                )
```

参数 order：设置多项式回归的最高幂次，默认为 1，越大越弯曲。

执行上述语句后，就能够显示使用多项式回归的线性回归图，如图 6-41 所示。从图中可以清晰看出多项式回归曲线相比线性回归线的拟合度更优，但是还存在部分观测点未集中到回归曲线两侧的情况，所以还需要进一步优化。

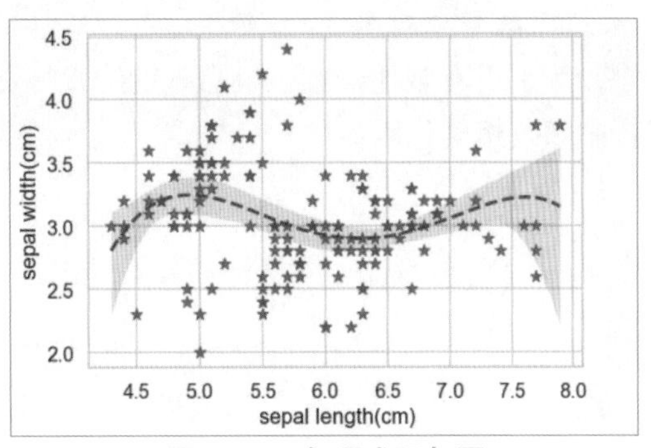

图 6-41 多项式回归图

7）按变量分类拟合回归线

由于鸢尾花数据集中包含有三个品种，分别对三个品种的数据进行线性拟合；在 seaborn 库中，lmplot 是一种集合基础绘图与基于数据建立回归模型的绘图方法。旨在创建一个方便拟合数据集回归模型的绘图方法，利用 'hue' 'col' 'row' 参数来控制绘图变量。

打开 Spyder（Python 3.6）编辑器，在命令行中修改相应代码：

```
> g=sns.lmplot(x='sepal length(cm)', y='sepal width(cm)', data=pd_iris,
               hue='class',
               markers=['+','^','o'],     # 设置散点 marker
               )
> g.fig.set_size_inches(10,8)
```

（1）参数 hue, col, row：定义数据子集的变量，并在不同的图像子集中绘制。

（2）参数 marker：设置散点的显示样式。

执行上述语句后，就能够显示按变量分类的线性回归图，如图 6-42 所示。从图中可以清晰地看出“setosa”品种的鸢尾花，使用线性回归拟合，拟合效果较好，但是另两个品种的鸢尾花拟合效果有待改进，所以还需要进一步优化。

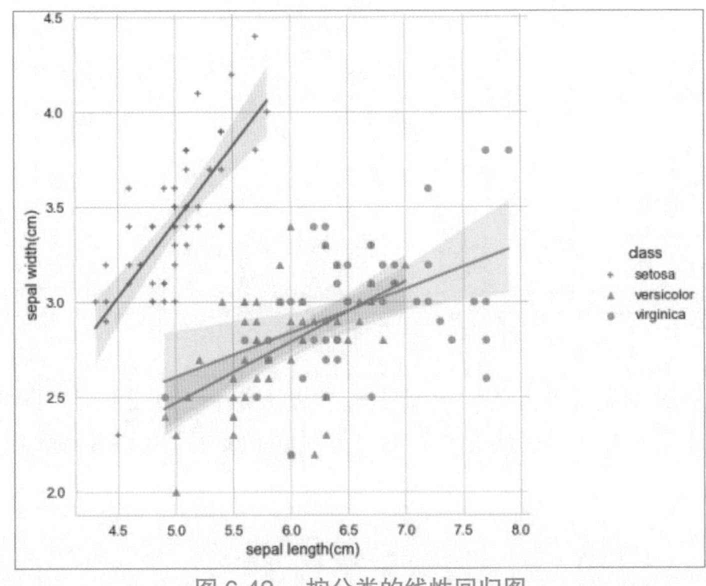

图 6-42 按分类的线性回归图

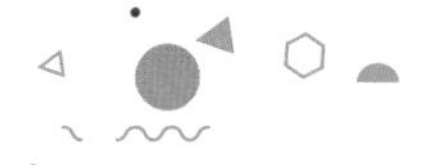

8）绘制分面图

为了更直观地查看三个品种的线性回归线，打开 Spyder（Python 3.6）编辑器，在命令行中修改相应代码：

```
> g=sns.lmplot(x='sepal length(cm)', y='sepal width(cm)', data=pd_iris,
               col='class',# 按 class 绘制分面图
               markers='*',
               scatter_kws={'s':150,'color':'#01a2d9'},
               line_kws={'linestyle':'--','color':'#c72e29'},# 直线属性设置
               )
> g.fig.set_size_inches(10,8)
```

（1）参数 col, row：定义数据子集的变量，col 指按列绘制分面图，row 则是按行。

（2）参数 scatter_kws：设置散点属性。其中，s 为散点大小，color 为散点颜色。

（3）参数 line_kws：设置线属性。其中，linestyle 为线的样式，color 为线的颜色。

执行上述语句后，就能够分面显示按变量分类的线性回归图，如图 6-43 所示。从图中可以清晰地看出三个品种的拟合曲线。

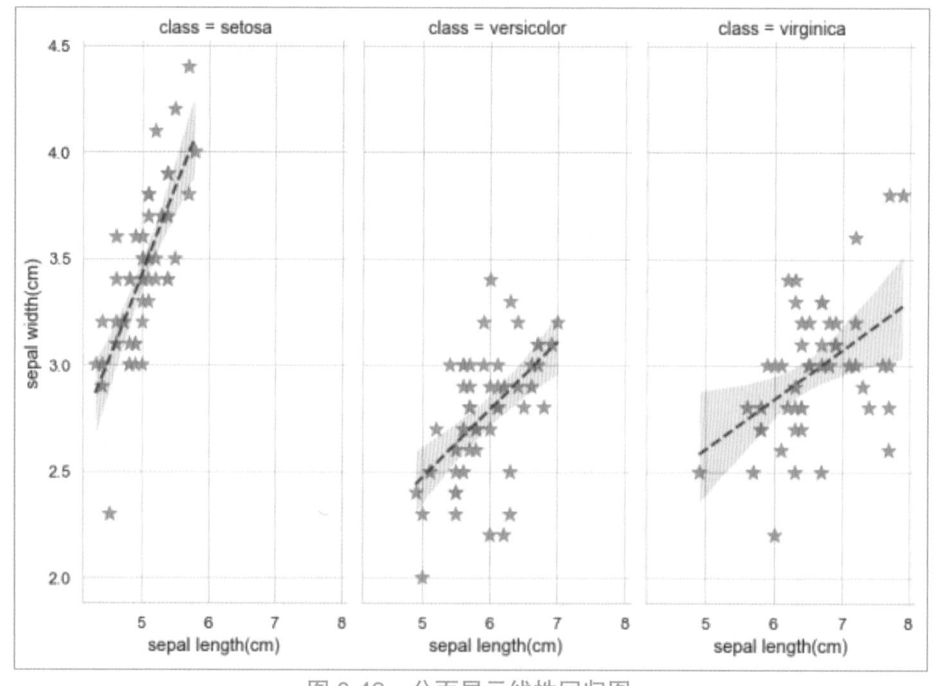

图 6-43　分面显示线性回归图

当然，还可以分别设置散点的颜色和样式，设置线性回归线的置信区间等，感兴趣的读者可以自行深入学习并体验。从而掌握如何编写 Python 程序以更好地绘制线性回归图。

第7章 数据可视化之 SPSS

学习目标

通过本章的学习，掌握运用 SPSS 统计分析软件进行可视化图表绘制的过程及相关知识，培养学生熟练运用 SPSS 统计分析软件进行数据可视化的相关技能。

学习重点和难点

- 学习散点图并掌握基于 SPSS 的绘制过程。
- 学习曲线拟合图并掌握基于 SPSS 的绘制过程。

SPSS（统计产品与服务解决方案，Statistical Product and Service Solutions）是 IBM 公司推出的一系列用于统计学分析运算、数据挖掘、预测分析和决策支持任务的软件产品及相关服务的总称，有 Windows 和 Mac OS X 等版本。随着 SPSS 产品服务领域的扩大和服务深度的增加，SPSS 公司已于 2000 年正式将英文全称更改为“统计产品与服务解决方案”，这标志着 SPSS 的战略方向正在做出重大调整。

SPSS 是世界上最早采用图形菜单驱动界面的统计软件，它最突出的特点就是操作界面极为友好，输出结果美观漂亮。它将几乎所有的功能都以统一、规范的界面展现出来，使用 Windows 的窗口方式展示各种管理和分析数据方法的功能，对话框展示出各种功能选项。世界上许多有影响的报纸、杂志纷纷就 SPSS 的自动统计绘图、数据的深入分析、使用方便、功能齐全等方面给予了高度的评价。

案例7.1 GDP和能源消耗总量之间的相关系数

二维码 7-1

GDP 和能源消耗总量之间的相关系数

相关关系是客观现象存在的一种非确定的相互依存关系。即自变量的每一个取值，因变量由于受随机因素影响，与其所对应的数值是非确定性的。相关关系表明自变量和因变量之间有一定的关系，但是又没有一个确定的具体联系。

社会经济现象本身的复杂性决定了现象间相互联系的复杂性。从不同角度可对相关关系作以下分类。根据相关关系的程度不同，可划分为完全相关、不完全相关和不相关三类。按相关关系的变化方向不同，可以分为正相关和负相关两类。

（1）正相关：两个变量的变化趋势相同，从散点图可以看出各点散布位置是从左下角到右上角的区域，即一个变量的值由小变大时，另一个变量的值也由小变大。

（2）负相关：两个变量的变化趋势相反，从散点图可以看出各点散布的位置是从左上角到右下角的区域，即一个变量的值由小变大时，另一个变量的值由大变小。

按相关关系表现的形式不同，可以分为线性相关和非线性相关两类。

（1）线性相关（直线相关）：当一个变量变动时，另一个变量也相应地发生均等的变动。

（2）非线性相关（曲线相关）：当一个变量变动时，另一个变量也相应地发生不均等的变动。

按相关分析涉及的因素多少不同，可以分为单相关、复相关和偏相关三类。

（1）单相关：只反映一个自变量和一个因变量的相关关系。

（2）复相关：反映两个及两个以上的自变量同一个因变量的相关关系。

（3）偏相关：当研究因变量与两个或多个自变量相关时，如果把其余的自变量看成不变的常量，只研究因变量与其中一个自变量之间的相关关系，就称为偏相关。

7.1.1 任务描述

为了探究我国 GDP 和能源消耗总量之间是否存在某种关系，数据分析专员小芳从网络自行搜索我国连续 20 个年份的能源消耗总量和 GDP 的数据，计划绘制基于 SPSS 统计分析软件的散点可视化图，来进行 GDP 和能源消耗总量之间的汇报。

数据统计：1953—2004 年能源消费总量（万吨标准煤）与 GDP 的数据 data_gdp.xslx。

案例任务：分析 GDP 和能源消耗总量之间的相关关系。

7.1.2 可视化效果

数据分析专员小芳采用 SPSS 软件来绘制散点图，可视化效果如图 7-1 所示。

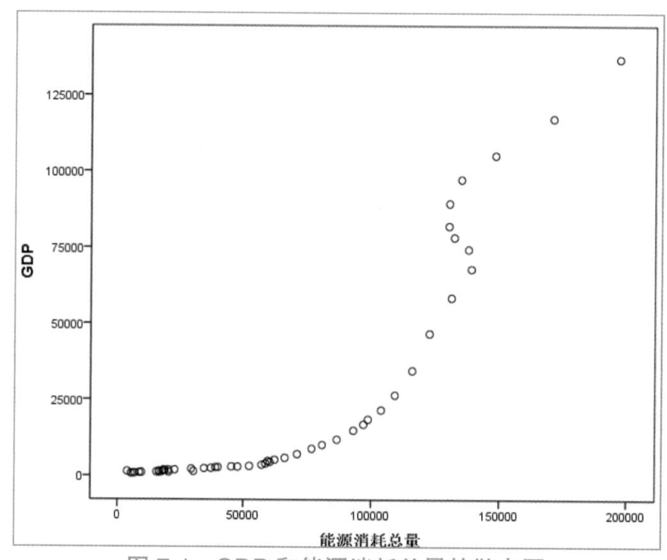

图 7-1　GDP 和能源消耗总量的散点图

观察图 7-1 可知，GDP 和能源消耗总量两个变量之间存在相关关系。整个散点图具有如下特点：

（1）能够直观地看出 GDP 随着能源消耗总量的增加而提升。

（2）能够从散点图中看到能源消耗总量在 140 000 附近的时候，GDP 有局部回落迹象。

观察图表，再结合原始数据方可得出结论：

（1）1953—1996 年期间，GDP 随着能源消耗总量的增加而提升，两者间具有显著的相关性。

（2）经历了 1997—1999 三年的减少回落阶段后，2000—2004 年间两个变量之间相关性又呈现极强正相关，相关系数趋近于 1。

对于 SPSS 统计分析软件绘制图表而言，需要读者具备一定的自学能力来熟悉软件各个模块的功能，具有一定的统计分析理论基础就会更好。

7.1.3　设计过程

1. 设计思路

（1）能够正确导入要分析的数据源。

（2）进行相关分析的设置。

（3）绘制散点图。

（4）解读相关系数表。

2. 操作步骤

1）正确导入数据源

打开 SPSS 22 统计分析软件，在该软件的数据视图窗口打开示例数据源“能源消耗总量与 GDP 的数据”。正确导入后，导入数据示意如图 7-2 所示。

	年份	能源消耗总量	GDP
1	1953	5411	824
2	1954	6234	859
3	1955	6968	910
4	1956	8800	1028
5	1957	9644	1068
6	1958	17599	1307
7	1959	3926	1439
8	1960	30188	1457
9	1961	20390	1220
10	1962	16540	1149

图 7-2　GDP 和能源消耗总量数据部分示意

2）进行相关分析的设置

在本案例中，需要观察的是“GDP”和“能源消耗总量”两个研究变量之间的关系。很显然，靠人的眼睛直观观察无法判定两个变量之间是线性关系还是非线性关系。

在 SPSS 统计分析软件中，进行相关分析的操作步骤如下：

（1）单击“分析”菜单的“相关”菜单项，在显示的次级菜单项中单击“双变量”菜单项。

（2）在弹出的“双变量相关”对话框中将“能源消耗总量”和“GDP”字段移至变量窗口，其余设置项采用默认选项。

（3）单击“确定”按钮完成操作。

整个操作示意如图 7-3 所示。

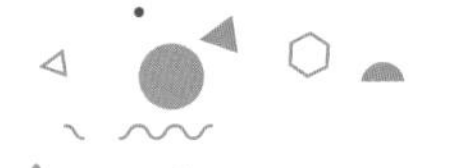

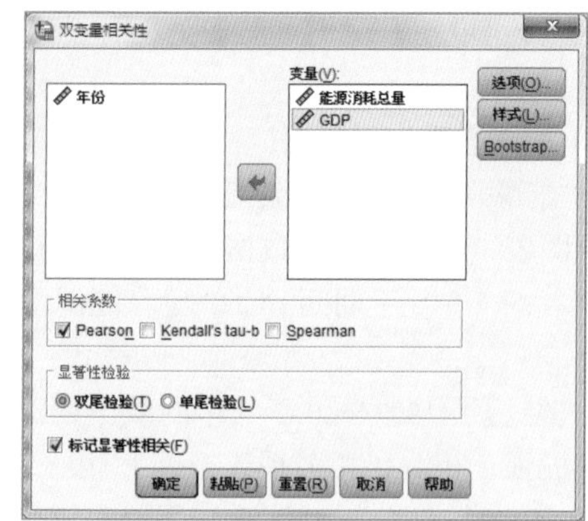

图 7-3　设置双变量

3）绘制散点图

在本案例中，计划采用散点图来观察“GDP”和“能源消耗总量”两个研究变量之间的关系。

在 SPSS 统计分析软件中，绘制散点图的操作步骤如下：

（1）单击“图形”菜单的“旧对话框”菜单项，在显示的次级菜单项中单击“散点 / 点状…”菜单项。

（2）在弹出的“散点图 / 点图”对话框中选择“简单分布”后，单击“定义”按钮。

（3）在弹出的“简单散点图”对话框中，将“能源消耗总量”移至“X 轴”对应的文本框，将“GDP”移至“Y 轴”对应的文本框，其余设置项采用默认选项。

（4）最后，单击“确定”按钮可以实现散点图绘制，可视化效果如图 7-1 所示。

上述系列操作的示意如图 7-4 和图 7-5 所示。

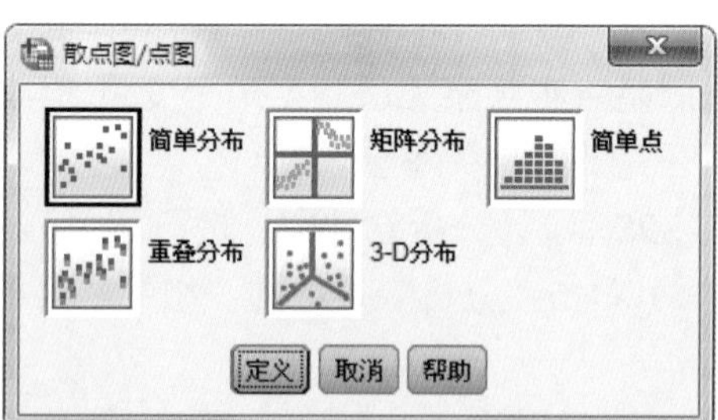

图 7-4　散点图绘制过程

4）解读相关关系表

在 SPSS 绘制散点图的过程中，同时会生成“GDP”和“能量消耗总量”两个研究变量之间的相关关系表，示意如图 7-6 所示。

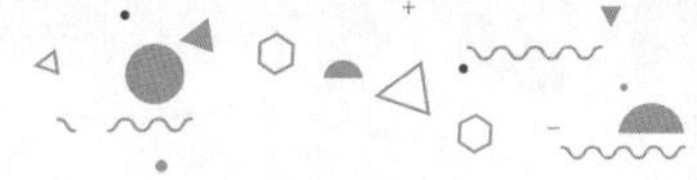

图 7-5　X 轴和 Y 轴变量的设置

相关系数

		能源消耗总量	GDP
能源消耗总量	皮尔森（Pearson）相关	1	0.886
	显著性（双尾）		0.000
	N	52	52
GDP	皮尔森（Pearson）相关	0.886	1
	显著性（双尾）	0.000	
	N	52	52

＊＊. 相关性在 0.01 层上显著（双尾）。

图 7-6　GDP 和能源消耗总量之间的相关关系

图 7-6 中的相关系数分析结果可以看出：

（1）能源消耗总量和 GDP 之间的相关系数 r 为 0.886，说明两者之间呈现良好的正相关性。

（2）** 表示在 95% 的可信度之下的相关系数 r 为 0.886。若仅有一个 *, 则表示可信度为 90%。

要想正确解读相关关系表，就需要了解相关的理论知识。

相关系数是最早由统计学家卡尔 • 皮尔逊设计的统计指标，是研究变量之间线性相关程度的量，一般用字母 r 表示。在研究中，用相关系数 r 来描述两个变量间线性关系的程度。相关系数 r 的值与语言描述关系可以归结如下：

（1）$|r|>0.95$: 说明变量之间存在显著性相关。

（2）$|r| \geqslant 0.8$: 说明变量之间高度相关。

（3）$0.5 \leqslant |r|<0.8$: 说明变量之间中度相关。

（4）$0.3 \leqslant |r|<0.5$: 说明变量之间低度相关。

（5）$|r|<0.3$ 说明变量之间关系极弱，认为不相关。

（6）若 $r=1$ 或 $r=-1$，表明因变量和自变量之间是函数关系。

由于研究对象的不同，相关系数有多种定义方式，较为常用的是皮尔逊相关系数。常用的相关系数 r 主要有：

（1）Pearson 相关系数：对定距连续变量的数据进行计算。

（2）Spearman 和 Kendall 相关系数：对分类变量的数据或变量值的分布明显非正态或分布不明时，计算时先对离散数据进行排序或对定距变量值排秩。

通过学习可以知道，因果关系必定是相关关系，而相关关系不一定是因果关系。由此可知，相关关系不等同于因果关系。相关关系可以提供可能性并用于推测因果关系，但不能证明。

读者可深入学习 SPSS 软件并加以实践，从而掌握如何更好地绘制散点图，并计算出相关关系的具体数值，然后结合判定标准给出相应的统计分析结果。

案例7.2 体温随时间变化的曲线拟合

曲线拟合（curve fitting）是指选择适当的曲线类型来拟合观测数据，并用拟合的曲线方程分析两变量间的关系。曲线拟合是用连续曲线近似地刻画或比拟平面上离散点组所表示的坐标间函数关系的一种数据处理方法。本质上，曲线拟合用解析表达式逼近离散数据

二维码 7-2

居民体温变化曲线拟合图

的一种方法。曲线拟合通俗的说法就是“拉曲线”，也就是将现有数据通过数学方法来代入一条数学方程式的表示方法。实际工作中，变量间未必都有线性关系，如服药后血药浓度与时间的关系。

在科学实验或社会活动中，通过实验或观测得到量 x 与 y 的一组数据对 (x_i, y_i)（i=1,2,3,⋯,m），其中各 x_i 是彼此不同的。人们希望用一类与数据的背景材料规律相适应的解析表达式 $y=f(x,c)$ 来反映量 x 与 y 之间的依赖关系，即在一定意义下“最佳”地逼近或拟合已知数据。其中，$f(x,c)$ 常称作拟合模型，式中的 $c=(C_1,C_2,\cdots C_n)$ 为一些特定的参数。当 c 在 f 中线性出现时，称为线性模型，否则称为非线性模型。

7.2.1 任务描述

新冠疫情期间，居民的体温检测对于疫情防控而言具有重要意义。北京某小区对返京人员小王进行居家隔离观察。在实际研究中，数据分析专员小芳获取了小王体温随时间变化的观测数据，计划绘制基于 SPSS 统计分析软件的温度随时间变化的曲线拟合图，来向居委会负责人汇报。

数据统计：观测的数据集：时间与温度 .sav。

案例任务：绘制体温随时间变化的曲线拟合图。

7.2.2 可视化效果

作为初始研究的一部分，数据分析专员小芳通过绘制曲线拟合图来评估两个变量之间的关系。本示例中，数据分析专员小芳使用 SPSS 22 进行分析并绘制曲线拟合图，可视化效果如图 7-7 所示。

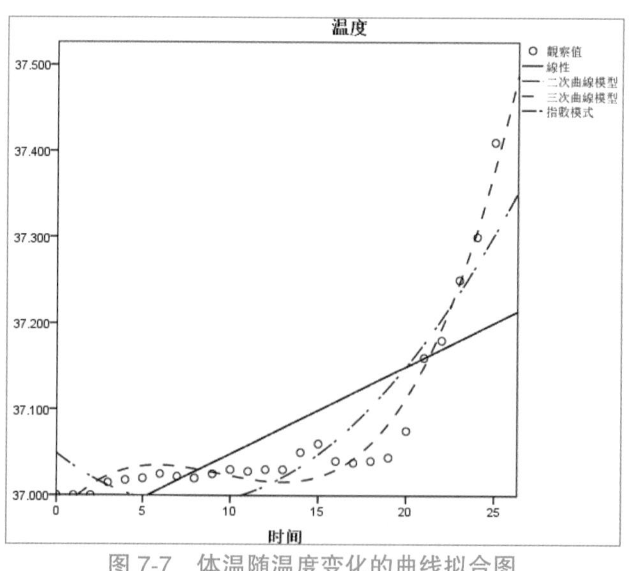

图 7-7　体温随温度变化的曲线拟合图

观察图 7-7 可知，温度随时间变化而发生改变。整个曲线拟合图具有如下特点：

（1）时间与温度两个变量之间呈非线性相关关系。

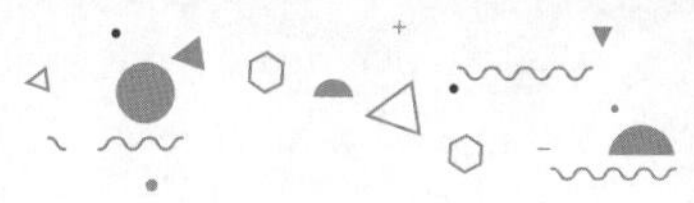

（2）在多种曲线拟合方案中，三次曲线模型拟合效果是一个较好的选择。

对于 SPSS 统计分析软件绘制图表而言，需要读者具备一定的自学能力来熟悉软件各个模块的功能，具有一定的统计分析理论基础就会更好。

7.2.3 设计过程

1. 设计思路

（1）能够正确导入要分析的数据源。

（2）绘制散点图。

（3）进行曲线拟合估计。

（4）美化曲线拟合效果。

2. 操作步骤

1）正确导入数据源

打开 SPSS 22 统计分析软件，在该软件的数据视图窗口打开示例数据源“时间与温度 .sav”。正确导入后，导入数据示意如图 7-8 所示。

2）绘制散点图

在本案例中，需要观察的是 “时间” 和 “温度” 两个研究变量之间的关系。很显然，靠人的眼睛直观观察是无法判定两个变量之间是线性关系还是非线性关系。在本小节，采用之前学习的散点图来分析其趋势。

在 SPSS 统计分析软件中，绘制散点图的操作步骤如下：

（1）打开“图形”菜单，选中“旧对话框”中的“散点 / 点状”命令，弹出“散点图 / 点图”对话框中，如图 7-9 所示。

	时间	温度
1	0	37.000
2	1	37.000
3	2	37.000
4	3	37.015
5	4	37.018
6	5	37.020
7	6	37.025
8	7	37.022
9	8	37.020
10	9	37.025
11	10	37.030

图 7-8　体温随时间变化的观测数据

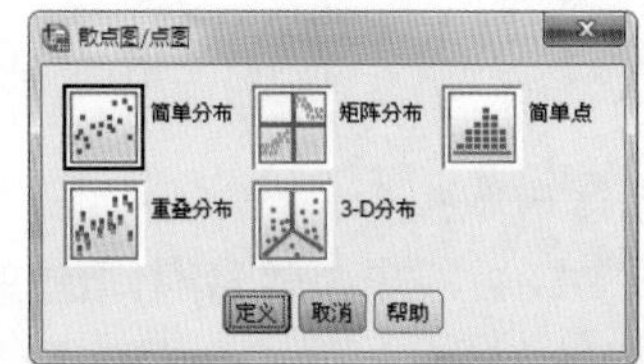

图 7-9　“散点图 / 点图”对话框

（2）在图 7-9 中选择“简单分布”并单击“定义”按钮，弹出“简单散点图”对话框，如图 7-10 所示。

（3）在图 7-10 中，将变量“时间”放入“X 轴”对应的文本框内，将变量“温度”放入“Y 轴”对应的文本框内。

（4）在图 7-10 中单击“标题”按钮，在弹出的“标题”对话框内设置标题为“温度与时间的简单散点图”，单击“继续”按钮返回。具体示意如图 7-11 所示。

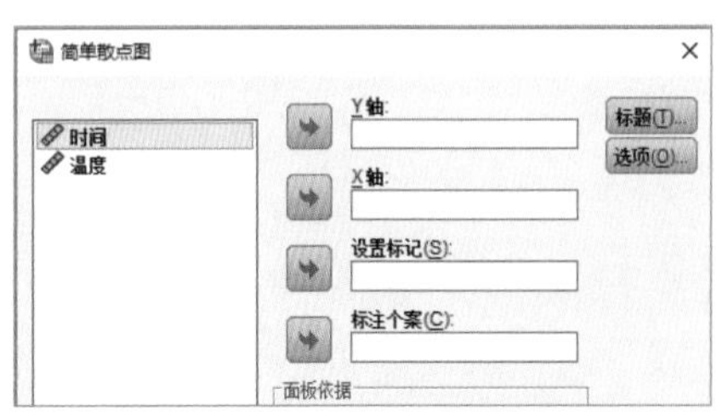

图 7-10　简单散点图对话框

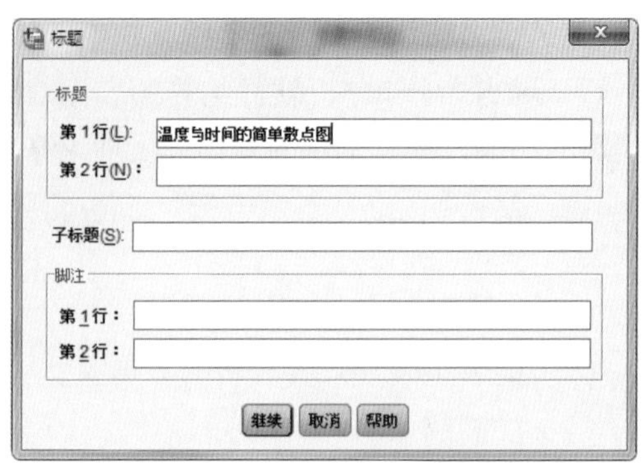

图 7-11　“标题”对话框

（5）单击“确定”按钮，便会生成如图 7-12 所示的温度和时间双变量之间的简单散点图。

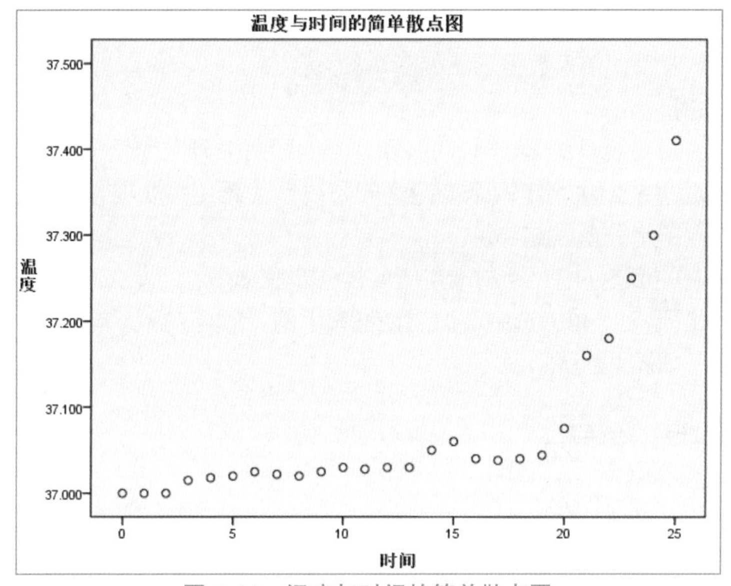

图 7-12　温度与时间的简单散点图

3）进行曲线拟合估计

观察图 7-12 可知，随着时间的递增，温度与时间双变量之间不具有线性关系。从散点图中数据分布可以看出，温度和时间变量之间的关系是应该是非线性的。在本示例中，可以用二次或立方模型来拟合数据，并检查假设的有效性和模型的拟合优度。

在 SPSS 统计分析软件中，进行曲线拟合估计的操作步骤如下：

（1）单击“分析”菜单，指向并单击“回归”菜单项中的“曲线估计”，弹出“曲线估计”对话框，如图 7-13 所示。

（2）在“曲线估计”对话框中，设置“时间”为自变量，设置“温度”为因变量。

（3）在图 7-13 中的模型区域中选中“二次项”“立方”“指数分布”复选框。

（4）单击“确定”按钮，即可实现曲线拟合的可视化效果图，具体如图 7-7 所示。

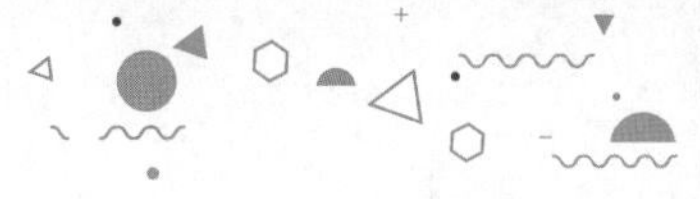

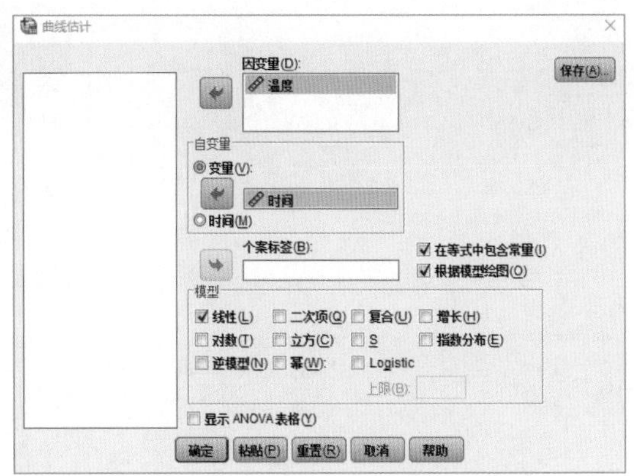

图 7-13　“曲线估计”对话框

4）美化曲线拟合效果

在 SPSS 运行结果窗口中，学习者双击图形会进入图形编辑器窗口，进行横纵轴、图例、线条等图形元素的修改。例如，将图示中的纵坐标仅仅保留一位有效数字，曲线颜色做相应变更，可以将可视化曲线拟合图更新，示意如图 7-14 所示。

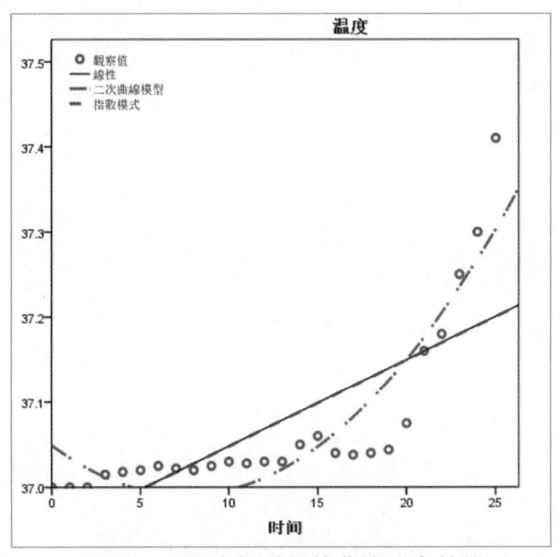

图 7-14　温度与时间的曲线拟合效果

通过学习可以知道，曲线拟合是指选择适当的曲线类型来拟合观测数据，并用拟合的曲线方程分析两变量间的关系。科学和工程遇到的很多问题，往往只能通过诸如采样、实验等方法获得若干离散的数据。根据这些数据，如果能够找到一个连续的函数（也就是曲线）或者更加密集的离散方程，使得实验数据与方程的曲线能够在最大程度上近似吻合，就可以根据曲线方程对数据进行数学计算，对实验结果进行理论分析，甚至对某些不具备测量条件的位置的结果进行估算。

曲线拟合可以分为线性曲线拟合、非线性曲线拟合和加权曲线拟合方法。关于这些方法，感兴趣的读者可以进一步深入学习。同时，读者可深入学习 SPSS 软件并加以实践，从而掌握如何更好地绘制曲线拟合。